韩范风女士棒针毛衣

张翠 主编

辽宁科学技术出版社
· 沈阳 ·

主　　编：张　翠

编组成员：刘晓瑞　田伶俐　张燕华　郭加全　郝严婷　小辣椒　蓝扣子　丹弗儿　绒球儿　水相逢　香槟酒　向日葵　月迁雨　主儿布
毛　毛　陈　诺　贝　贝　依　晨　多　多　雪　莲　稻　田　方　虹　飞　儿　旭　宝　笑　笑　柚　子　译　水　译　涵　原　野
菲　比　枫　吟　禾　日　寒　梅　慧　子　晓　白　百　合　嘟　嘟　芬　琳　橄　榄　哈　贝　红　袖　箫　雅　紫　尔　自　乐
邹　邹　飞　翔　梅　子　玫　瑰　霖　霖　飞　域　妗　金　玲　玲　宝　儿　云　儿　转　角　年　代　信　念　幸　福　陈　瑶
晨　晨　布　丁　蓓　蕾　安　邦　风　兰　雪　花　金　牛　菲　雪　丽　丽　玲　玲　随　缘　婉　玉　木　瓜　砂　砂　姗　姗
沉　默　迷　离　翔　妈　颖　妈　蒙　昧　杜　曼　若　安　无　想　琳　玲　莹　宽　昊　昊　小　翼　果　妈　薇　薇　小　汐
天　舜　小　瑜　爱　海　宝　妈　贝　妮　冰　蓝　成　妈　点　爱　发　现　青青草　采桑子　轩轩妈　情缘叶　希希妈　白蝉花

图书在版编目（CIP）数据

韩范风女士棒针毛衣/张翠主编. —沈阳：辽宁科学技术出版社，2013.1

ISBN 978－7－5381－7749－7

Ⅰ.①韩… Ⅱ.①张… Ⅲ.①女服—毛衣针—毛衣—编织—图解 Ⅳ.①TS941.763.2－64

中国版本图书馆CIP数据核字（2012）第257710号

出版发行：辽宁科学技术出版社

（地址：沈阳市和平区十一纬路29号　邮编：110003）

印 刷 者：中华商务联合印刷（广东）有限公司

经 销 者：各地新华书店

幅面尺寸：210mm×285mm

印　　张：12

字　　数：200千字

印　　数：1~11000

出版时间：2013年1月第1版

印刷时间：2013年1月第1次印刷

责任编辑：赵敏超

封面设计：幸琦琪

版式设计：幸琦琪

责任校对：徐　跃

书　　号：ISBN 978－7－5381－7749－7

定　　价：39.80元

联系电话：024－23284367

邮购热线：024－23284502

E-mail：473074036@qq.com

http://www.lnkj.com.cn

本书网址：www.lnkj.cn/uri.sh/7749

Contents 目录

Preparation method 做法 p81

Knitting sweater 01

螺旋花斗篷

灰色的底色加上粉红色的螺旋花配色而成的斗篷，不失时尚，更融俏皮与古典为一体，这样的斗篷你是否也想拥有一件？

红色亮丽短袖衫

整件衣服线条明晰，设计简约，衣身上细密的花纹整齐地凸起，极富质感。

Preparation method 做法 p83

Knitting sweater 02

Preparation method 做法 p85

Knitting sweater 03

粉色俏皮小外套

粉色似乎是青春的代表色，搭配上卡哇伊的包包，又是一道亮丽的风景线。

清凉紫色短袖上装

深V领加上流行的斜摆，不失时尚，更融俏皮与古典为一体，这样的清凉短袖上衣你是否也想拥有一件?

Preparation method 做法 p86

Knitting sweater 04

Preparation method 做法 p88
Knitting sweater 05

时尚短袖开衫

衣身后片的蝴蝶结略显淑女风范，但是搭配时尚的豹纹元素，整件衣服时尚味十足。

Preparation method 做法 p89

Knitting sweater 06

白色镂空中袖衫

整件衣服都是由各种镂空的花样编织而成，搭配领口处褐色的花朵，更显明朗与活力。

Preparation method 做法 p91
Knitting sweater 07

紫色荷叶花短袖

衣服领子一圈的荷叶花瓣，搭配高贵的紫色，更显灵气。

Preparation method 做法 p93

Knitting sweater 08

渔网蝙蝠衫

整件衣服最突出的就是衣服正身的渔网花样，别具一格。

Preparation method 做法 p97

Knitting sweater 09

潇洒长袖开衫

扣上一两颗扣子，也能穿出潇洒的开衫气质。

衣身后片的扭“8”花样更显帅气。

Preparation method 做法 p99

Knitting sweater 10

秀气韩版短袖衫

这款韩版样式的毛衣，穿起来不拘小节，适合爱逛街的美眉们。

Preparation method 做法 p101
Knitting sweater 11

黑白职业装

整件衣服都是由黑色和白色相搭配而成的，加上黑色的打底色，更显职场女性的气质。

Preparation method 做法 p102

Knitting sweater 12

素雅短装开衫

淡雅的颜色，搭配简单的短装款式，领口处扣子的装饰更是恰到好处。

Preparation method 做法 p103
Knitting sweater 13

镂空中袖衫

衣服的设计非常用心，整件衣服都是由平均分布的镂空花样编织而成。

简单上下针开衫

整件衣服的最大特色在于，完全是由最简单的上下针编织而成，却能演绎出潮流服饰的底气，值得一赞。

18
han fan feng nü
shi bang zhen mao yi
Preparation method 做法 p106
Knitting sweater 15
绿色简约小披肩
整件小披肩看似简单小巧，但是衣领处花样的设计
和披肩正身花样的编织，着实为它锦上添花。

Preparation method 做法 p108

Knitting sweater 16

米色拼花短装

整件毛衣的设计在于所编织的花样全部都是由一瓣一瓣的花样组成的，独特的袖窿设计，更为衣服增色不少。

Mac

Preparation method 做法 p109

Knitting sweater 17

紫色圆领长袖衫

艳丽的紫色端庄典雅，规则的圆领周围散布着简单的花纹，不拘小节。

Preparation method 做法 p110

Knitting sweater 18

紫色糖果披肩

整件衣服的形状就是一颗糖果的形状，俏皮中不失甜美。

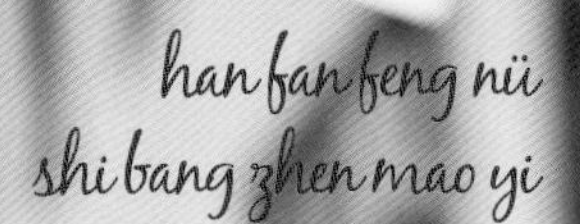

Preparation method 做法 p111

Knitting sweater 19

肩部编织的两个咖啡色的蝴蝶结，与腰际的咖啡色相呼应，衣身的亮片更是为衣服增色不少。

横条纹圆领蝙蝠衫

横向条纹的衣服正身显得不拘小节，袖口和衣下摆的螺纹编织突显出时尚的元素。耀眼的亮片搭配不落俗套的灰色更显精致，一款宽松而休闲的蝙蝠衫是夏日里的明智之选。

Preparation method 做法 p113

Knitting sweater 21

孔雀开屏披肩

由扇形花组成的披肩，活像孔雀开屏，披在肩上更显大气、高贵。

Preparation method 做法 p114

Knitting sweater 22

粉红兔毛斗篷

清新可爱的粉红色搭配毛茸茸的兔毛线，更显恬静。

Preparation method 做法 p115

Knitting sweater 23

配色蝙蝠衫

这件衣服的设计不拘小节，袖山除外，衣服的正身部位就是一个长方形，穿起来更有小家碧玉的感觉。

28
han fan feng nü
shi bang zhen mao yi
Preparation method 做法 p116
Knitting sweater 24
配色休闲背心
线材的搭配，让这一款背心具有一种民族风情。

Preparation method 做法 p118

Knitting sweater 25

彩虹背心

衣服的整件颜色就似彩虹的色彩，搭配上漂亮的扇形花更像彩虹划出的弧线。

Preparation method 做法 p119

Knitting sweater 26

端庄围脖

简单的花样编织，搭配神秘黑色，更显端庄、大气。

Preparation method 做法 p120

Knitting sweater 27

古典气质披肩

一袭黑白长裙，搭配一件有气质的披肩，甚是有古香古色的韵味。

Preparation method 做法 p121

Knitting sweater 28

亮片蝴蝶结短袖衫

整件衣服都镶嵌着鱼鳞似的亮片，为衣服更添色彩。在领口处配一朵蝴蝶结，更显俏皮。

大翻领配色小外套

小外套七彩的色彩加上大气的翻领设计，突显了外套时尚与俏皮的气息。

Preparation method 做法 p122

Knitting Sweater 29

宽松高领毛衣

宽松的毛衣，加上合适的高领，真可谓粗中有细的完美结合。

Preparation method 做法 p123

Knitting sweater 30

成熟明艳开衫

整件衣服的设计都是很有特色的，包括喇叭袖，波浪式的衣边，以及点睛之笔的纽扣，不失为成熟人士的首选之举。

Preparation method 做法 p125

Knitting sweater 31

Preparation method 做法 p127

Knitting sweater 32

气质黑色开衫

黑色总能给人一种独特的气质，使人看上去成熟干练，搭配俏皮的短裙，是否也是流行的混搭风呢！

Preparation method 做法 p128

Knitting sweater 33

大红色淑女装

此款衣服不论是从款式上还是花样的搭配上都突显了淑女的风范，特别是前襟由黑色装饰带组成的蝴蝶结和后片的蝴蝶花。

Preparation method 做法 p129
Knitting sweater 34

咖啡色亮片装

咖啡色略显暗淡，设计的精心之处在于在暗淡之处添加了明亮的亮片提升了衣服的色彩效果。

气质条纹短袖衫

明亮的宝蓝色，搭配简单的条纹花样，突显青春活力。

Preparation method 做法 p130

Knitting sweater 35

Preparation method 做法 p132
Knitting sweater 36

米白简约半开衫

素雅的米白色，搭配简单的编织花样和精致的纽扣，更显大方舒适。

Preparation method 做法 p134
Knitting sweater 37

洋气不规则针织衫

衣服的最大特色在于衣边的设计，在不规则中寻求洋气，搭配亮丽的宝蓝色，不失为明智之选。

Preparation method 做法 p135
Knitting sweater 38

米色柔美外套

米色似乎是永不过时的主打色，搭配横向编织的肩部花样织成的外套不仅适合炎热的夏天，更适合寒冷的冬天。

Preparation method 做法 p137
Knitting sweater 39

清纯绿色开衫

中袖开衫，流畅修身，衣襟没有安装纽扣，随性一点也不错，养眼的绿色，更能突显青春之风。

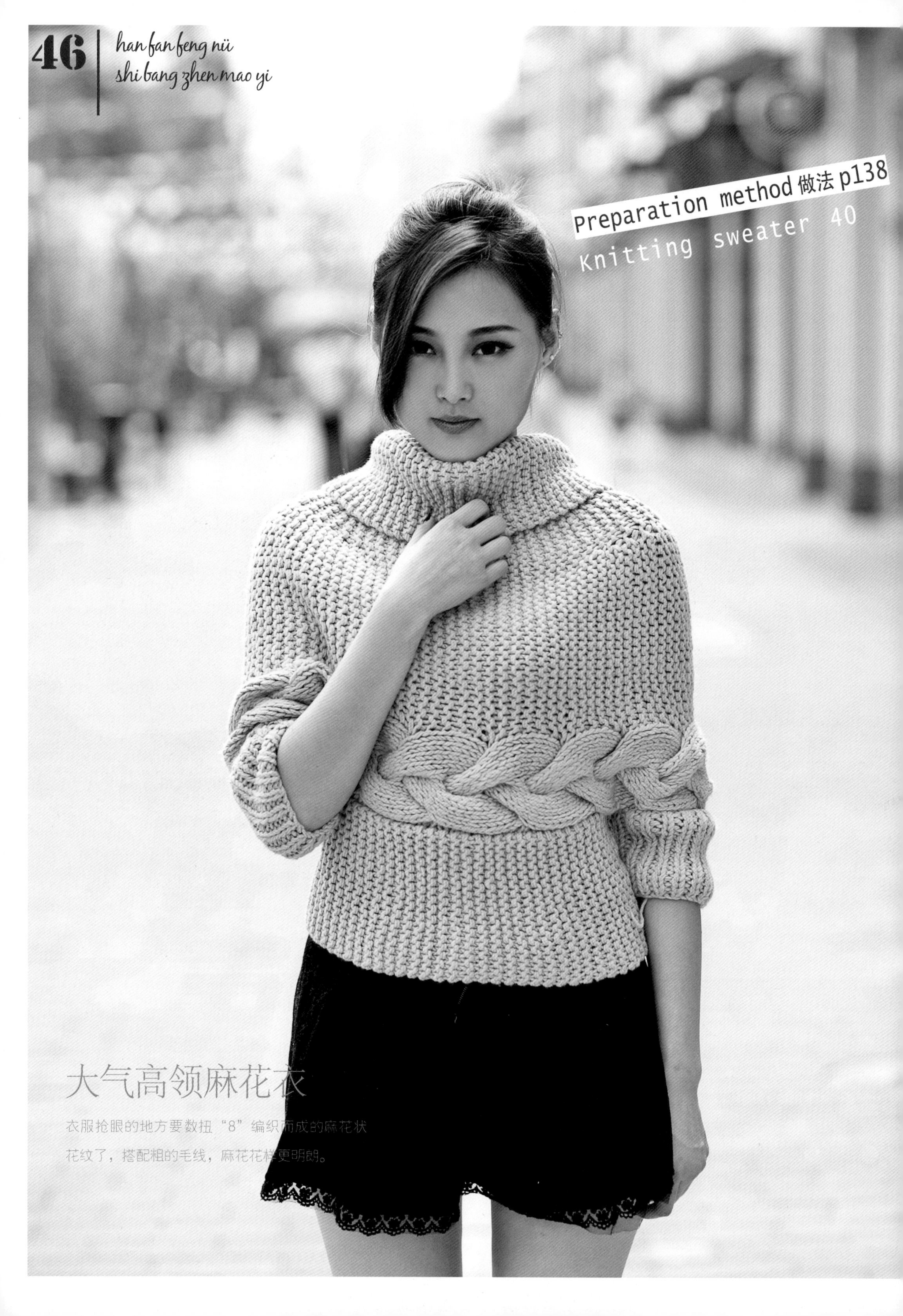

Preparation method 做法 p138

Knitting sweater 40

大气高领麻花衣

衣服抢眼的地方要数扭“8”编织而成的麻花状花纹了，搭配粗的毛线，麻花花样更明朗。

艳丽蛋糕裙

抢眼的橘红色，加上甜美的蛋糕式下摆，更显淑女风。

Preparation method 做法 p139

Knitting sweater 41

Preparation method 做法 p141

Knitting sweater 42

休闲时尚小马甲

简单的灰色，搭配厚实的扭“8”花样，显得
分的清晰。小马甲的款式不仅帅气，在无形中也
能让你走在潮流的前线。

Preparation method 做法 p142

Knitting sweater 43

紫色端庄小披肩

紫色似乎永远是高贵典雅的代名词，不论是搭配正装，还是在冬日里搭配温暖的打底衫，都是不错的选择。

Preparation method 做法 p144

Knitting sweater 44

菱形花样短袖衫

纯白的色彩，配上交错的菱形花样，加上衣角处蝴蝶结装饰带，一件清晰的开衫呈现在你的眼前。

舒适短袖开衫

衣服花样简单，浓密的粗线搭配适当的孔状花样，用得恰到好处。

Preparation method 做法 p146

Knitting sweater 46

帅气马甲

由各种简单的织法结合而成，配上您所倾心的花样，让普通的马甲帅气起来。

Preparation method 做法 p148

Knitting sweater 47

高贵典雅披肩

简单的编织花样，搭配一袭黑白长裙，突显人的优雅的气质，给人一种高贵的感觉。

Preparation method 做法 p149

Knitting sweater 48

简约长袖开衫

衣服乍眼看去很简单，但是在简单中也能找到衣身镂空花样的时尚元素和衣摆处漂亮的菠萝花。

温暖气质披肩

整件衣服最值得一赞的乃衣边处一圈的毛线绒，看似复杂的毛线绒，做法甚是简单。搭配黑色打底裙，更显端庄、高贵。

Preparation method 做法 p151

Knitting sweater 49

56
han fan feng nü
shi bang zhen mao yi

Preparation method 做法 p152

Knitting sweater 50

成熟长袖衫

编织的菊花花样给普通的套头毛衣增加了亮点，搭配同色系的裙子更显干练。

Preparation method 做法 p154

Knitting sweater 51

玫红扭花披肩

鲜艳的玫红色时尚亮丽，花样简单而清新，更值得一提的要数披肩搭配的两颗黑色纽扣，明艳中不失淡雅。

素雅休闲小外套

素雅的白色，给人干净舒心的感觉，尤其是简单的款式，下端收束的设计，休闲风十足。

Preparation method 做法 p156

Knitting sweater 52

Preparation method 做法 p157

Knitting sweater 53

敞开的毛衣能穿出一种霸气，但领子处加上一颗扣子，似乎也能穿出小家碧玉的感觉。

Preparation method 做法 p159

Knitting sweater 54

圆领配色针织衫

绿白镶嵌的色彩，七分袖的大方设计，加上曼妙的修身款式，着实是一款迷人的针织衫，搭配上你喜爱的项链，相信你也能穿出夏日里无限的风情。

Preparation method 做法 p161
Knitting sweater 55

配色太阳花外套

衣服所织成的花样就像是光芒四射的太阳光线，
为外套增添了些许灵气。

甜美风车花样衫

首尾相连的花样，像风筝在旋转。搭配不同色系的帽子，甜美溢于言表。

Preparation method 做法 p162

Knitting sweater

Preparation method 做法 p163

Knitting sweater 57

紫色雅致小外套

明丽干净的紫色搭配大翻领的设计，
给人一种赏心悦目的感觉。

别致复古套头衫

此款针织衫最大的特色在于领口、袖子和左侧衣角处的钩花设计，镂空的花样给人不一样的视觉盛宴。橘红的颜色搭配更是无形中透露着复古的气息，美哉！

Preparation method 做法 p165

Knitting sweater 58

Preparation method 做法 p167

Knitting sweater 59

清新V领无袖装

短款的设计风格，加上简约的V领，更显清新大方。

Preparation method 做法 p168

Knitting sweater 60

黑色两穿披肩

此款披肩最大的特点是有两种穿法。一种是直接披在身前，穿过孔，一种是像围脖一样围在脖子上，可谓一举两得。

Preparation method 做法 p170
Knitting sweater 61

简约蓝色长袖

由规则的图案连续组成的针织衫，简单、大方。搭配上同色系的休闲牛仔裤，带有古惑仔的气息。

Preparation method 做法 p171

Knitting sweater 62

可爱樱桃短外套

红色的装饰扣，组成红色樱桃的花样，给神秘的黑色增添一股豁然开朗的气息。

Preparation method 做法 p172
Knitting sweater 63

优雅百变针织衫

此款针织衫最大的特色在于它的设计，把衣边设计成不规则的形状，不管是搭配长裙还是紧身牛仔裤都不失优雅。

V领蝙蝠衫

宽松的蝙蝠衫，在腰际织出一圈螺纹作为腰带，在宽松中不失修身的作用。

Preparation method 做法 p174

Knitting sweater 64

Preparation method 做法 p175

Knitting sweater 65

灯笼袖外套

衣服的袖子和织成灯笼的样式，与对襟的领子形成了流行的混搭风格。

Preparation method 做法 p177
Knitting sweater 66

泡泡袖短款毛衣

具有时尚气息的泡泡袖，加上褶皱的衣边，让衣服别具风情。

Preparation method 做法 p178

Knitting sweater 67

复古修身中袖针织衫

衣身规则的菱形花样一字排开，有一气呵成之势，给人一种修长的视觉感受。金黄色的纽扣让复古中带着一丝丝卡哇伊的味道，别有一番情趣。

Preparation method 做法 p180

Knitting sweater 68

蝙蝠长袖装

短款的蝙蝠衫搭配宽松的灯笼袖，略显衣服的精悍，
搭配紧身的下装，越能突显蝙蝠衫的效果。

水绿色温暖开衫

清晰的水绿色，给人一种舒适的感觉，加上开衫温暖的厚度，选作冬天的小开衫，搭配深色的打底衣也是个不错的选择。

Preparation method 做法 p181

Knitting sweater 69

Preparation method 做法 p182~183

Knitting sweater 70

长袖套头毛衣

简单的上下针，搭配肩部变换的花样，再搭配一条亮色的修身裤，这样的毛衣是否也穿出了你要的效果？

Preparation method 做法 p184

Knitting sweater 71

宝蓝色中长款毛衣

宝蓝色给人一种明丽的视觉效果，在拥挤的街头会成为最吸引人眼球的颜色。

Preparation method 做法 p185

Knitting sweater 72

温婉长袖针织衫

深V的领子和颜色的选择使衣服充满古典气息，宛若蝴蝶的衣襟更易使人联想到古代娇俏的江南女子，一举一动都是那么温婉可人。

修身长款无袖衫

腰际三圈花样的编织，起到完美的收腰效果，搭配上喜欢的帽子和项链也能走在时尚的前沿。

Preparation method 做法 p186

Knitting sweater 73

螺旋花斗篷

【成品规格】 衣长51cm，袖长59cm

【工　　具】 8号棒针，缝针，2mm钩针

【编织密度】 10cm²=31针×30行

【材　　料】 段染线600g

编织要点:

1.披肩采用螺旋花拼接编织，由52个螺旋花组成。花样排列见螺旋花排列示意图。单个螺旋花针法详见螺旋花编织图解，每个螺旋花均用淡灰色和浅粉色二色线编织。

2.从右前片的第一列开始编织，第一列编织5个螺旋花，除第1个螺旋花全部起头编织外，其余花样起头时，均先在相邻的螺旋花边上挑针，然后下针起头补充剩余针数。

3.第二列至第四列同样编织5个螺旋花，但每列花样按形状结构向后身片错位半个花样。

4.第五列至第七列每列编织4个螺旋花。从第七列开始，螺旋花向前身片错位半个花样。第八列至第十一列每列编织5个螺旋花。

5.用毛衣针将前后身片的A、B、C、D分别对准缝合。

6.分别沿身片A-A、C-C处挑出52针，用棒针编织单罗纹花样10cm，30行，收针断线。

7.用钩针沿前后身片下摆、前门襟、领窝边钩织花边。

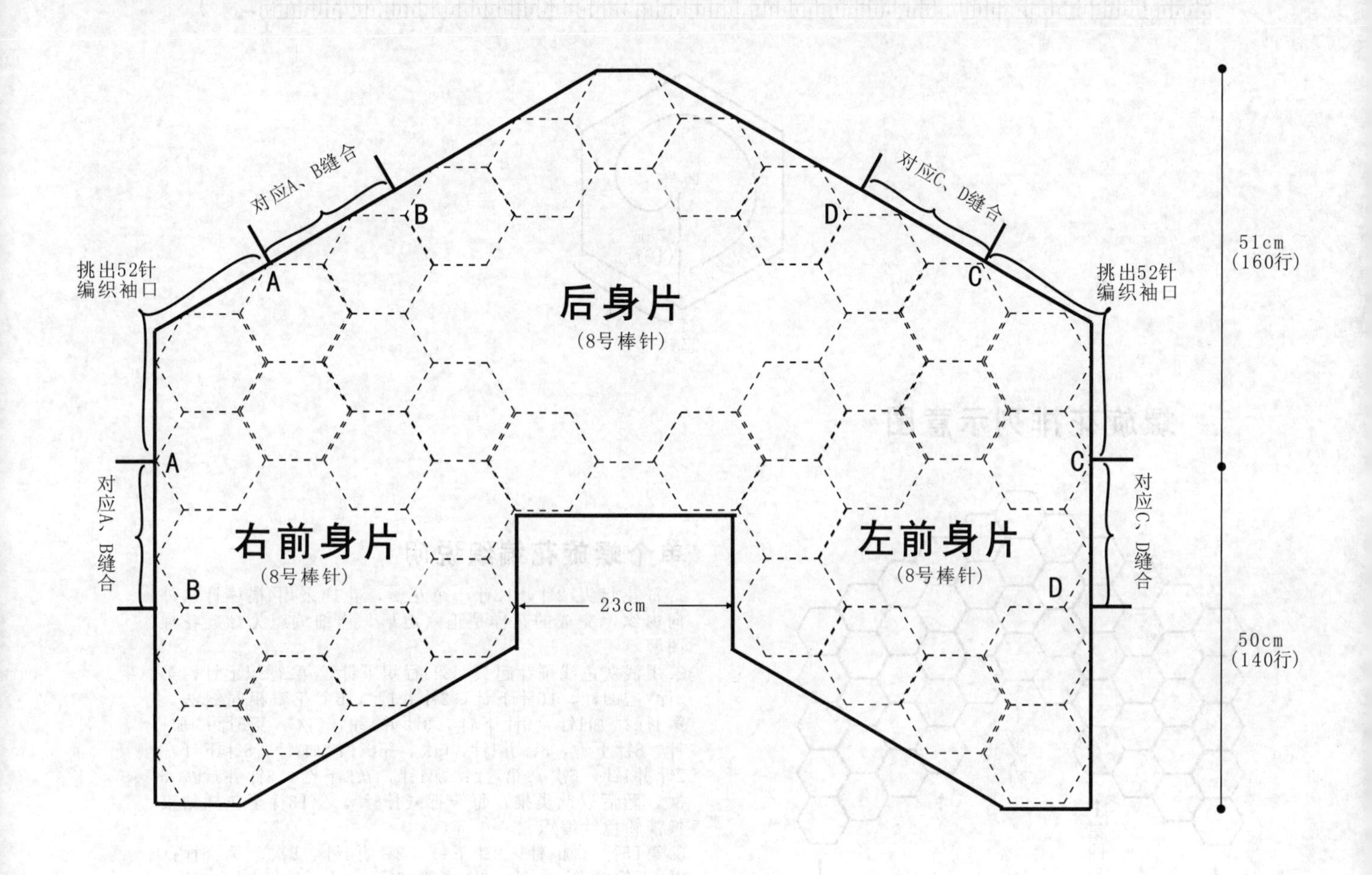

符号说明：

棒针符号

- ⊡=□下针
- ⊟ 上针
- ⊚ 镂空针
- ⊠ 左上2针并1针
- ⊥ 中上3针并1针

钩针符号

- × 短针
- ┃ 长针
- ○ 辫子针

花边说明：

用钩针沿前片下摆、前门襟、衣领边钩织花边，花边图解见钩边花样，完成后断线。

用钩针沿后片下摆钩织花边，花边图解见钩边花样，完成后断线。

钩边花样

螺旋花样图解

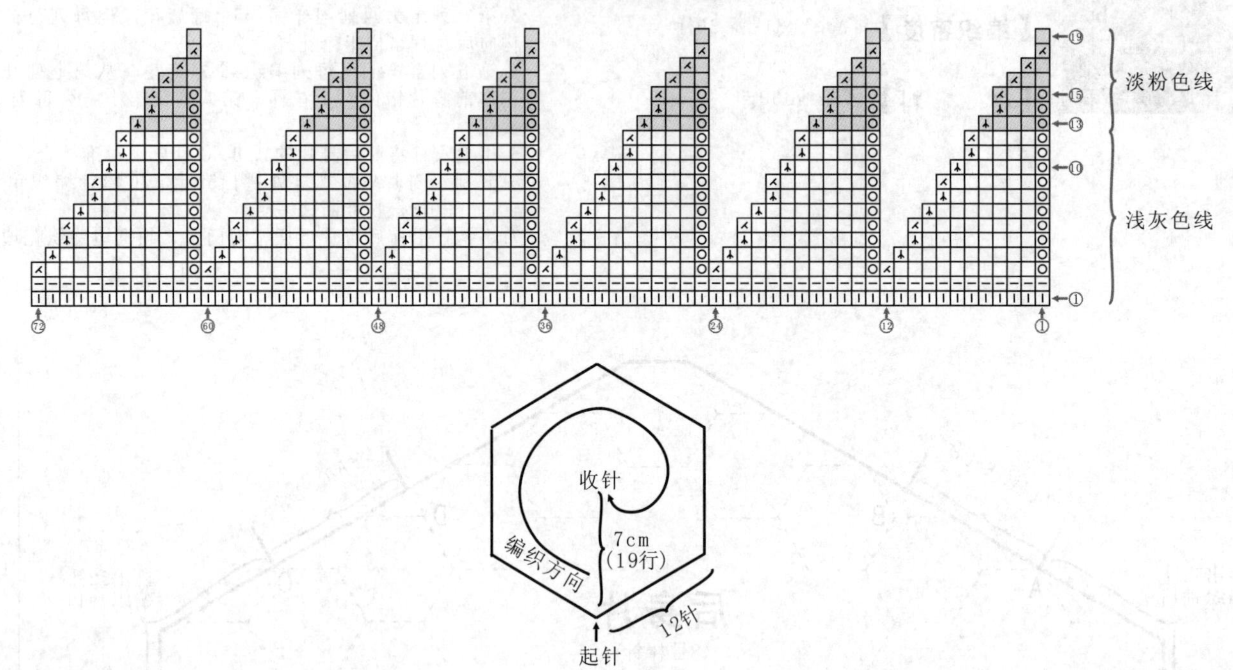

螺旋花排列示意图

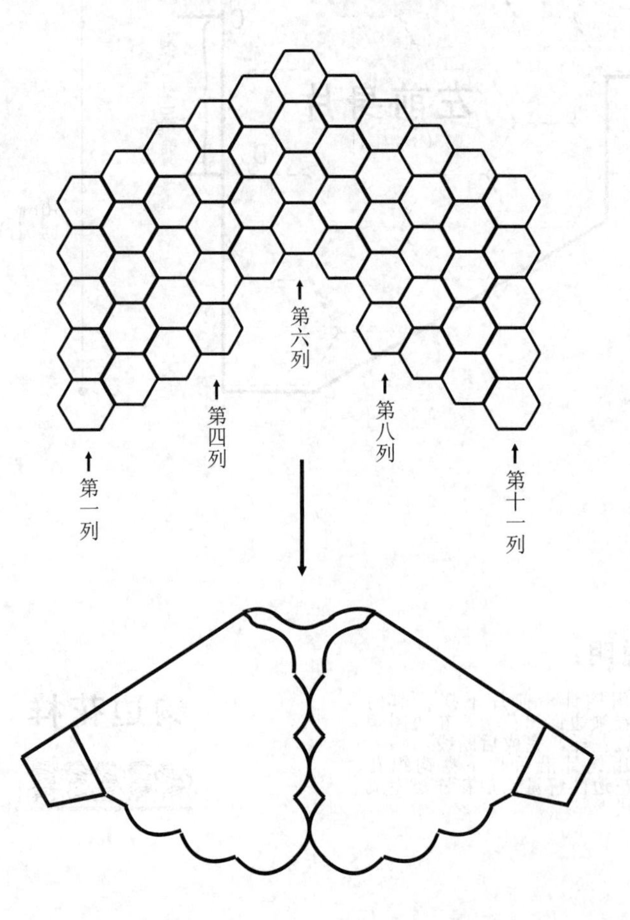

单个螺旋花编织说明

1.每花起头72针，12针一个花瓣，花样采用4根棒针从外向内织，完成的花样是正六边形。详细编织见螺旋花样图解。

2.用浅灰色线平针起头，第1行织下针，第2行织上针。第3行：加1针，10针下针，2针并1针，6个花瓣相同织法。第4行：加1针，9针下针，3针并1针，6次。第5行：加1针，8针下针，3针并1针，6次。第6行：加1针，8针下针，2针并1针，6次。第7行：加1针，7针下针，3针并1针，6次。随后以此类推，每一行减掉6针。第13行至花样结束换淡粉色线编织。

3.第15行：加1针，2针下针，2针并1针，6次。第16行：2针下针，2针并1针，6次。第17行：1针下针，2针并1针，6次。第18行：2针并1针，6次。第19行：6瓣剩余6针，一线收口系紧断线。

红色亮丽短袖衫

【成品规格】衣长80cm，袖长23cm，袖宽12cm

【工　　具】11号环针

【编织密度】$10cm^2$=31针×26.8行

【材　　料】红色丝光棉线1000g

编织要点：

1.棒针编织法，圈织。

2.裙身的编织。

起针，下针起针法，起220针，编织花样A；第一次织5行扭一次麻花，在下针加1针；第二次7行扭一次麻花，在下针加1针，第三次9行扭一次，在下针加1针。依此类推，每扭一次，行数增加2行，至麻花有13行后不用增加行数，继续在下针中加针。按此方法织45行后留袖口，两边各留4组麻花4组下针(66针)，用线穿起待用。后片织9行后，前后片左右侧各加10针，圈织，按原来的方法每13行扭一次麻花，加一次下针圈织。分袖后织169行后，收针断线。

3.袖子的编织。

穿好原来预留的针，在后片的落差侧边挑25针，在前后片左右侧各加10针的地方各挑10针，减针2-1-10，按照4针上针6针麻花织27行后收针断线。

4.按花样B钩花边，收针断线。

符号说明：

⊟ 上针

□=⊡ 下针

2-1-3 行-针-次

↑编织方向

⧅ 右并针

⧄ 左并针

⊡ 镂空针

＋ 短针

长针

锁针

花样B

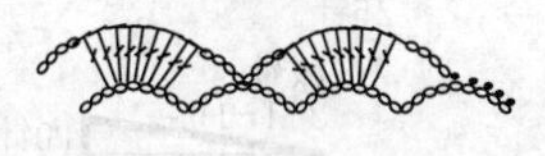

花样A

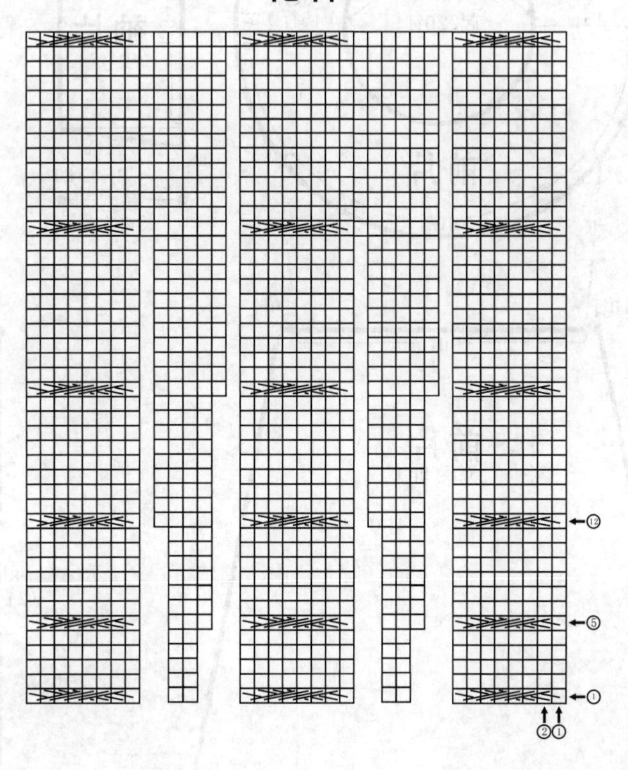

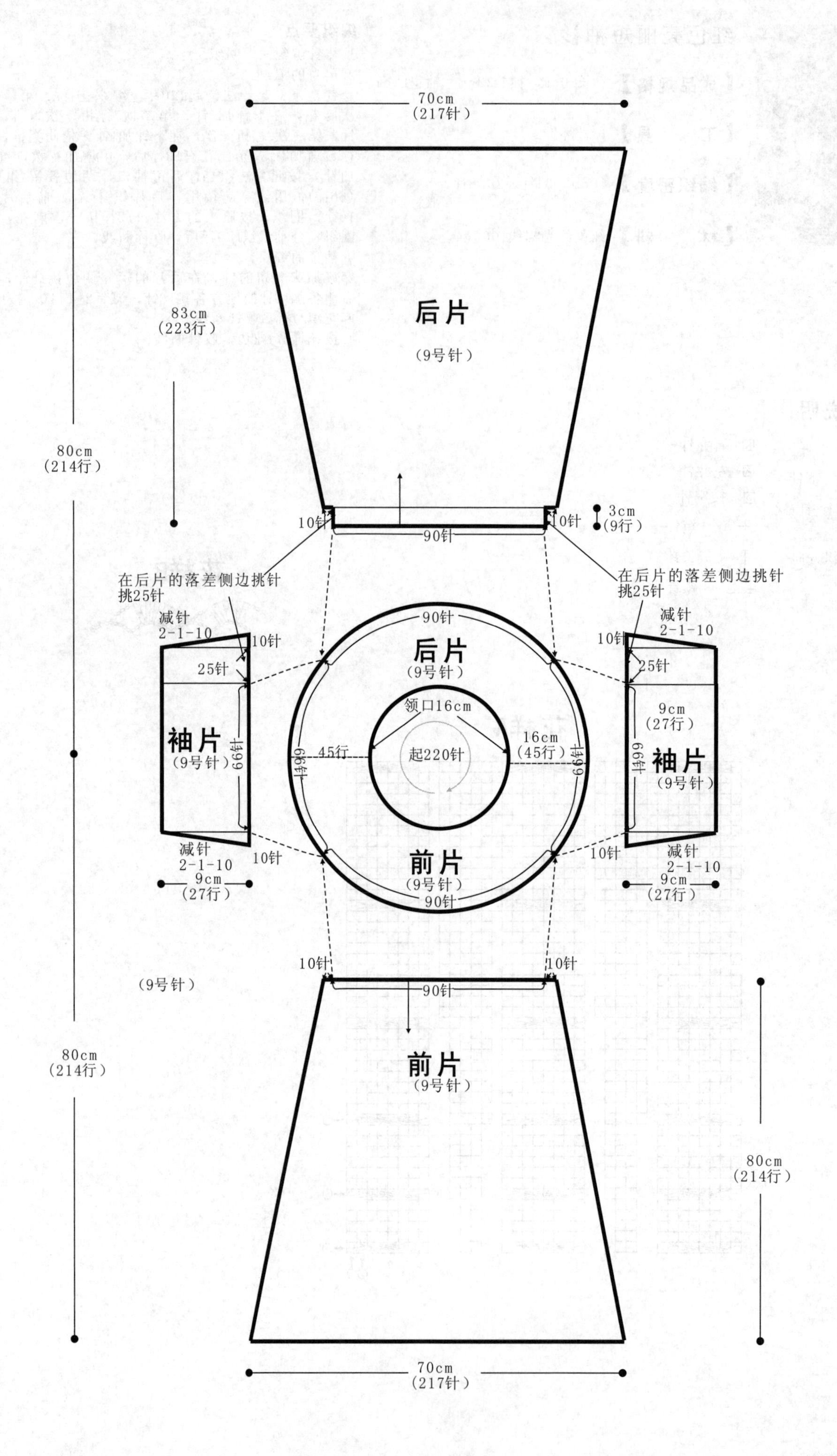

70cm
(217针)
83cm
(223行)
80cm
(214行)
后片
(9号针)
10针
10针
3cm
(9行)
90针
在后片的落差侧边挑针
挑25针
在后片的落差侧边挑针
挑25针
减针
2-1-10
10针
25针
袖片
(9号针)
66针
90针
后片
(9号针)
领口16cm
起220针
45行
16cm
(45行)
66针
66针
袖片
(9号针)
10针
25针
9cm
(27行)
减针
2-1-10
前片
(9号针)
90针
减针
2-1-10
10针
9cm
(27行)
10针
减针
2-1-10
9cm
(27行)
10针
10针
(9号针)
90针
前片
(9号针)
80cm
(214行)
80cm
(214行)
70cm
(217针)

粉色俏皮小外套

【成品规格】衣长54cm，胸围84cm，袖长56cm

【工　　具】10号，9号棒针

【编织密度】10cm²=19针×24行

【材　　料】棒针线550g，纽扣5枚

编织要点：

1.后片：用10号棒针起84针织6行单罗纹，上面织菠萝花，开挂后平收6针，然后每两行两侧各收1针织插肩袖。

2.前片：10号棒针起56针织6行单罗纹后，织组合花样，中心织花样B，两侧织菠萝花，门襟边针织双边（双边的织法：起始针挑过不织，绕一针，在下一行并收）；其他同后片。

3.袖：从下往上织，袖中心织花样B，两侧织菠萝花。

4.领：挑出前片领口的针数，连同后片及袖的针数织领，用10号针织6行单罗纹即可：缝上纽扣，完成。

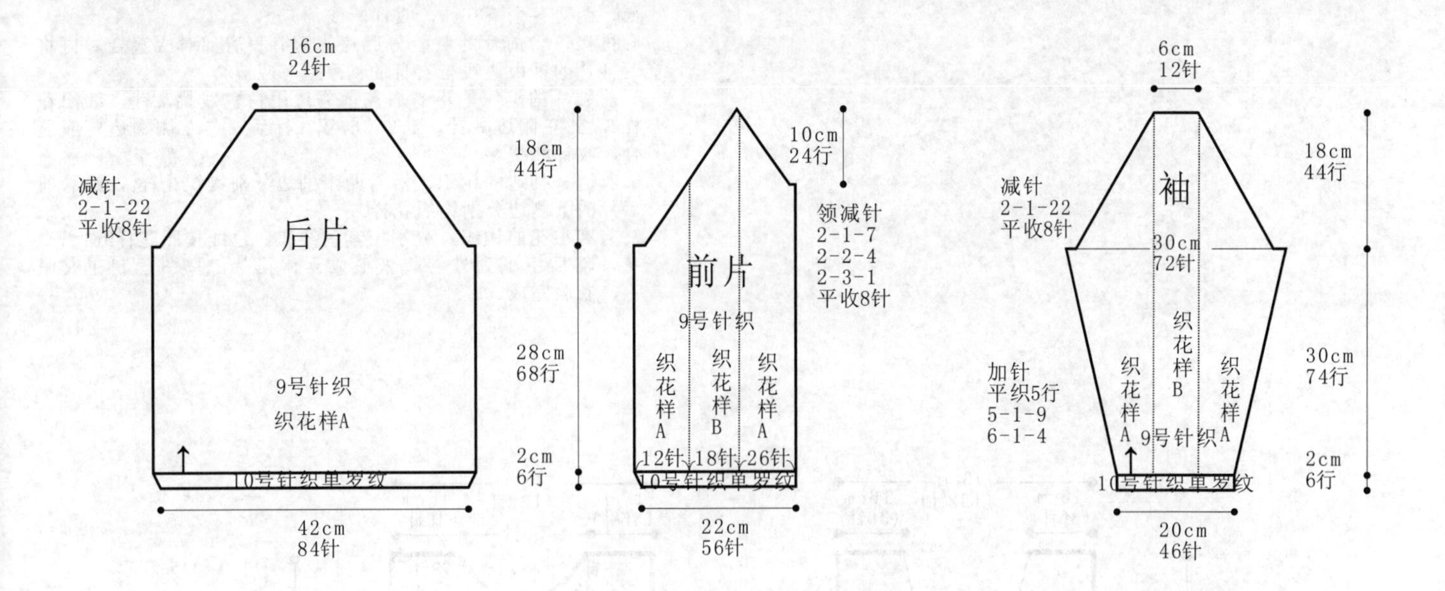

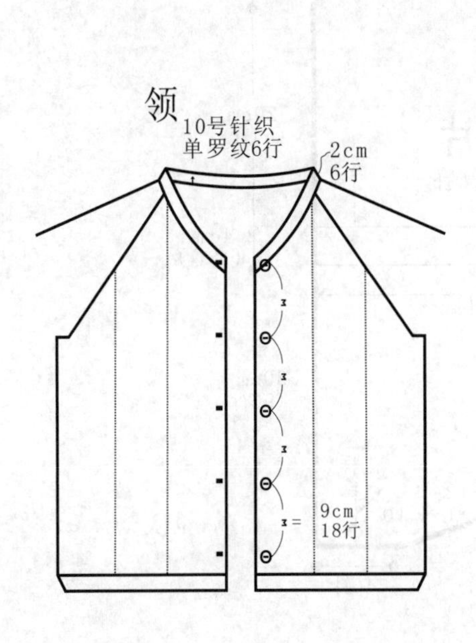

编织花样

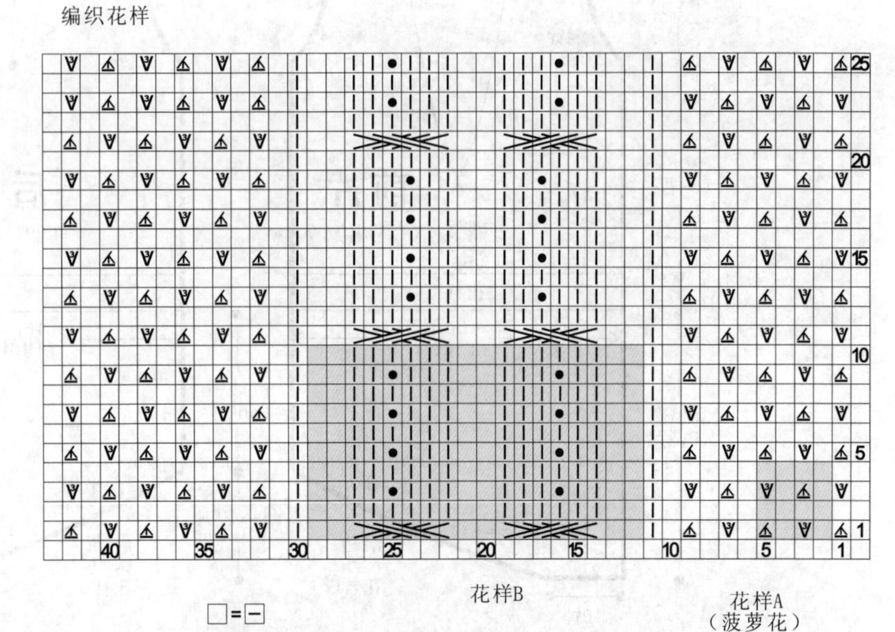

花样B

花样A
（菠萝花）

□=⊟

=右上3针并1针

=1针放3针

=6针左上交叉

● =

=1针放5针

=5针并1针

清凉紫色短袖上装

【成品规格】衣长74cm，胸宽46cm，肩宽43cm

【工　　具】12号棒针

【编织密度】10cm²=28.3针×32行

【材　　料】紫色丝光棉线400g，白色线30g

编织要点：

1.棒针编织法，由前片1片、后片1片、领片1片组成。从下往上织起。

2.前片的编织。一片织成。平针起针法，起40针，起织花样A右侧边加针，1-4-10，2-4-12，2-1-2，2行平坦，共编织40行，不加减针，继续往上编织，织成56行，编织花样B，编织18行后，编织花样A，编织24行后开始领片分针，从中间对半平分针数，分别往上编织，编织40行至袖窿。袖窿起减针，两侧同时2-1-4，织64行后，至肩部，两边各余36针，收针断线。

3.后片的编织。一片织成。平针起针法，起40针，起织花样A，右侧边加针，1-4-10，2-4-12，2-1-2，2行平坦，共编织40行，不加减针，继续往上编织，织成56行，编织花样B，编织18行后，编织花样A，编织64行后至袖窿。袖窿起减针，两侧同时2-1-4，织48行后，两边开始领边减针，2-1-8，至肩部，两边各余下36针，收针断线。

4.拼接，将前片的侧缝与后片的侧缝和肩部对应缝合。再将两袖片的袖山边线与衣身的袖窿边对应缝合。

5.前领片的编织，沿着右侧前领边用白色线挑72针，编织花样B，其左侧边减针，2-2-36.织72行后，与左侧领边对应缝合，收针断线。

6.衣边、袖边的钩织。沿着两个袖边分别钩织花样C，沿着前后片的下侧边分别钩织花样C。

7.前胸小花的钩织。分别用紫色线和白色线按照花样D钩织小花，然后由里到外卷起来形成立体花朵，按图缝制在衣服上，衣服完成。

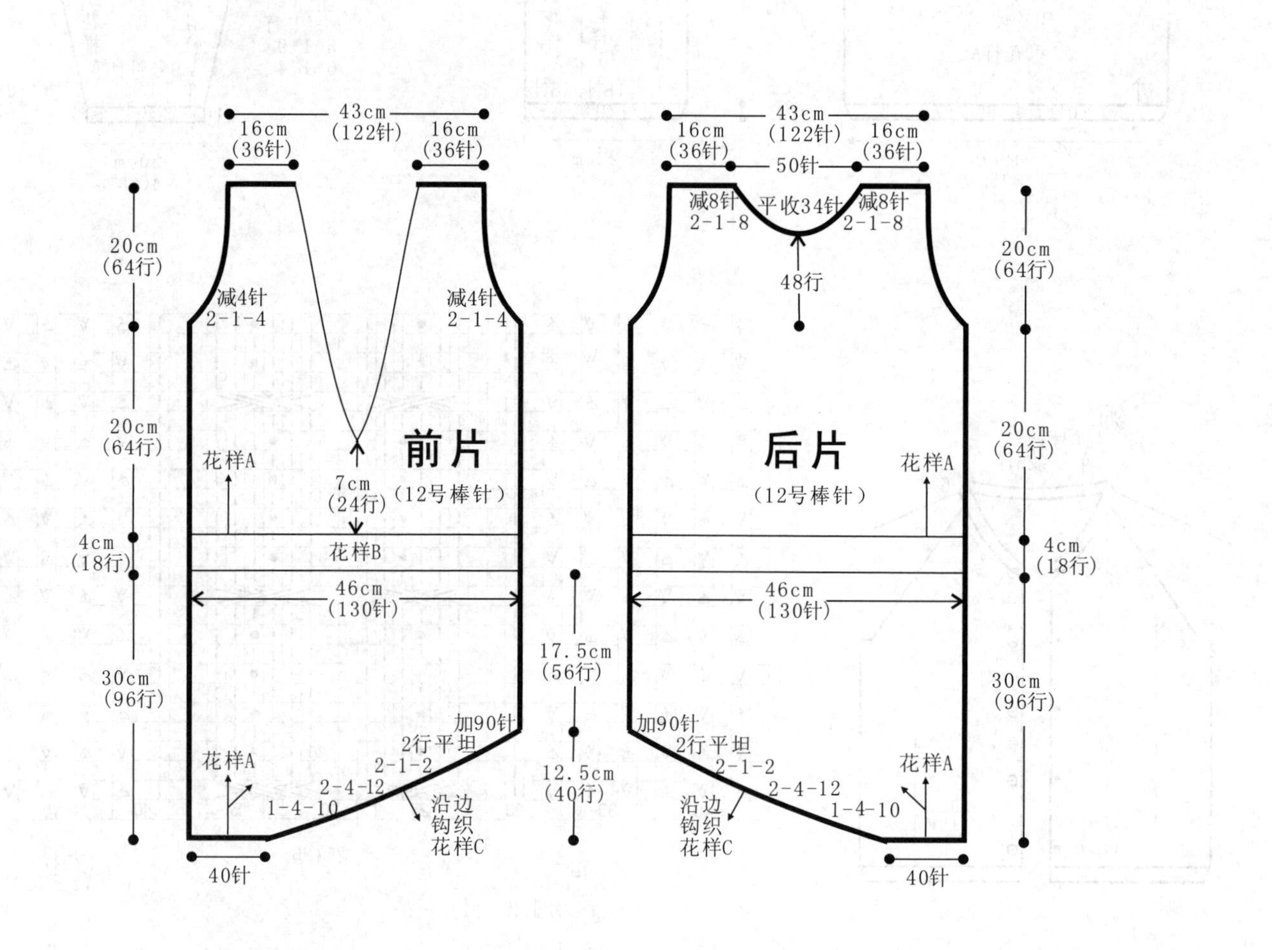

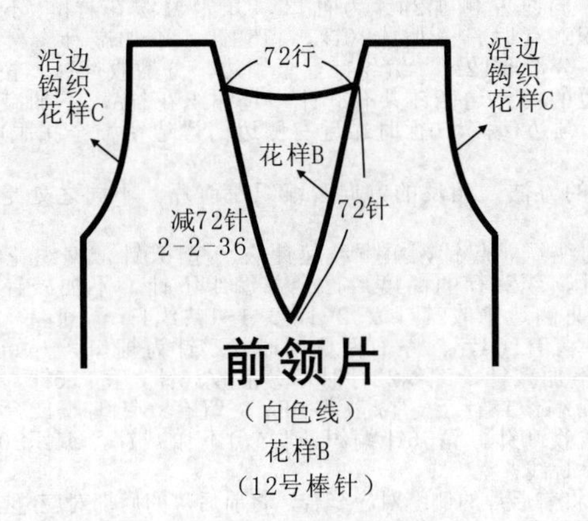

前领片

（白色线）

花样B

（12号棒针）

符号说明：

符号	说明	符号	说明
⊟	上针	⧅	右并针
□=⊡	下针	⧄	左并针
2-1-3	行-针-次	⊙	镂空针
↑	编织方向		

花样A

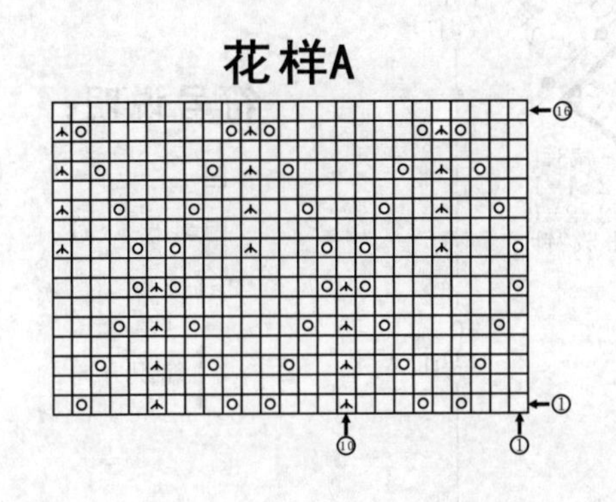

花样B

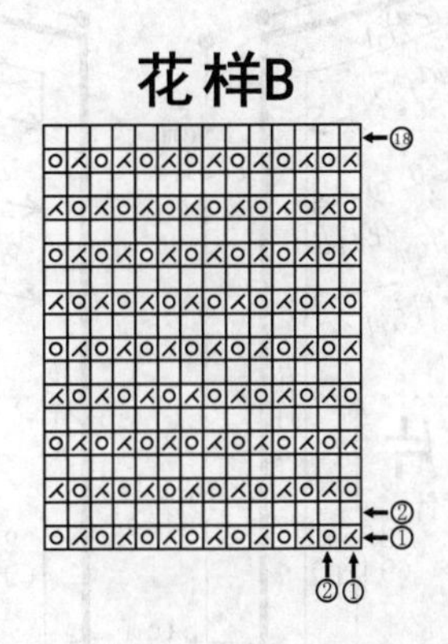

花样C

花样D

前胸小花图解

时尚短袖开衫

【成品规格】衣长52cm，胸宽50cm，肩宽18cm

【工　　具】10号棒针

【编织密度】10cm²=27.7针×47.2行

【材　　料】深灰色丝光棉线400g

编织要点:

1.棒针编织法，由前片2片、后片1片组成。从下往上织起。
2.前片的编织。由右前片和左前片组成，以右前片为例。
(1)起针，单罗纹起针法，起72针，编织花样A 不加减针，织20行的高度，下一行起，右侧留12针作为门襟继续编织花样A，左侧60针编织下针，不加减针编织94行，左侧边10-1-2，平收2针，2-2-1，2-1-1共织24行至袖窿。分散收5针，留有48针。同时左侧加24针为袖口，开始编织花样B，不加减针，编织22行时，分散收20针，留52针，不加减针继续编织18行后，分散收12针，编织12行至领边，分散收16针，留24针与右侧边的门襟边12针共有36针一起编织花样A，不加减针，编织20行领边(编织10行时靠近右侧边门襟边留一个扣眼)，收针断线。
(2)相同的方法，相反的方向去编织左前片。不同之处是不留扣眼。
3.后片的编织。起针，单罗纹起针法，起150针，编织花样A不加减针，织20行的高度后，全部编织下针，不加减针编织114行，两侧边平收2针，2-2-1，2-1-1共织4行至袖窿。分散收36针，留有104针。左右两侧同时加24针为袖口，开始编织花样B，不加减针，编织22行时，分散收36针，留116针，不加减针继续编织18行后，分散收30针，留有86针编织12行至领边，分散收20针，留66针编织花样A，不加减针，编织20行领边，收针断线。
4.拼接。将前后片的侧缝对应缝合，将前后片的肩部对应缝合。
5.左前边门襟上方缝上扣子，衣服完成。

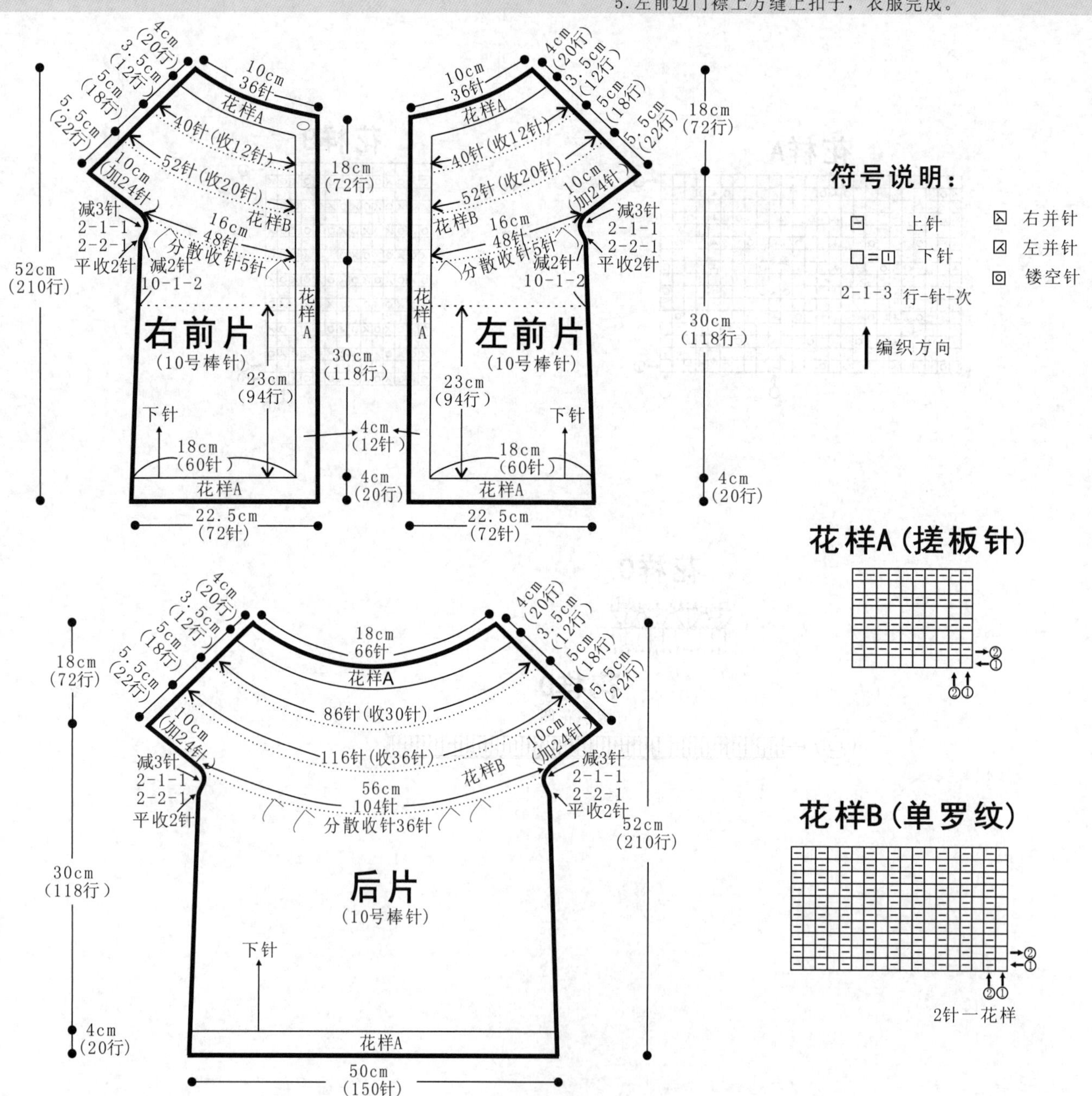

白色镂空中袖衫

【成品规格】衣长53cm，肩宽35cm，袖长39cm，袖宽13cm

【工　　具】10号棒针，1.75mm钩针

【编织密度】10cm²=24针×34行

【材　　料】白色丝光棉线600g

编织要点：

1.棒针编织法，由前片各片、后片1片及袖片2片组成，再编织领片，由下往上编织。

2.前片的编织。一片织成。下针起针法，起102针，花样A起织，不加减针编织4行高度；下一行起，改织花样B　不加减针编织84行高度；下一行起，改织花样C，不加减针编织8行高度；下一行起，改织花样D，不加减针，织10行至袖窿；下一行起，两侧同时进行袖窿减针，收针6针，2-1-6，减12针，织74行；其中自织成袖窿算起44行高度，下一行进行衣领减针，从中间收针20针，两侧相反方向减针，2-1-15，减15针，织30行，余下14针，收针断线；用钩针钩3朵花样E于衣领左侧缝合。

3.后片的编织。一片织成。自织成袖窿算起60行高度，下一行进行衣领减针，从中间收针36针，两侧相反方向减针，2-1-7，减7针，织14行，余下14针，收针断线；其他与前片一样，但无3朵花样E。

4.袖片的编织。一片织成。下针起针法，起96针，花样A起织，不加减针编织4行高度；下一行起，改织花样B，不加减针编织60行高度；下一行起，改织花样C，不加减针编织8行高度；下一行起，改织花样D，不加减针，织10行；下一行起，两侧同时进行减针，收针6针，然后2-2-19，减44针，织38行，余下8针，收针断线；用相同方法编织另一袖片。

5.拼接。将前片与后片及袖片对应缝合。

6.领片的编织。从前片挑针60针，后片挑针50针，共110针，花样A起织，不加减针，织6行，收针断线，衣服完成。

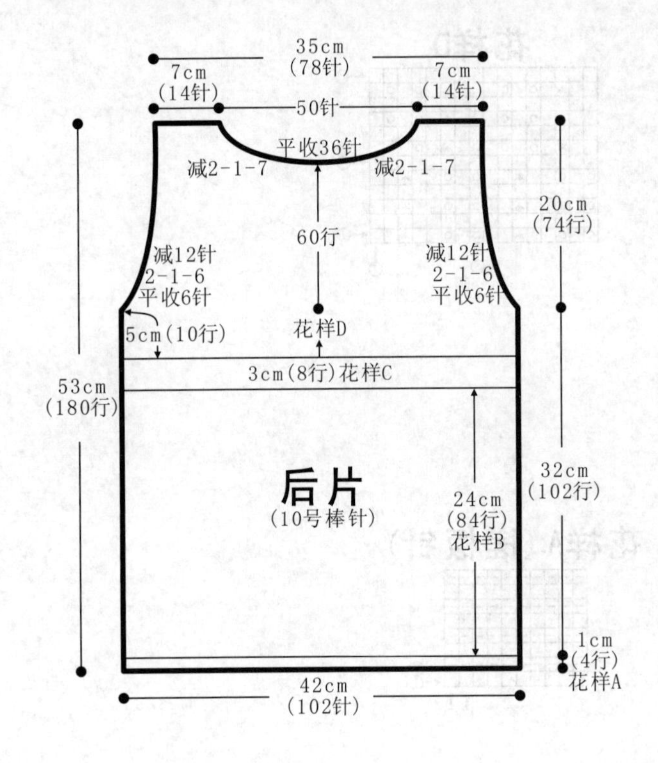

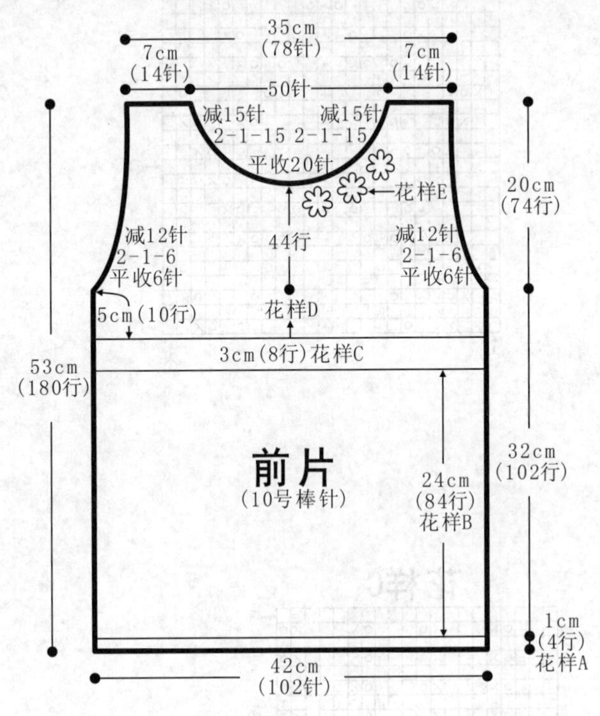

符号说明：

符号	说明	符号	说明
⊟	上针	⧅	右并针
□=⎕	下针	⧄	左并针
4-1-2	行-针-次	⊡	镂空针
↑	编织方向		

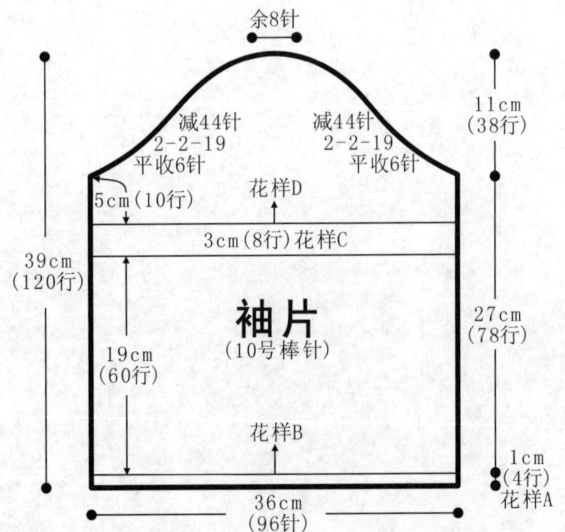

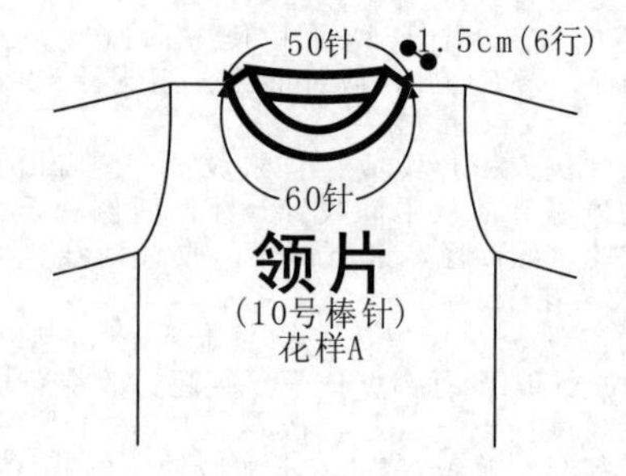

花样E

花样B

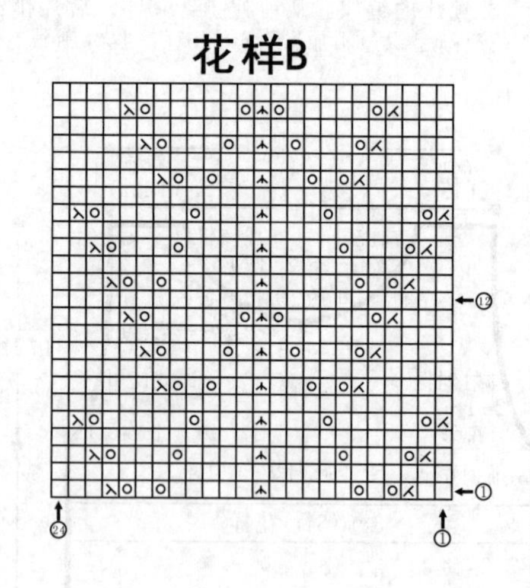

花样D

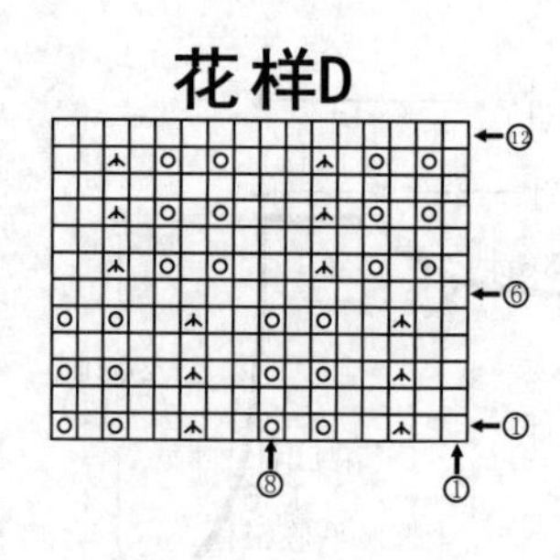

花样C

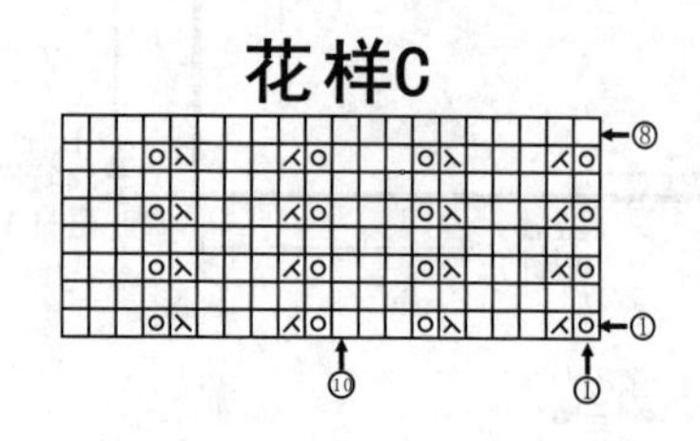

花样A(搓板针)

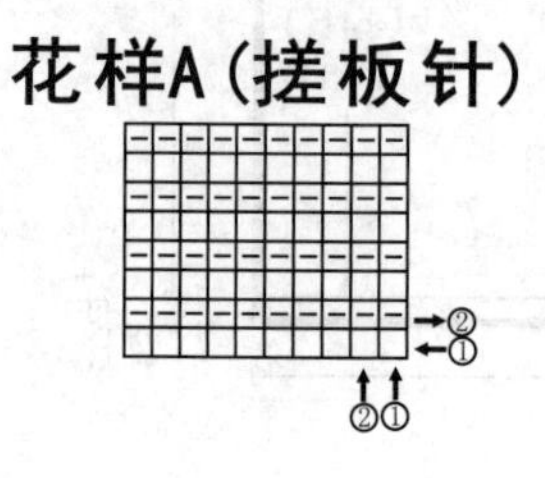

紫色荷叶花短袖

【成品规格】 衣长49cm，胸宽42cm，袖长5cm，袖宽16cm

【工　　具】 12号棒针

【编织密度】 10cm²=35针×43行

【材　　料】 紫色圆棉线550g

编织要点：

1.棒针编织法，由肩片1片、前片1片、后片1片及袖片2片组成，由上往下编织。

2.肩片的编织。一片织成。单罗纹起针法，起224针，首尾相接环织，花样A起织，花样加针，织6行；下一行起，改织14组花样B，花样加针，织22行达308针；下一行起，每组花样B加针2针，共加针24针，得336针花样A起织，花样A加针，织56行，得504针，收针断线。

3.前后片的编织。一片织成。前后片编织方法一样，以前片为例：于肩片挑145针，左右两侧各一次性加针6针，共157针，花样C起织，不加减针，织124行；下一行起，改织花样A不加减针编织6行高度，收针断线；于前片相对位置用同样方法编织后片。

4.袖片的编织。一片织成。于前后片中间空位挑针107针，左右两侧一次性加针6针，共119针，花样C起织，不加减针，织16行；下一行起，改织花样A，不加减针编织6行高度，收针断线；于袖片对侧位置用相同方法编织另一袖片。

5.拼接。将前后片及袖片侧缝对应缝合，衣服完成。

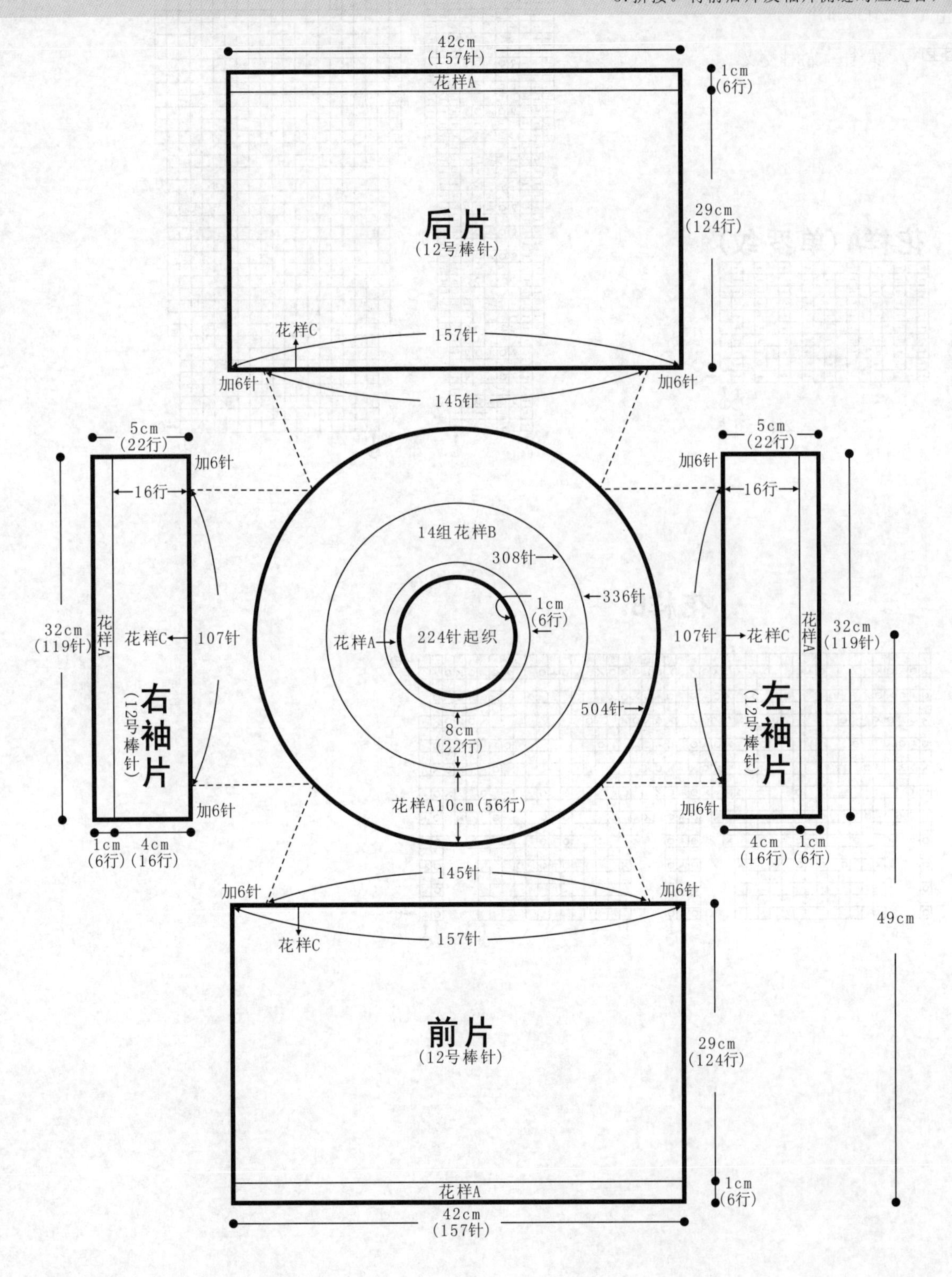

符号说明：

符号	说明	符号	说明
⊟	上针	⧅	右并针
□=⊡	下针	⧄	左并针
4-1-2	行-针-次	⊙	镂空针
↑	编织方向		
♀	上针的扭针		
⋈	第1针与第3针交叉		

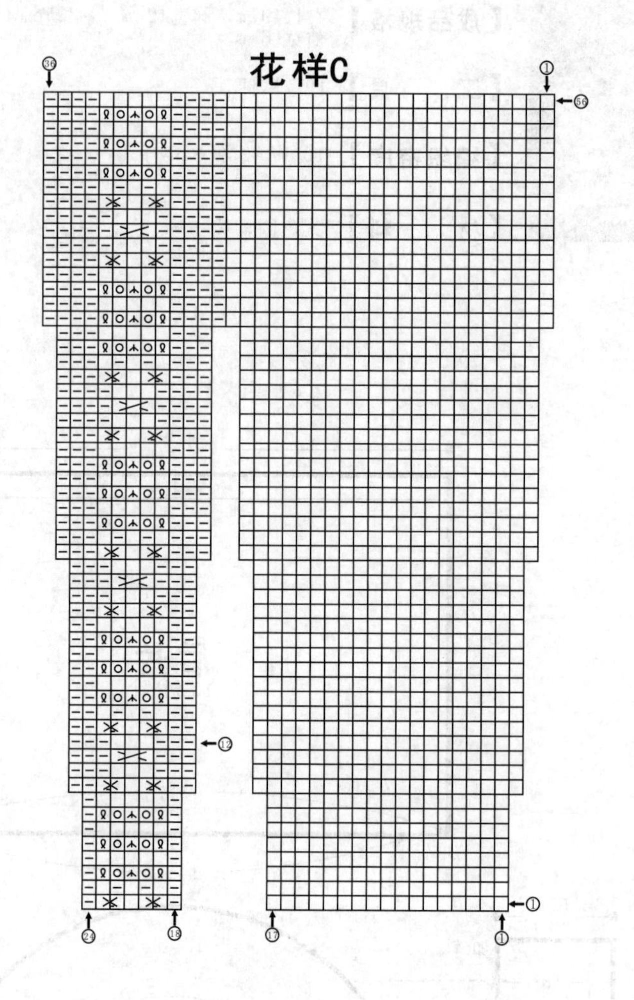

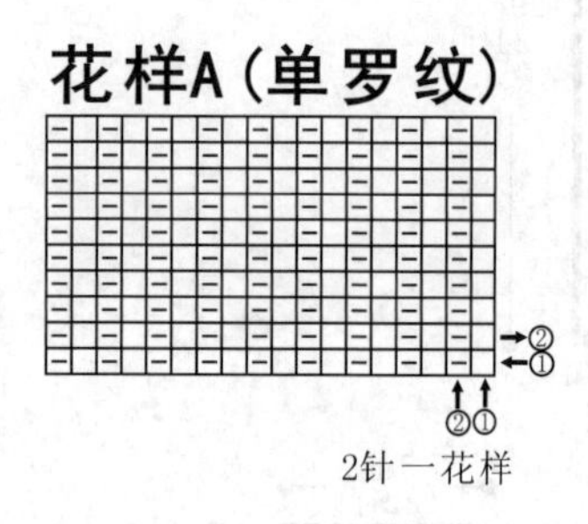

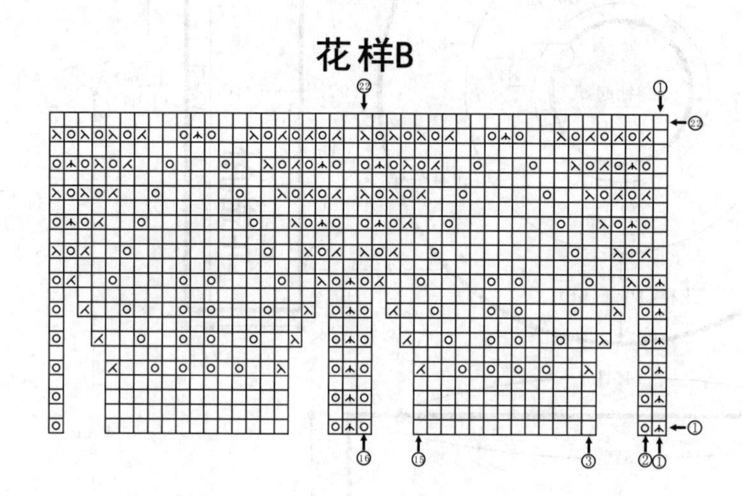

渔网蝙蝠衫

【成品规格】 衣长54cm，腰宽44cm，肩宽30cm，下摆宽40cm

【工　　具】 10号棒针

【编织密度】 $10cm^2$=36针×30行

【材　　料】 6股丝麻棉线200g，米色

编织要点：

1.棒针编织法，分成两片编织，衣身一片织成，下摆一片，横织成。

2.衣身编织，织法特别，利用了折回编织的原理。衣服是横织，如结构图中粗箭头所示的方向编织，从后片中间起织，利用折回编织的原理，编织好中心花型，然后利用折回编织原理，全织下针，至袖中轴，编织一个花型，然后也是折回编织下针，再织前片的中心的花型，再折回编织下针，至另一边袖中轴的花型，最后再折回织回后片的中心花型。

(1)起针，起116针，衣服的起针有讲究，如图所示，衣服是由一些下针长条形成的，每一条是8针，而两条之间的拉丝线，是衣服完成后，将之放线，脱至起针处形成的。起针数也就是长条的针数，用N表示，而长条的个数用S表示，公式就是(N+1)×S-1，原图衣服的长条下针数是8针，一共织13条，就是(8+1)×13-1=116针，本件衣服起针数为116针。衣服的织法正面全织下针，返回织上针，无花样变化。

(2)起116针，从右至左编织，先编织2行，第3行起开始花型编织。利用折回编织的原理，先将最右边8针折回编织10行的高度，即第3行挑织8针后，余下的108针不动，即返回织8针上针，就是反面了，重复这8针编织，织成10行。

(3)将织片弯一弯，接上第9针起织，织至第17针，即返回编织反面上针，织至第1针，共17针，将这17针重复编织正面下针，返回上针，共织成10行。

(4)再接上第18针编织，织至第26针（共挑织9针），折返回编织反面上针，但只织17针，而第1针与第9针放弃不织。将左边的17针，重复编织成10行。

(5)重复第4步，直至织最后的第99针与116针共17针，将之织10行的高度后，完成半个花型的编织，半个花型的高度是10行。这一行花型是从右编织至左的，而第二层半个花型，是从左边编织至右边的。

(6)第二层半个花型起织，第一层最后一片留在棒针上的针数为17针，从左边起织，只选8针编织，折回编织10行，然后按照第3步的方法，挑织第9针至第17针，将这17针折回编织10行，然后就是重复第4步和第5步了，这样，就完成了一个花型，共20行。

(7)按照第1至第6步骤织2个半花型后，针上的针数共116针，从左边起织，起织后片左边的花样，就是下针花样，先选8针编织，织10行后，同第3步织法，将17针再织10行，然后挑9针织，但这次要将这9针与17针，共26针一起编织，织10行的高度，同样的方法，每次织完10行后，就向左边棒针上挑9针和原来在织的针数一起编织，直至将116针全部挑起编织10行，完成后片左边花样编织。

(8)后片中心起织，依次编织2个整花型，半个花型，共50行。至袖中轴是一个整花型，前片中心共3个整花型，织回至后片中心时，是织2个半花型再缝合。

3.放针方法。衣服中的拉丝花样是放针形成的，织完衣服后，在最后一行，将每长条之间的1针放掉，即（8+1）中的1针放掉，但稍不注意，当这针放掉回到起针行时，会引起其他针的脱线，避免的方法是，当线未放到起针行时，先将后片缝合，将针数固定。共需要放掉12针。放后将衣服拉一拉开，效果更显著。

4.下摆编织。下摆是横织后，再将一长边缝合，起18针，编织花样D，共织240行的长度后，首尾缝合，再将之与衣下摆边缝合。

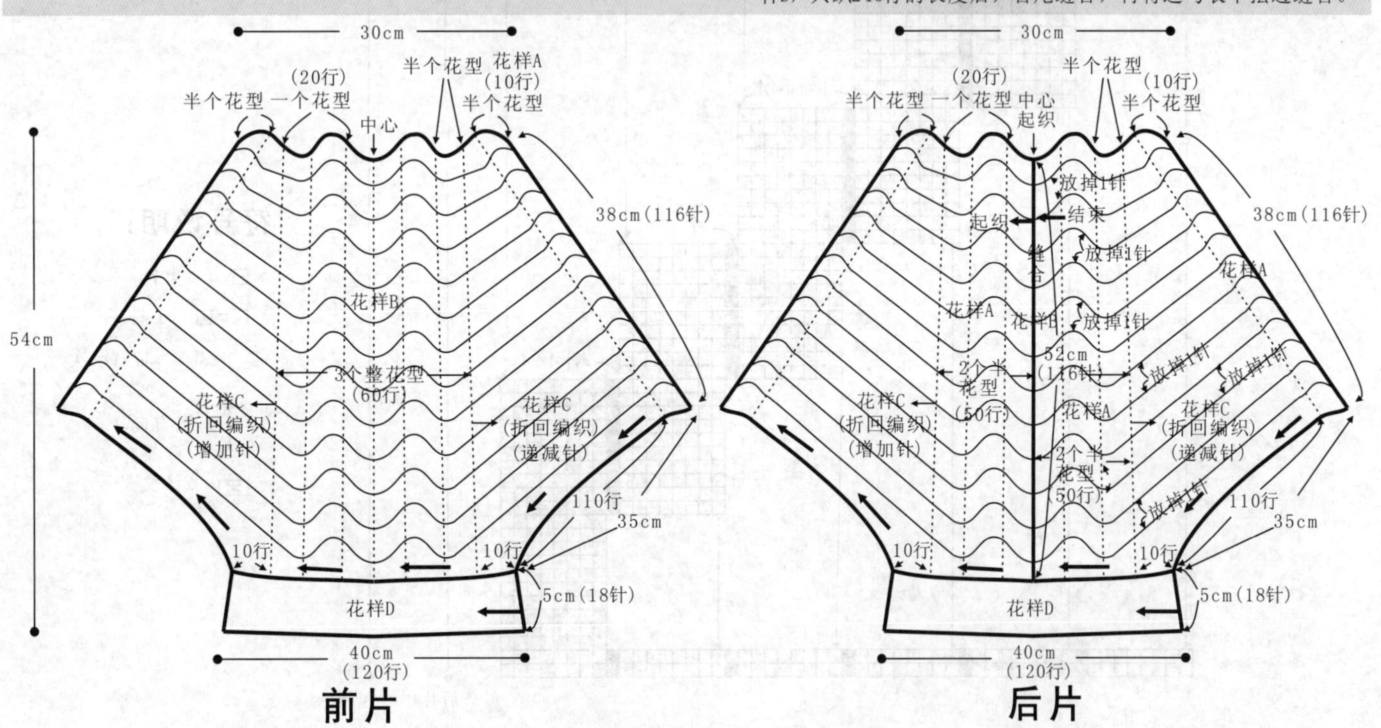

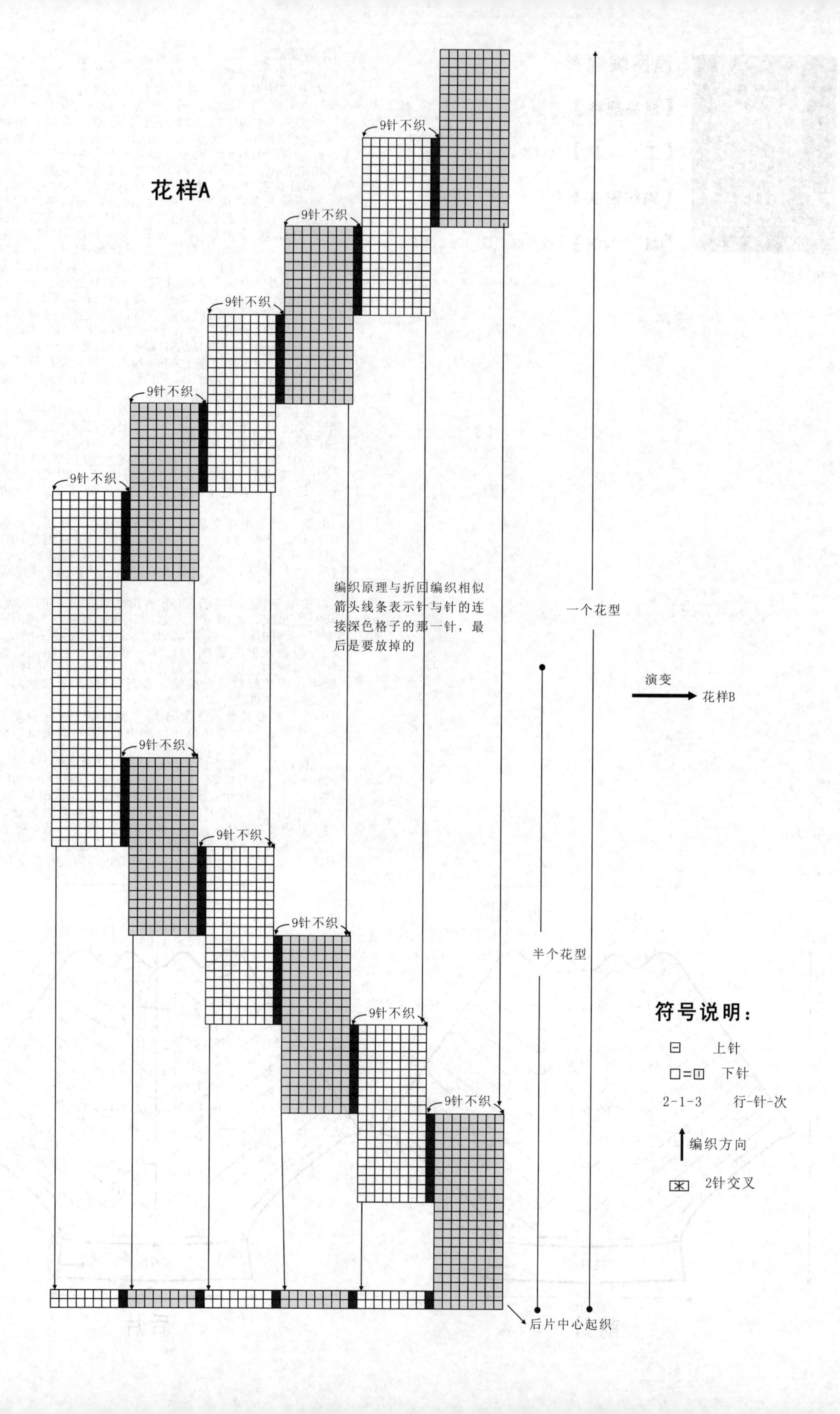

花样A
9针不织
9针不织
9针不织
9针不织
9针不织
9针不织
9针不织
9针不织
9针不织
9针不织
9针不织
编织原理与折回编织相似
箭头线条表示针与针的连
接深色格子的那一针，最
后是要放掉的
一个花型
半个花型
演变
花样B
后片中心起织
符号说明：
上针
下针
2-1-3
行-针-次
编织方向
2针交叉

花样B

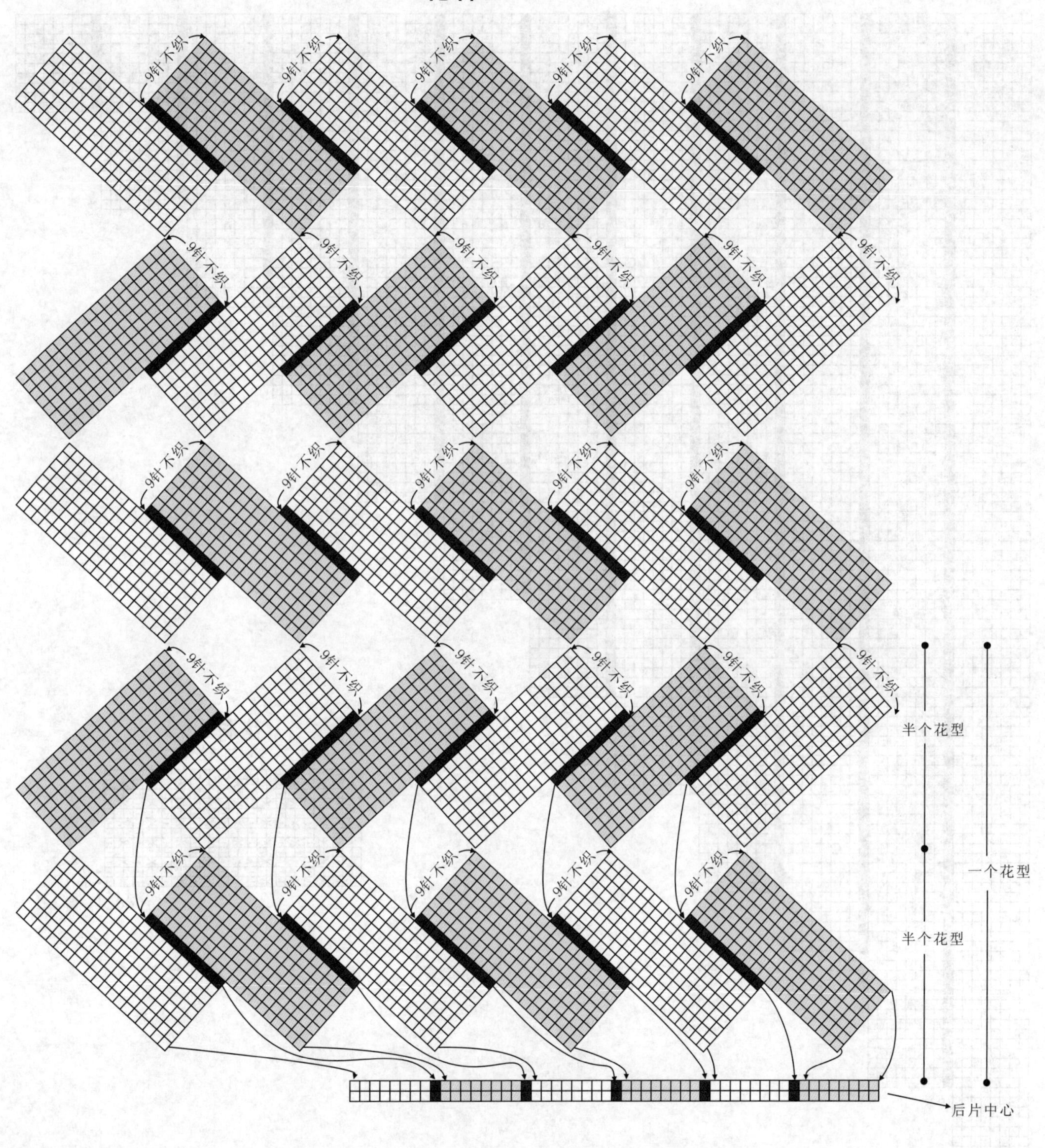

花样C

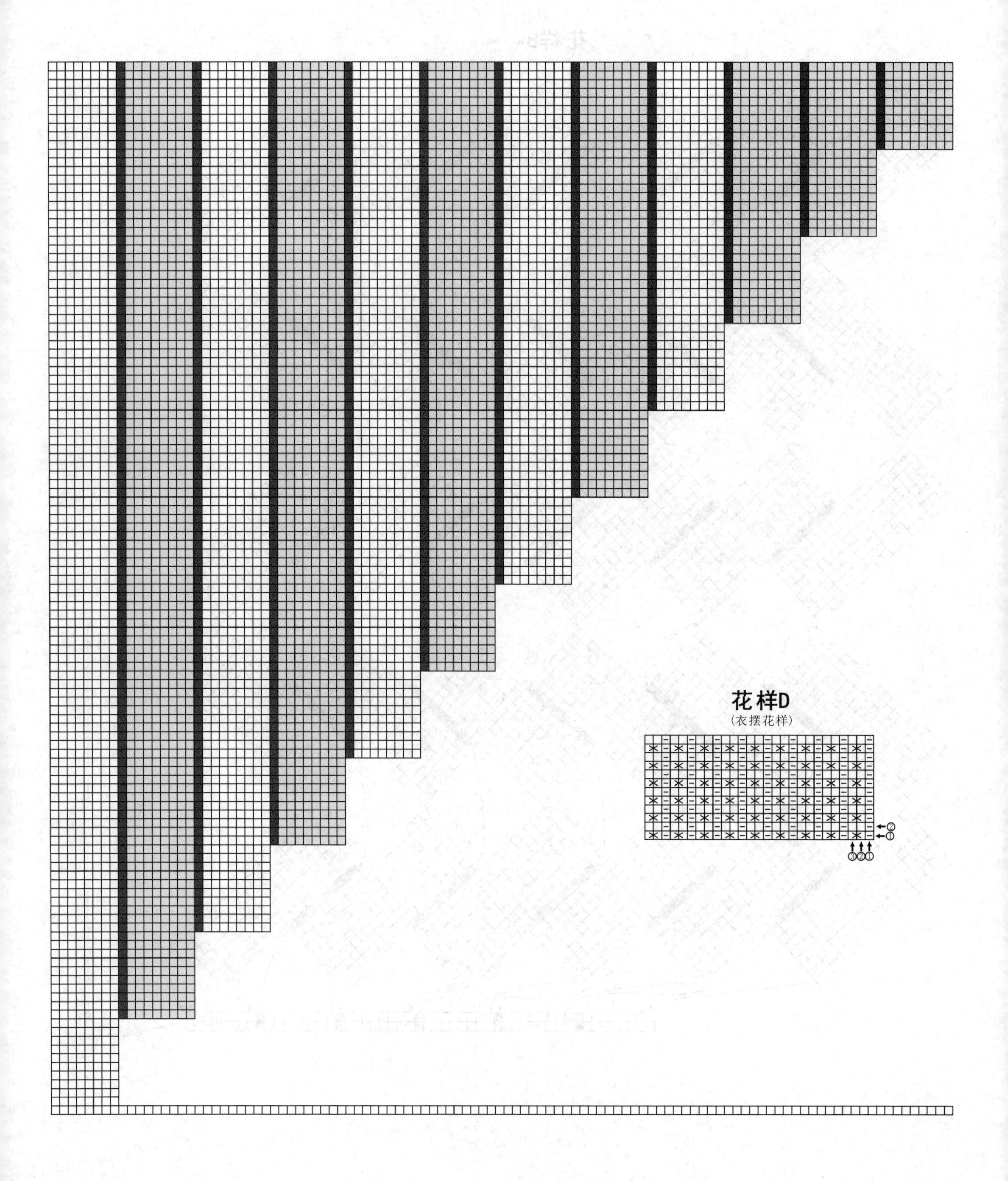

潇洒长袖开衫

【成品规格】衣长50cm，肩宽32cm，袖长54cm，袖宽13cm

【工　　具】10号棒针

【编织密度】10cm²=30针×58行

【材　　料】深棕色羊毛线650g，扣子5个

编织要点：

1.棒针编织法，由左右前片各1片、后片1片及袖片2片组成，再编织领襟，由下往上编织。

2.前片的编织。分为左右前片分别编织，编织方法一样，但方向相反；以右前片为例，双罗纹起针法，起56针，花样A起织，不加减针编织4行高度；下一行起，改织16针花样C+40针花样B排列，不加减针，织160行至袖窿；下一行起，左侧进行袖窿减针，收针4针，然后2-1-6，减10针，织128行；其中自织成袖窿算起54行高度，下一行右侧进行衣领减针，收针14针，然后2-1-18，减32针，织36行，不加减针编织38行高度，余下14针，收针断线；用相同方法及相反方向编织左前片。

3.后片的编织。一片织成。双罗纹起针法，起108针，花样A起织，不加减针编织4行高度；下一行起，改织16针花样C+26针花样E+24针花样D+26针花样E+16针花样C排列，不加减针，织160行至袖窿；下一行起，两侧同时进行减针，收针4针，然后2-1-6，减10针，织128行；其中自织成袖窿算起96行高度，下一行进行衣领减针，从中间收针42针，两侧相反方法减针，2-1-9，减9针，织18行，不加减针编织14行高度，余下14针，收针断线。

4.袖片的编织。一片织成。双罗纹起针法，起44针，花样A起织，不加减针编织4行高度；下一行起，改织16针花样C+12针花样F+16针花样C排列，两侧同时加针，12-1-18，加18针，织216行，不加减针编织4行高度；下一行起，两侧同时进行减针，收针4针，然后4-1-24，减28针，织96行，余下24针，收针断线；用相同方法编织另一袖片。

5.拼接。将左右前片与后片及袖片对应缝合。

6.领片的编织。从左右前片衣领位置各挑针52针，后片衣领位置挑针60针，共162针，花样A起织，不加减针编织6行高度；下一行起，改织下针，不加减针编织6行高度，收针断线，衣服完成。

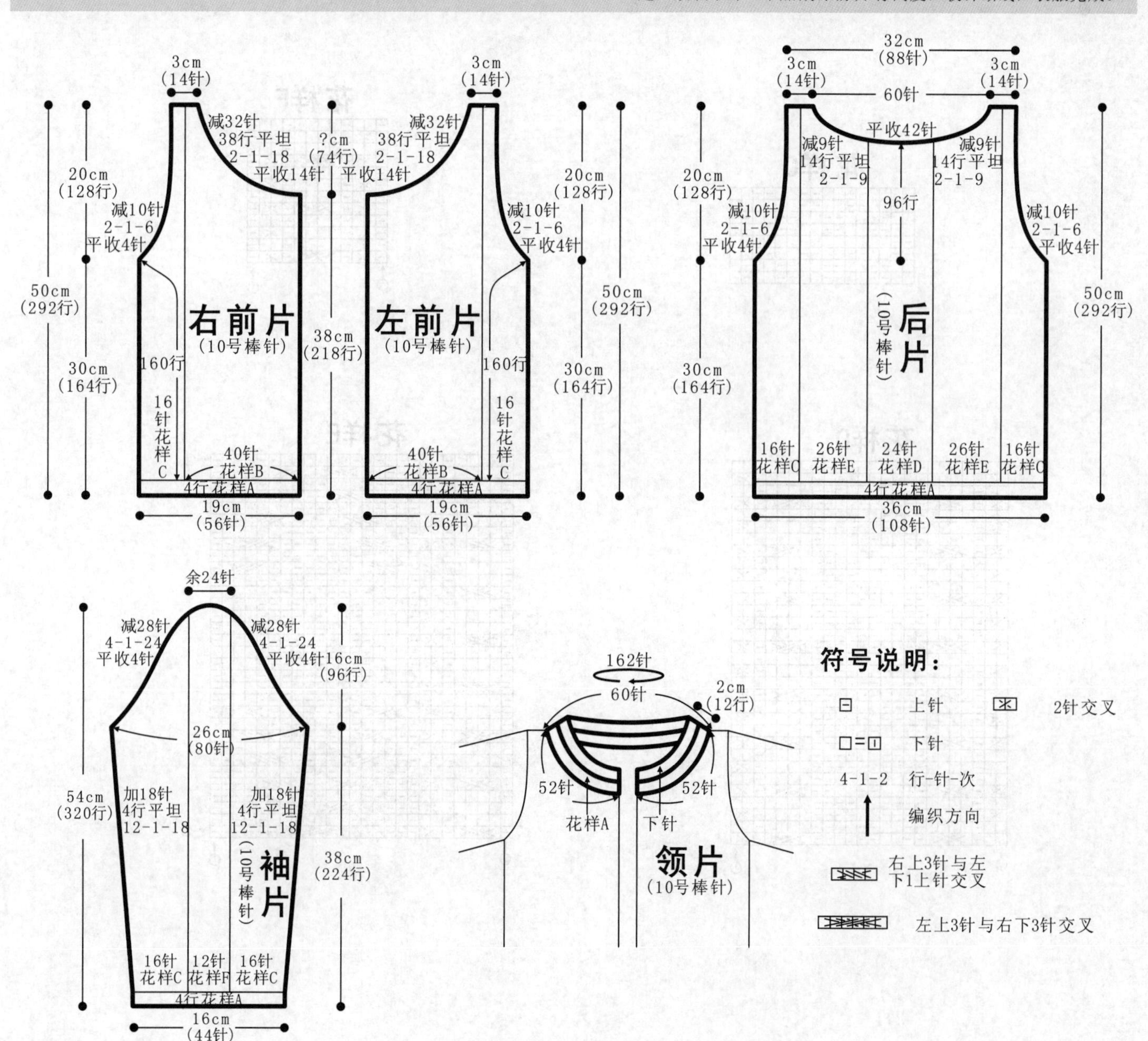

花样B

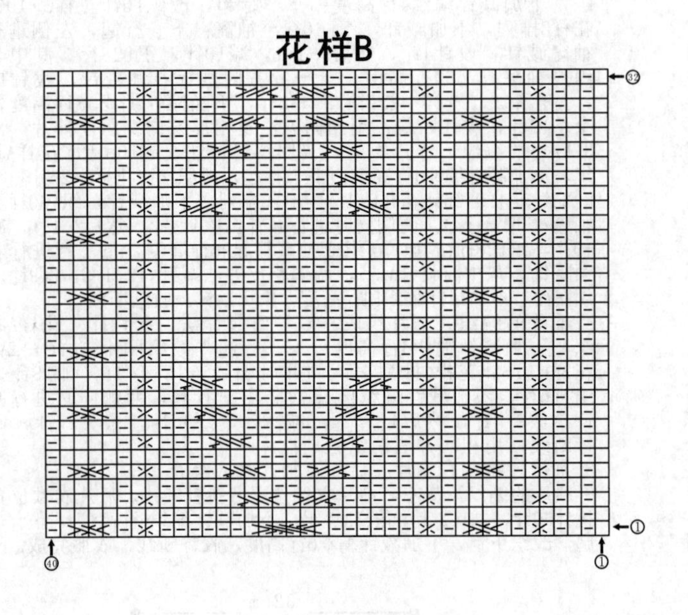

花样A（双罗纹）

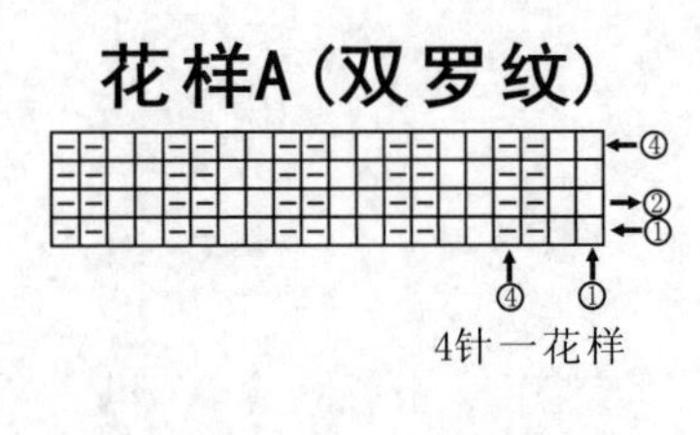

4针一花样

花样F

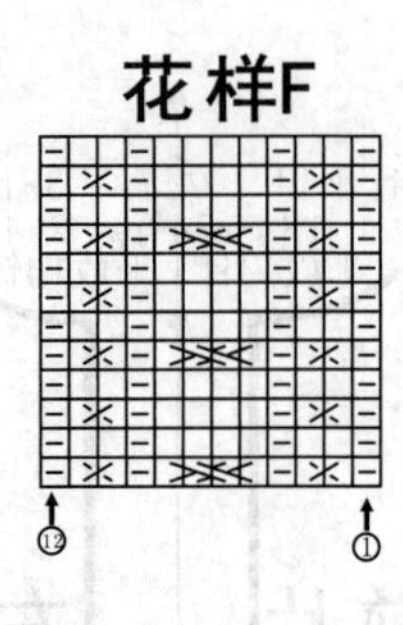

花样C

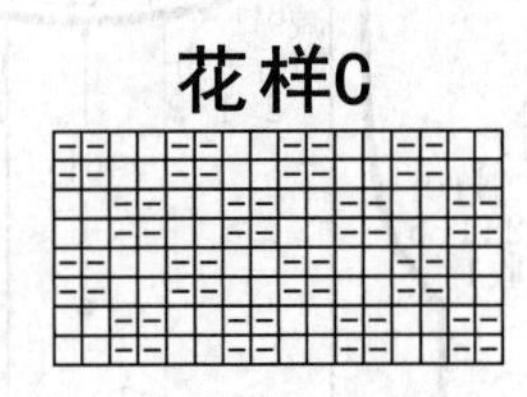

花样D

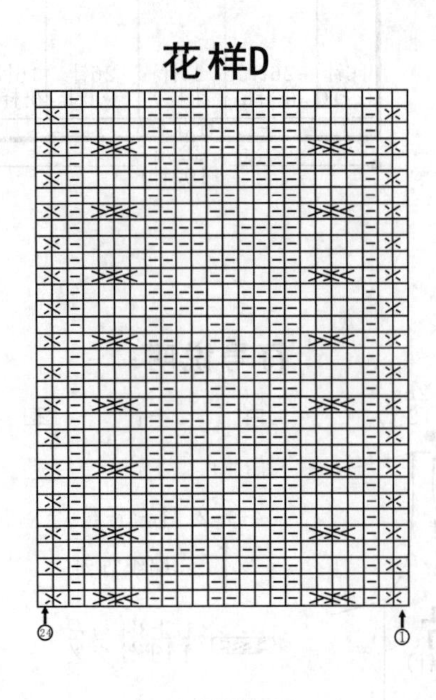

花样E

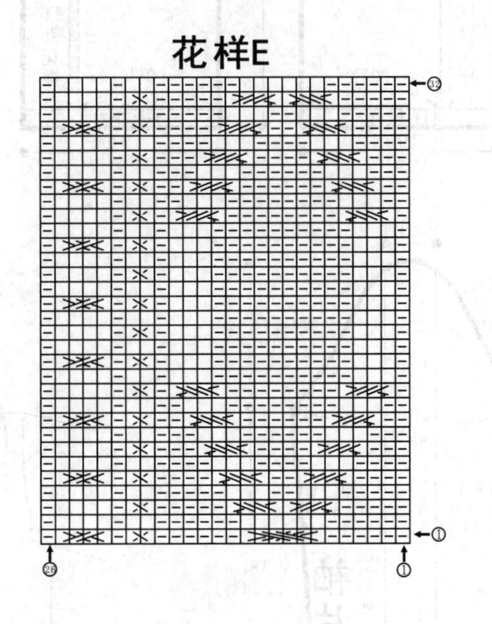

秀气韩版短袖衫

【成品规格】衣长70cm，胸宽43cm，肩宽36cm，

【工　　具】12号棒针

【编织密度】花样A的密度：10cm²=35针×42行
花样B的密度：10cm²=39针×42行

【材　　料】深紫红色丝光棉线400g

编织要点：

1.棒针编织法，由前片1片、后片1片、袖片2片组成。从下往上织起。

2.前片的编织。一片织成。起针，单罗纹起针法，起240针，起织花样A，编织20行后，编织花样B，不加减针，织成84行，然后编织上针，编织62行后，分散收针90针，裙摆完成。余150针开始编织衣身，编织花样A，不加减针，织成34行至袖窿。袖窿起减针，两侧同时收针4针，然后2-1-6，当织成袖窿算起32行时，中间对半平分针数，各自进行编织，同时编织16行后，两边进行领边减针，2-2-15，2-1-4，共织60行后，至肩部，各余下26针，收针断线。

3.后片的编织。一片织成。起针，单罗纹起针法，起240针，起织花样A，编织20行后，编织花样B，不加减针，织成84行，然后编织上针，编织62行后，分散收针90针，裙摆完成。余150针开始编织衣身，编织花样A，不加减针，织成34行至袖窿。袖窿起减针，两侧同时收针4针，然后2-1-6，当织成袖窿算起84行时，中间平收66针，两边进行领边减针，2-2-2，2-1-2，共织8行后，至肩部，各余下26针，收针断线。

4.袖片的编织。袖片从袖口起织，单罗纹起针法，起98针，编织花样A，两侧进行袖身加针，10-1-2，10行平坦，编织30行至袖窿。并进行袖山减针，两边各收针4针，然后2-1-35，织成70行，余下24针，收针断线。相同的方法去编织另一袖片。

5.拼接。将前片的侧缝与后片的侧缝和肩部对应缝合。再将两袖片的袖山边线与衣身的袖窿边对应缝合。衣服完成。

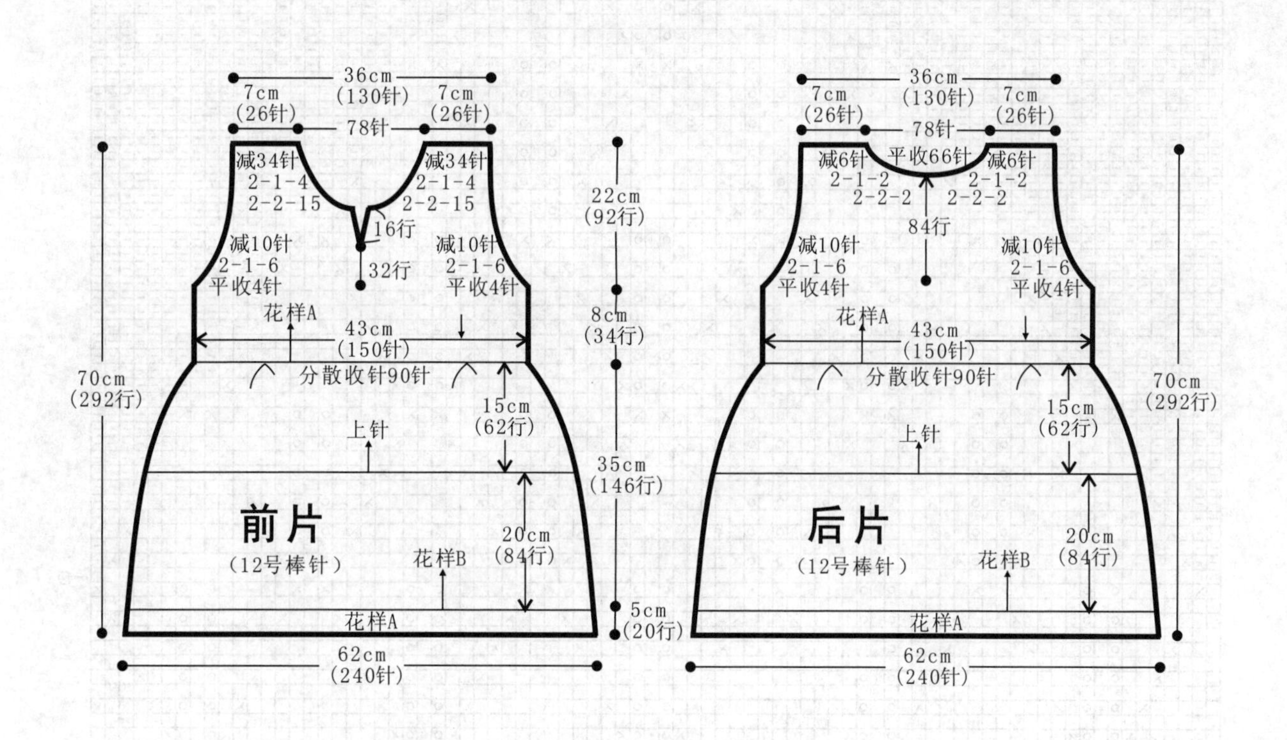

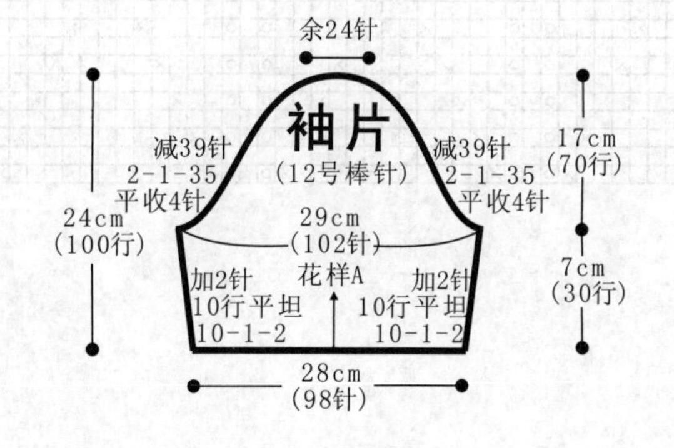

符号说明：

上针
□=□ 下针
右并针
左并针
镂空针
2-1-3 行-针-次
编织方向

花样A

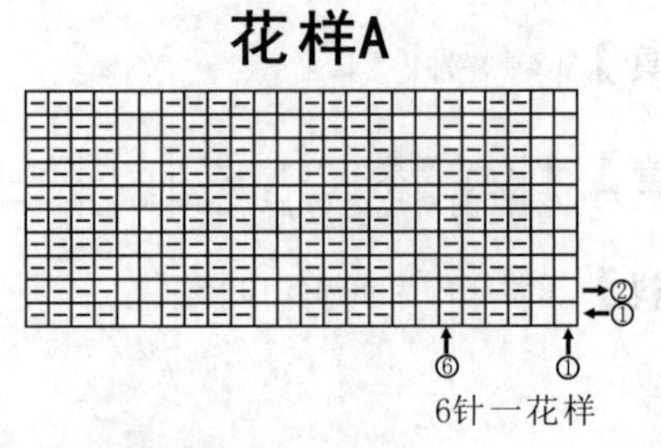

花样B

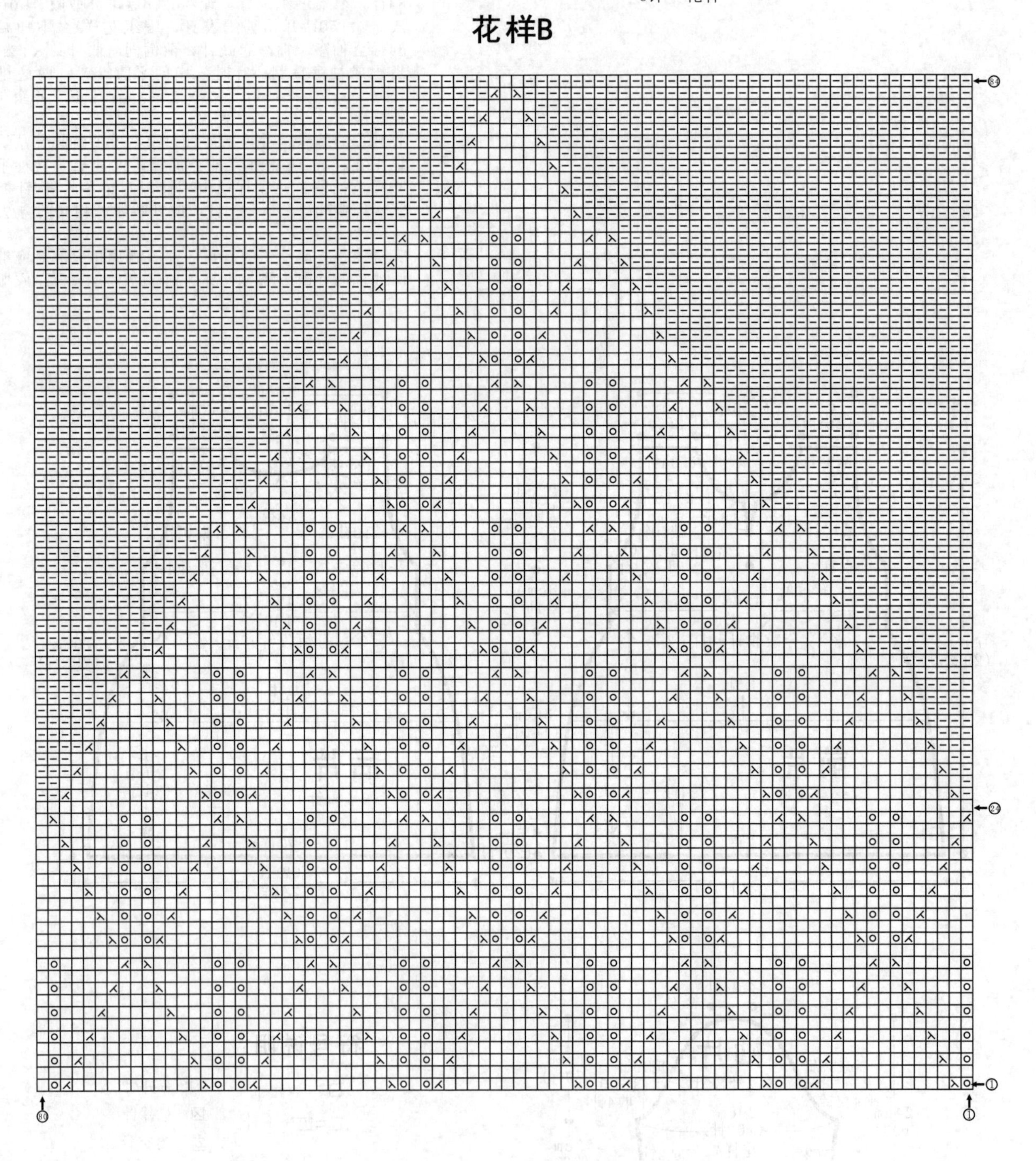

黑白职业装

【成品规格】衣长40cm，肩宽35cm，袖长43cm，袖宽20cm

【工　　具】12号棒针

【编织密度】10cm²下针=24针×45行

【材　　料】细羊毛线白色400g，黑色100g

编织要点：

1.棒针编织法。由左右前片各1片、后片1片及袖片2片组成，再编织领片，由下往上编织。

2.前片的编织。分为左右前片分别编织，编织方法一样，但方向相反；以右前片为例，下针起针法，起44针，黑色花样A起织，不加减针编织14行高度；下一行起，改织白色花样A不加减针，织86行至袖窿；下一行起，左侧进行袖窿减针，收针3针，然后2-1-10，减13针，织80行；其中自织成袖窿算起24行高度，右侧进行衣领减针，2-2-5，2-1-9，减9针，织28行，不加减针编织28行高度，余下12针，收针断线；用相同方法及相反方向编织左前片。

3.后片的编织。一片织成。下针起针法，起110针，黑色花样A起织，不加减针编织14行高度；下一行起，改织白色花样A，不加减针，织86行至袖窿；下一行起，两侧同时进行袖窿减针，收针3针，然后2-1-10，减13针，织80行；其中自织成袖窿算起72行高度；下一行进行衣领减针，从中间收针48针，两侧相反方向减针，2-2-2，2-1-2，减6针，织8行，余下12针，收针断线。

4.袖片的编织。一片织成。下针起针法，起96针，黑色花样A起织，不加减针编织14行、下一行起，改织白色花样A　两侧同时进行减针，8-1-14，减14针，织112行，余下68针；下一行起，两侧同时进行减针，收针3针，然后2-1-10，减13针，织20行，不加减针编织48行高度，余下42针，收针断线；用相同方法编织另一袖片。

5.衣兜的编织。一片织成。下针起针法，起20针，白色花样A起织，不加减针编织32行；下一行起，改织黑色花样A，不加减针编织8行，收针断线；用相同方法编织另一衣兜。

5.拼接。将左右前片与后片及袖片对应缝合；将衣兜于左右前片对应位置缝合。

6.领片的编织。于左右前片侧边位置挑针68针，黑色花样A起织，不加减针编织14行；于左右前片衣领位置各挑针50针，后片衣领位置挑针60针，黑色花样A起织，不加减针编织14行，收针断线，衣服完成。

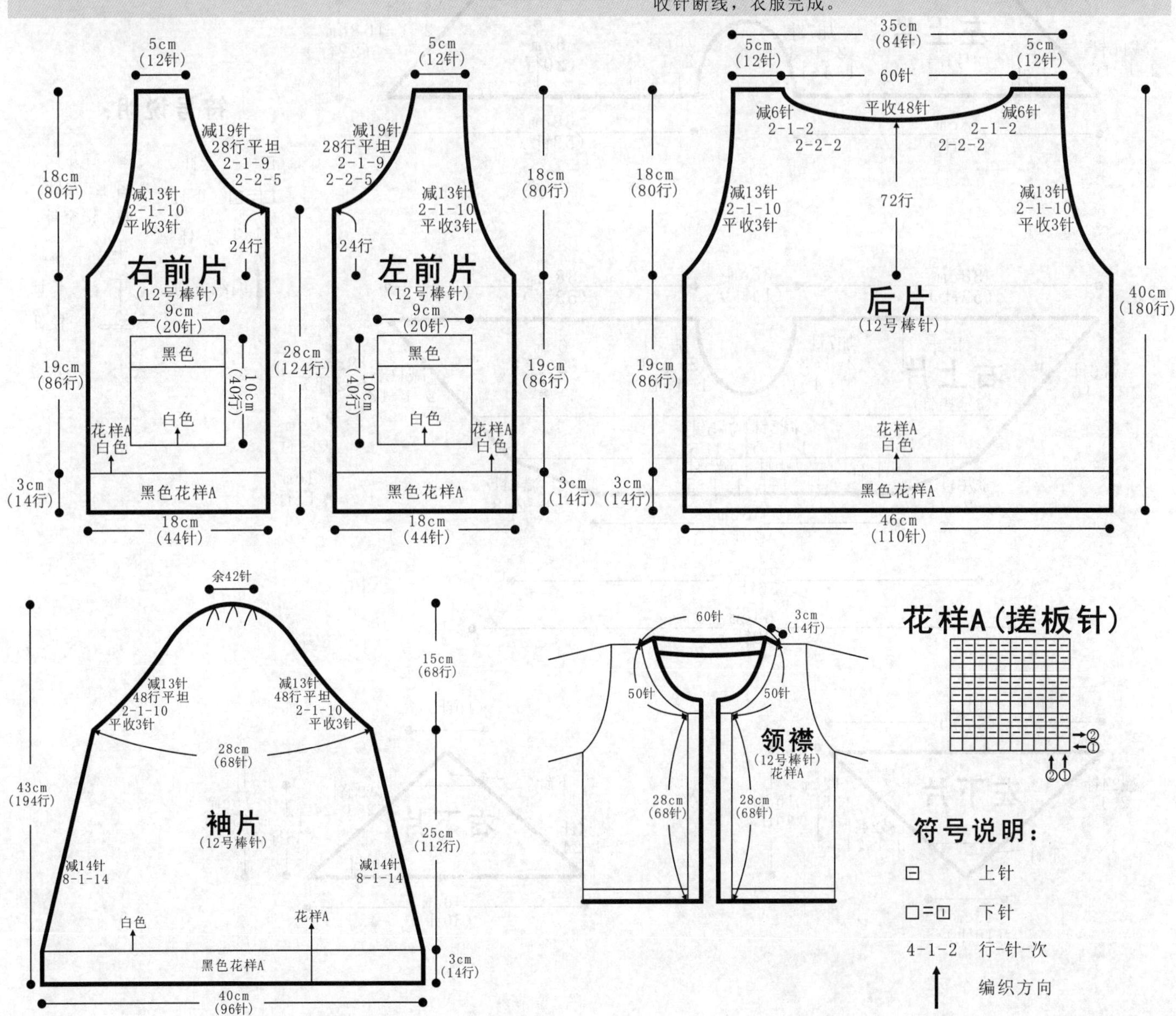

素雅短装开衫

【成品规格】衣长44cm，胸宽34cm，肩宽34cm

【工　　具】8号棒针

【编织密度】10cm²=25针×33行

【材　　料】灰色丝光棉线400g

编织要点：

1.棒针编织法，由左上片1片、左下片1片、右上片1片、右下片1片组成。

2.左上片和右上片的编织。

(1)起针，下针起针法，起53针，编织上针，一侧加7针，2-1-3　1-4-1　另一侧减16针，织20行的高度。另同样织法织另一块，织20行后与前一块并做一块织，再织2行后改织下针，并从中间减针，往左右各减5针，1-1-5　织14行后织下针，中间再次往左右各减5针，1-1-5　两边同时减6针，2-2-3，余50针，收针断线。

(2)同样方法织右上片。

3.左下片和右下片的编织。起针，下针起针法，起50针，编织上针，两侧减针，2-1-12　织35行的高度，换织下针，织10行收针断线。

4.拼接。将左上片与左下片缝合，右上片与右下片缝合。左右两片的后片对应缝合，挑领。左右前片各挑16针，后片挑32针，织4行上针、4行下针和4行上针。左侧留1个扣眼，收针断线，衣服完成。

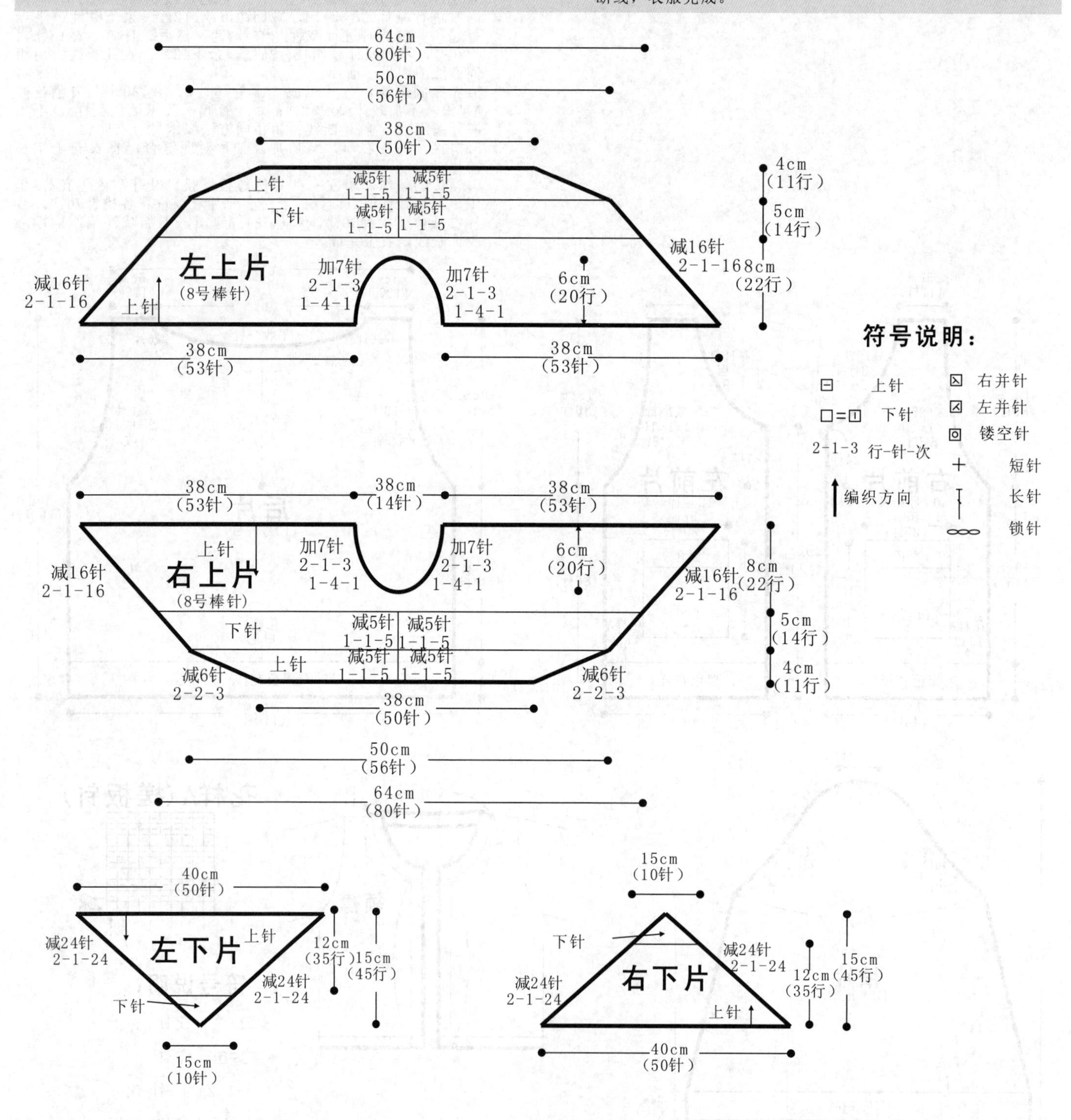

镂空中袖衫

【成品规格】 衣长36cm，胸宽48cm，袖长43cm

【工　　具】 8号棒针

【编织密度】 10cm²=32针×27行（下摆片花样）

【材　　料】 红色腈纶毛线500g　扣子4颗

编织要点：

1.棒针编织法，从下往上织。

2.下摆起织，下针起针法，起294针，分配成21组花样A编织，不加减针，织24行，下一行起分片，两边各5组花样A，作左右前片，中间11组花样A，作后片。以右前片为例，起织5组花样A，在每一组花样A上进行减针，每一组减掉6针，在插肩缝上同时进行减针，4-1-14，减掉14针后，不加减再织16行至领边。后片的编织，11组花样A，同样每一组各减掉6针，在插肩缝上进行与前片相同的减针，织成72行，余下60针，暂不收针。相同的方法去编织出左前片。袖片的编织，起70针，织5组花样A，不加减针织36行后，花样A上同样减针，两插肩缝同样减14针，织成72行后，余下12针，收针断线。相同的方法去编织别一袖片。

3.将两个袖片与衣身的插肩缝进行缝合。沿着前后衣领边，将所有的针数作一圈进行编织，起织花样B，一圈共148针，织成16行后，改织花样C搓板针，不加减针，织6行后，收针断线。最后沿着衣襟边挑针，挑114针，织10行后，收针断线。右衣襟制作4个扣眼。

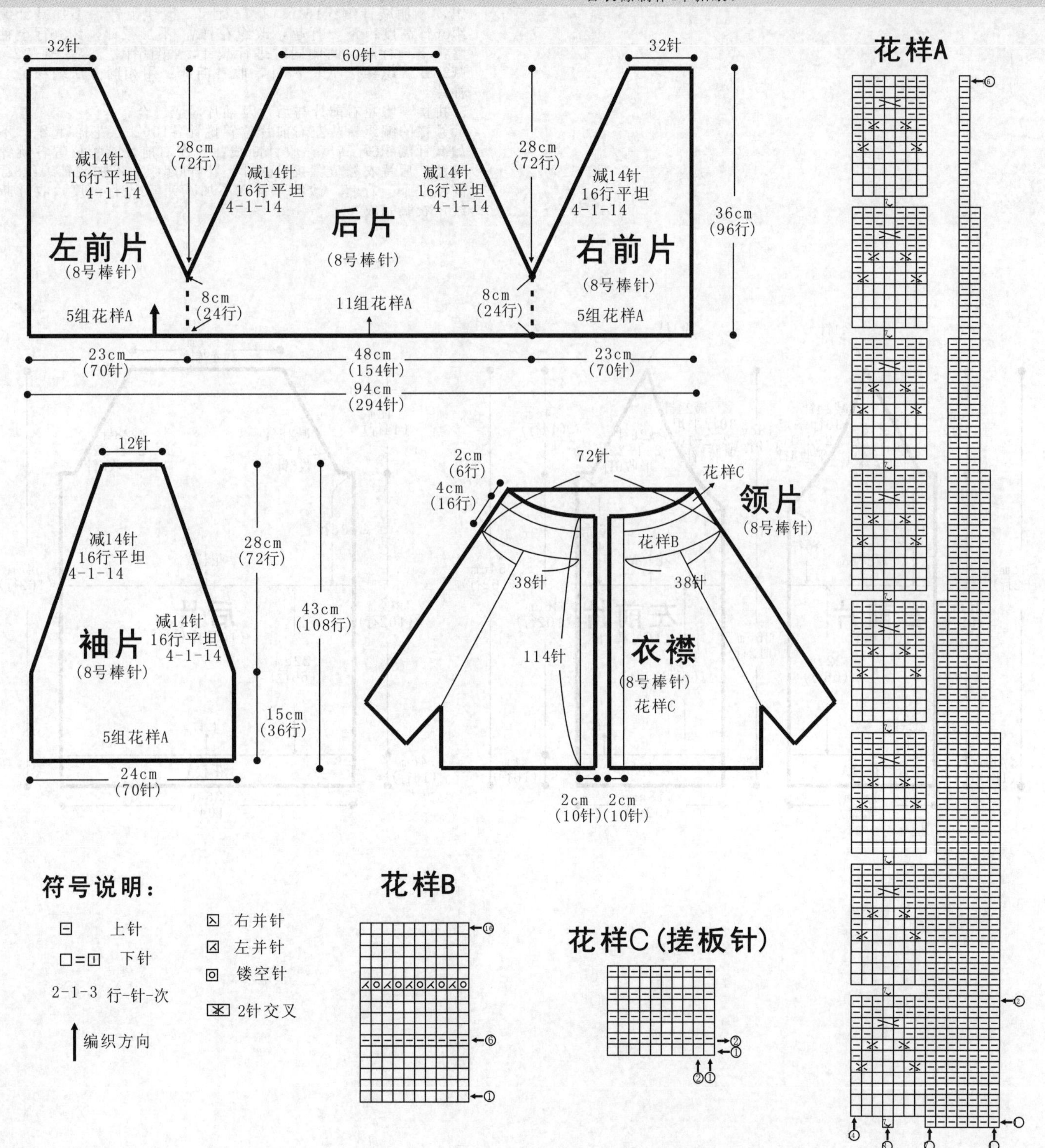

简单上下针开衫

【成品规格】 衣长54cm，肩宽24cm，袖长54cm

【工　　具】 10号棒针

【编织密度】 10cm²=29针×30行

【材　　料】 桃红色羊毛线650g　扣子3个

编织要点：

1.棒针编织法，由左右前片各1片、后片1片及袖片2片组成，再编织领襟，由下往上编织。

2.前片的编织。分为左右前片分别编织，编织方法一样，但方向相反。以右前片为例，单罗纹起针法，起52针，花样A起针，不加减针编织16行高度；下一行起，改织上针，不加减针，编织66行;下一行起，改织花样A，不加减针编织30行高度；一下行起，右侧进行衣领减针，收针4针，然后2-2-10，减24针，织20行，不加减针编织30行；其中改织花样A后编织36行高度至袖窿；下一行进行袖窿减针，收针6针，然后2-1-22，减28针，织44行，余下1针，收针断线；用相同方法及相反方法编织左前片。

3.后片的编织。一片织成。单罗纹起针法，起104针，花样A直织，不加减针编织16行高度；下一行起，改织上针，不加减针编织66行高度；下一行起，改织花样A，不加减针，织36行至袖窿；下一行起，两侧同时进行减针，收针6针，然后2-1-22，减28针，织44行，余下48针，收针断线。

4.袖片的编织。一片织成。单罗纹起针法，起64针，花样A起织，不加减针编织16行；下一行起，改织上针，不加减针编织66行高度；下一行起，改织花样A，不加减针，织36行至袖窿；下一行起，两侧同时进行减针，收针6针，然后2-1-22，减28针，织44行，余下8针，收针断线；用相同方法编织另一袖片。

5.拼接。将左右前片与后片及袖片对应缝合。

6.领襟的编织。从左右前片位置挑针各100针，花样A起织，不加减针编织6行高度，收针断线；于左右前片衣领位置各挑针58针，后片衣领位置挑针60针，花样A起织，不加减针编织8行高度；下一行起，改织下针，不加减针编织8行高度，收针断线，衣服完成。

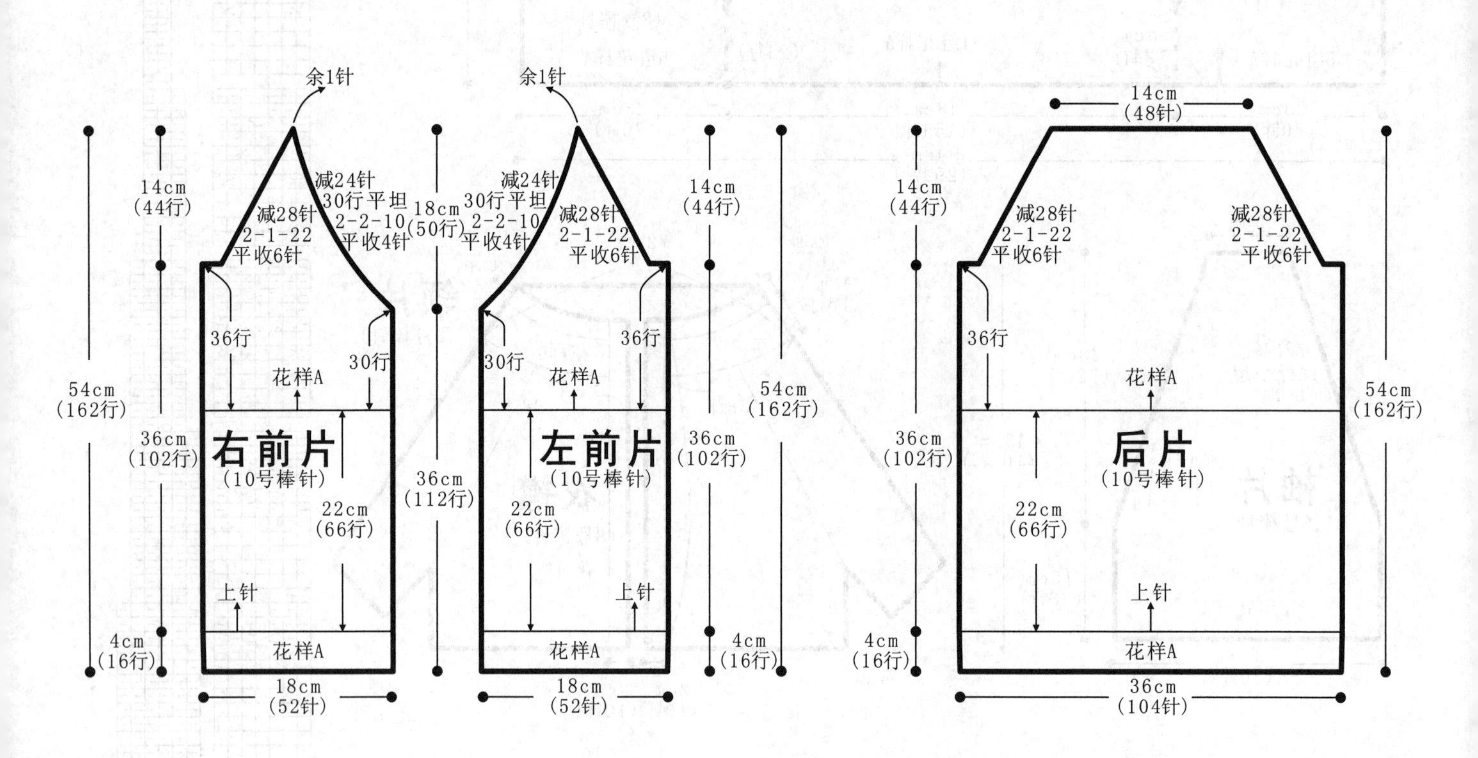

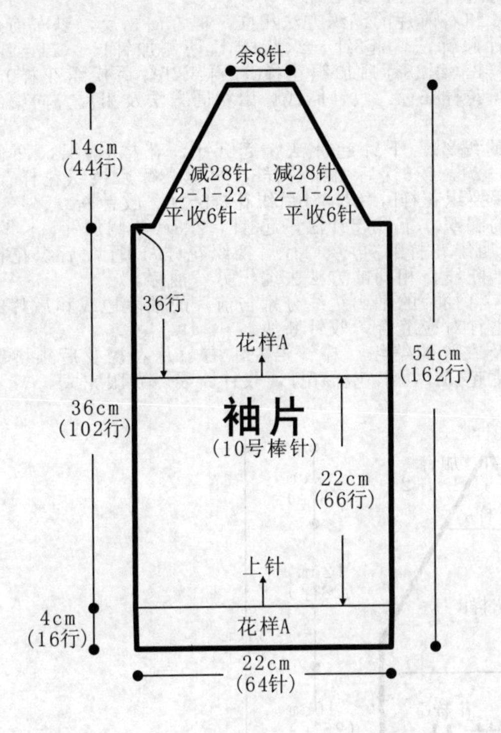

符号说明：

⊟	上针
□=⊡	下针
4-1-2	行-针-次
↑	编织方向

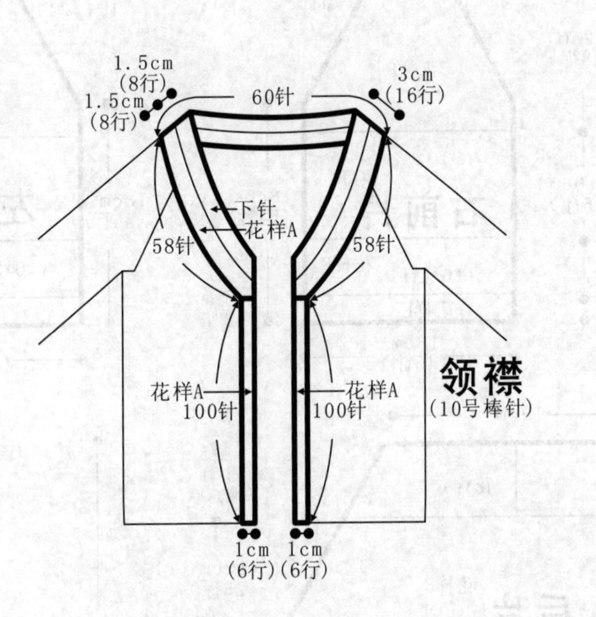

花样A(单罗纹)

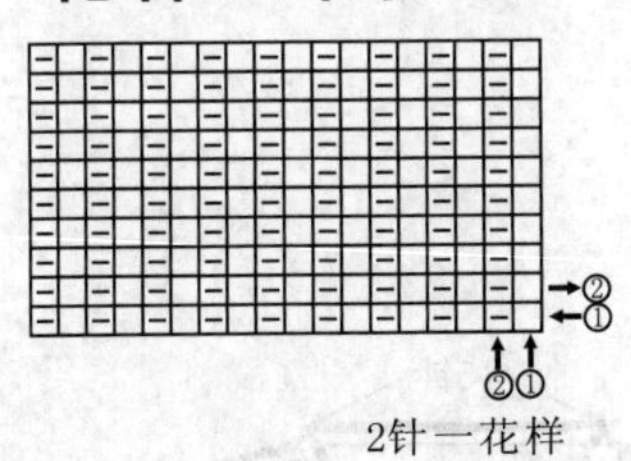

绿色简约小披肩

【成品规格】衣长34cm，胸宽39cm，肩宽12cm

【工　　具】10号棒针

【编织密度】10cm²=28针×33行

【材　　料】绿色丝光棉线400g

编织要点：

1.棒针编织法，分成左前片、右前片、后片分别编织，再编织两个袖片进行缝合，最后编织领片。
2.左前片和右前片的编织方法相同，但方向相反，以右前片为例。下针起针法，起3针，织花样A，两侧加针1-1-21　织8行后织花样B。织28行后加织花样C，再织25行后换织花样D，织15行后织花样E5行。收针断线。用相同方法及相反方向编织左前片。
3.后片的编织。下针起针法，起66针，花样A起织，两侧加针，1-1-21，织8行后加织花样B，再织28行后换织花样C，再织25行后换织花样D，织15行后织花样E5行。收针断线。
4.袖片的编织。下针起针法，起3针，织8针两侧加针，1-1-21织8行后加织花样B，再织11行后换织花样C10行，后织花样E5行。收针断线，相同的方法去编织另一袖片。
5.拼接。将袖片的袖山边线分别与前片的袖窿边线和后片的袖窿边线进行对应缝合，收针断线。
6.衣领及衣襟的编织。棒针沿左、右前片衣襟及后领挑针起织，各挑起45针，织花样A5行。收针断线。衣服完成。

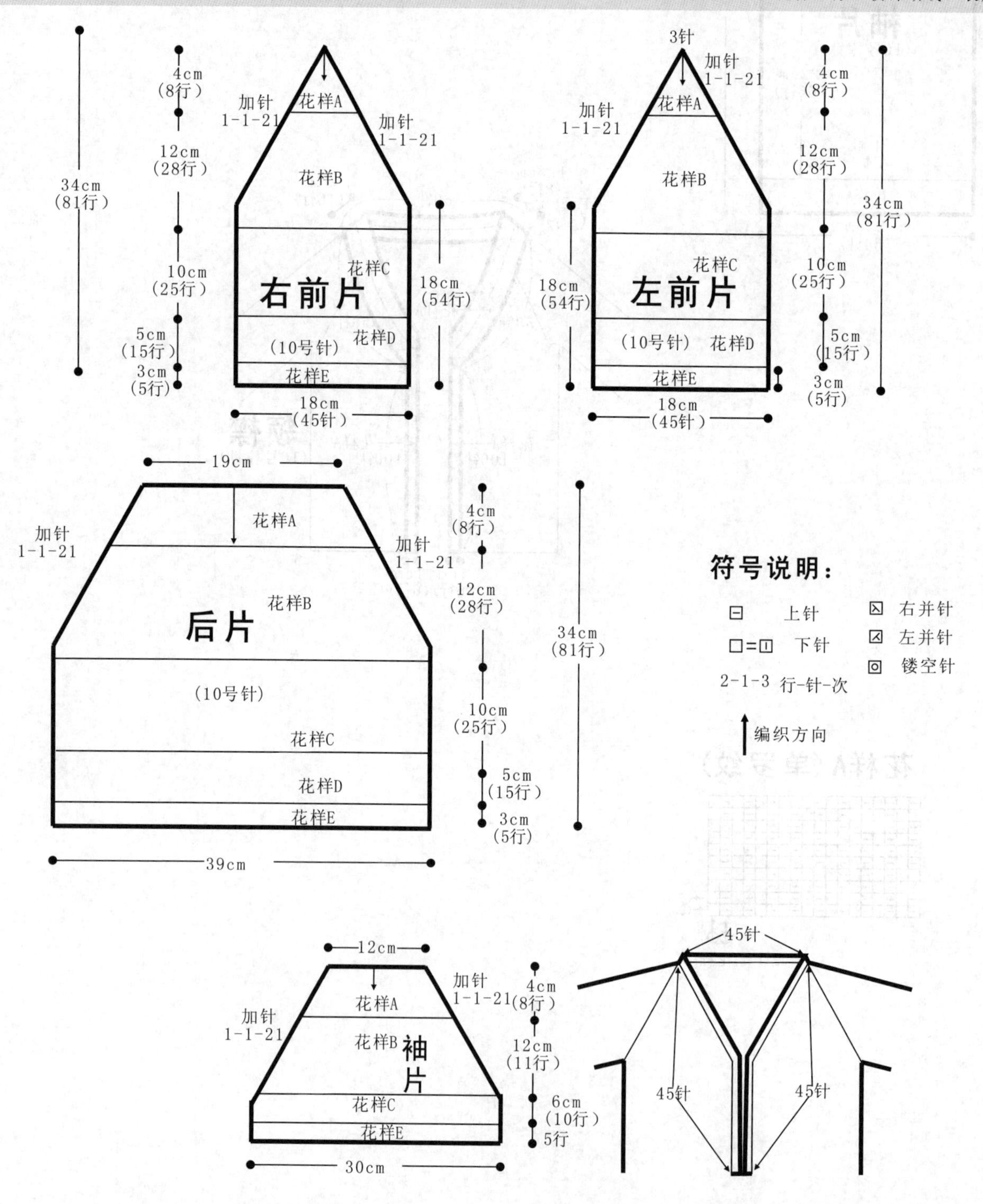

花样A

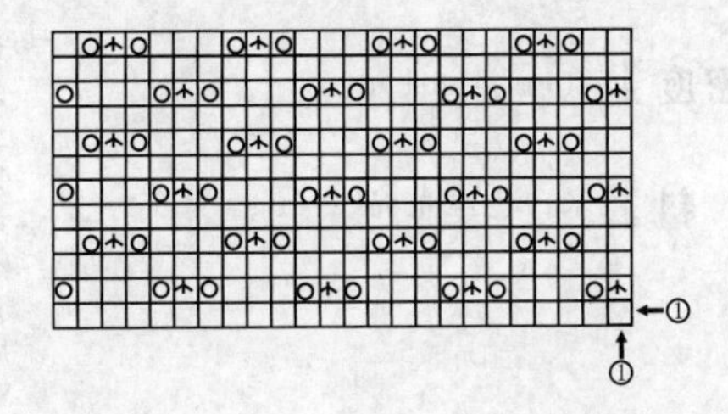

花样B

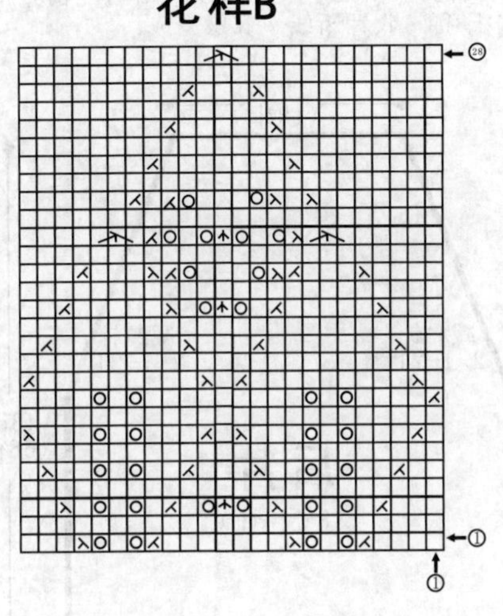

花样C

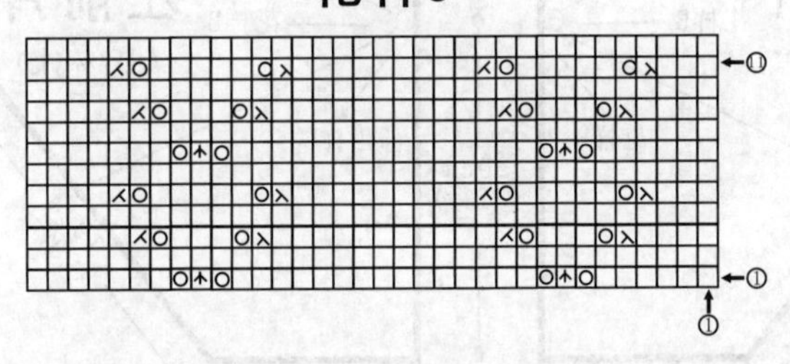

花样D

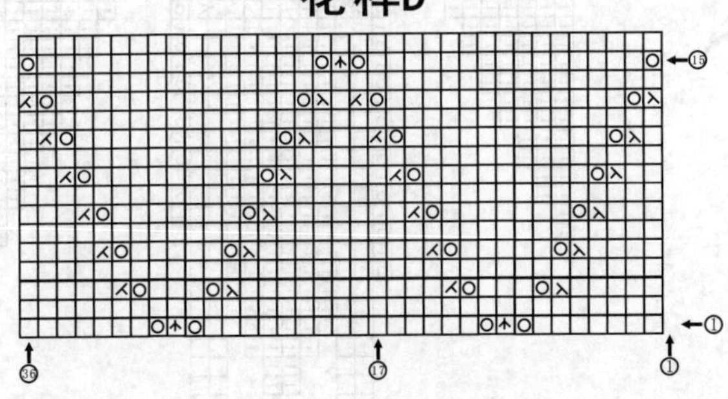

花样E（单罗纹）

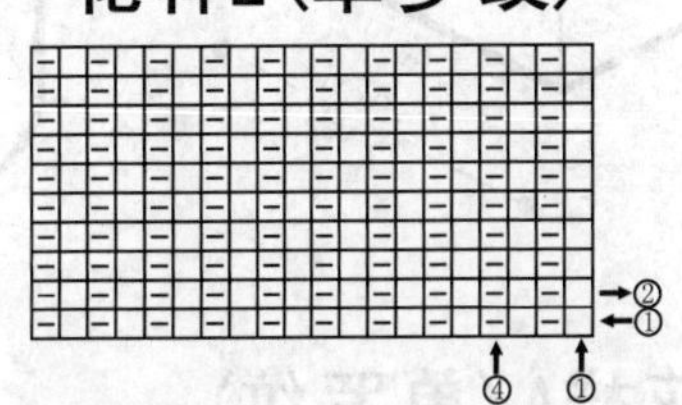

米色拼花短装

【成品规格】衣长40cm，胸宽20cm，肩宽12cm

【工　　具】8号棒针

【编织密度】10cm²=15针×16行

【材　　料】米白色丝光棉线400g

编织要点：

1.棒针编织法，由前片2片、后片1片、袖片2片组成。从下往上织起。

2.前片的编织。由右前片和左前片组成，以右前片为例。

(1)起针，单罗纹起针法，起12针，分成3个4针作为3个花样B的起针，编织花样B，编织完毕，收针断线。

(2)相同的方法，相反的方向去编织左前片。

3.后片的编织。起针，单罗纹起针法，起60针，全部编织上针。不加减针，编织26行至袖窿。袖窿两侧起减针，2-1-21。当织成袖窿算起42行时，肩部余下18针，收针断线。

4.袖片的编织。起针，单罗纹起针法，起24针，分成6个4针作为6个花样B的起针，编织花样B，编织完毕，收针断线。相同的方法去编织另一袖片。

5.拼接。按图示，将前片的侧缝与后片的侧缝对应缝合，将前后片的肩部对应缝合；再将两袖片的袖山边线与衣身的袖窿边对应缝合。

6.领片的编织。沿着左前后和右前片的衣领边各挑出24针，后片衣领处挑出24针，共72针，编织花样A，不加减针织6行。收针断线。

7.门襟的编织。沿着右前片的右侧边挑出60针，编织8行，同时留出相等距离的5个扣眼，收针断线。沿着左前片的左侧边挑出60针，编织8行，收针断线。衣服完成。

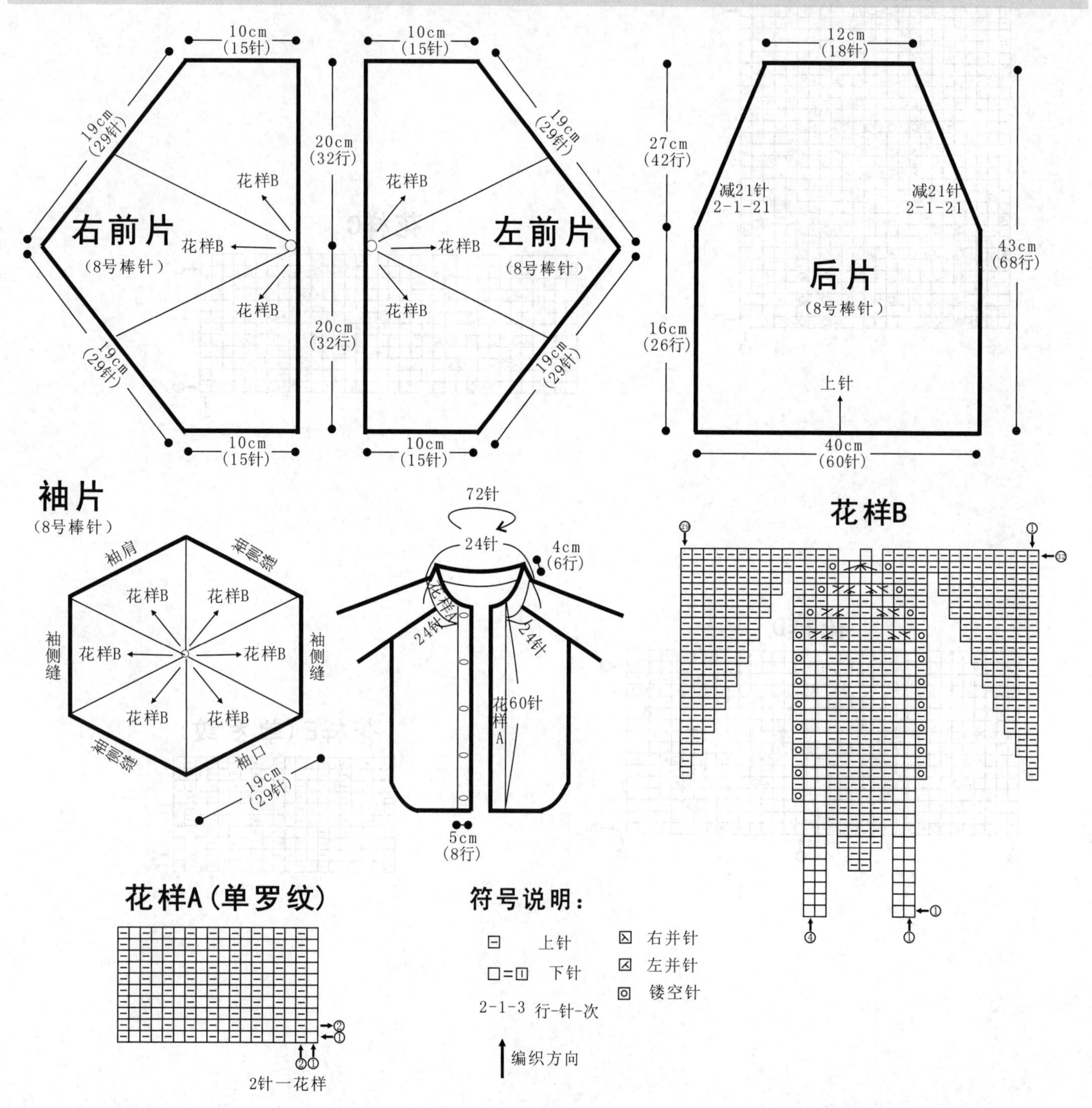

紫色圆领长袖衫

【成品规格】衣长60cm，胸宽35cm，肩宽31cm

【工　　具】12号棒针

【编织密度】花样A密度：10cm²=32针×57行
下针 密度：10cm²=25针×43行

【材　　料】紫罗兰色丝光棉线400g

编织要点：

1.棒针编织法，由前片1片、后片1片、袖片2片，领片1片组成。

2.前片的编织。由衣身片和肩胸片组成。

(1)衣身片的编织。一片织成。起针，平针起针法，起9针，下针编织，左侧边加针，1-9-9，编织9行后，共有90针，不加减针，编织150行后，左侧边开始减针，1-9-9，编织9行后，余9针，收针断线，衣身片完成。

(2)肩胸片的编织。沿着衣身片的左侧边侧缝挑出112针，编织花样A　左右两侧分别进行袖窿减针，平收4针，2-1-3，当织成袖窿算起30行时，中间平收46针，两边进行领边减针，2-1-8，66行平坦，至肩部，各余下18针，收针断线。

3.后片的编织。由衣身片和肩胸片组成。

(1)衣身片的编织。一片织成。起针，平针起针法，起9针，下针编织，左侧边加针，1-9-9，编织9行后，共有90针，不加减针，编织150行后，左侧边开始减针，1-9-9，编织9行后，余9针，收针断线，衣身片完成。

(2)肩胸片的编织。沿着衣身片的左侧边侧缝挑出112针，编织花样A，左右两侧分别进行袖窿减针，平收4针，2-1-3，当织成袖窿算起104行时，中间平收50针，两边进行领边减针，2-2-2，2-1-2，至肩部，各余下18针，收针断线。

4.袖片的编织。袖片从袖口起织，平针起针法，起58针，编织下针，开始袖身编织，两边侧缝加针，18-1-8，2行平坦，织146，收针断线。在此侧缝边挑出58针继续进行袖身编织，两边侧缝加针，10-1-5，2行平坦，至袖窿。并进行袖山减针，平收4针，2-1-25，织成68行，余下10针，收针断线。相同的方法去编织另一袖片。

5.拼接。将前片的侧缝与后片的侧缝和肩部对应缝合。再将两袖片的袖山边线与衣身的袖窿边对应缝合。

6.衣身下摆和袖口边的钩织。用钩针沿着衣身的下摆边钩织花样B，钩织4cm，收针断线。衣身下摆花边形成。沿着袖口边钩织花样B，钩织4cm，收针断线，袖口花边形成。

7.领片的编织。沿着前领边挑30cm，后领边挑19cm　钩织花样C，织1cm，收针断线。衣服完成。

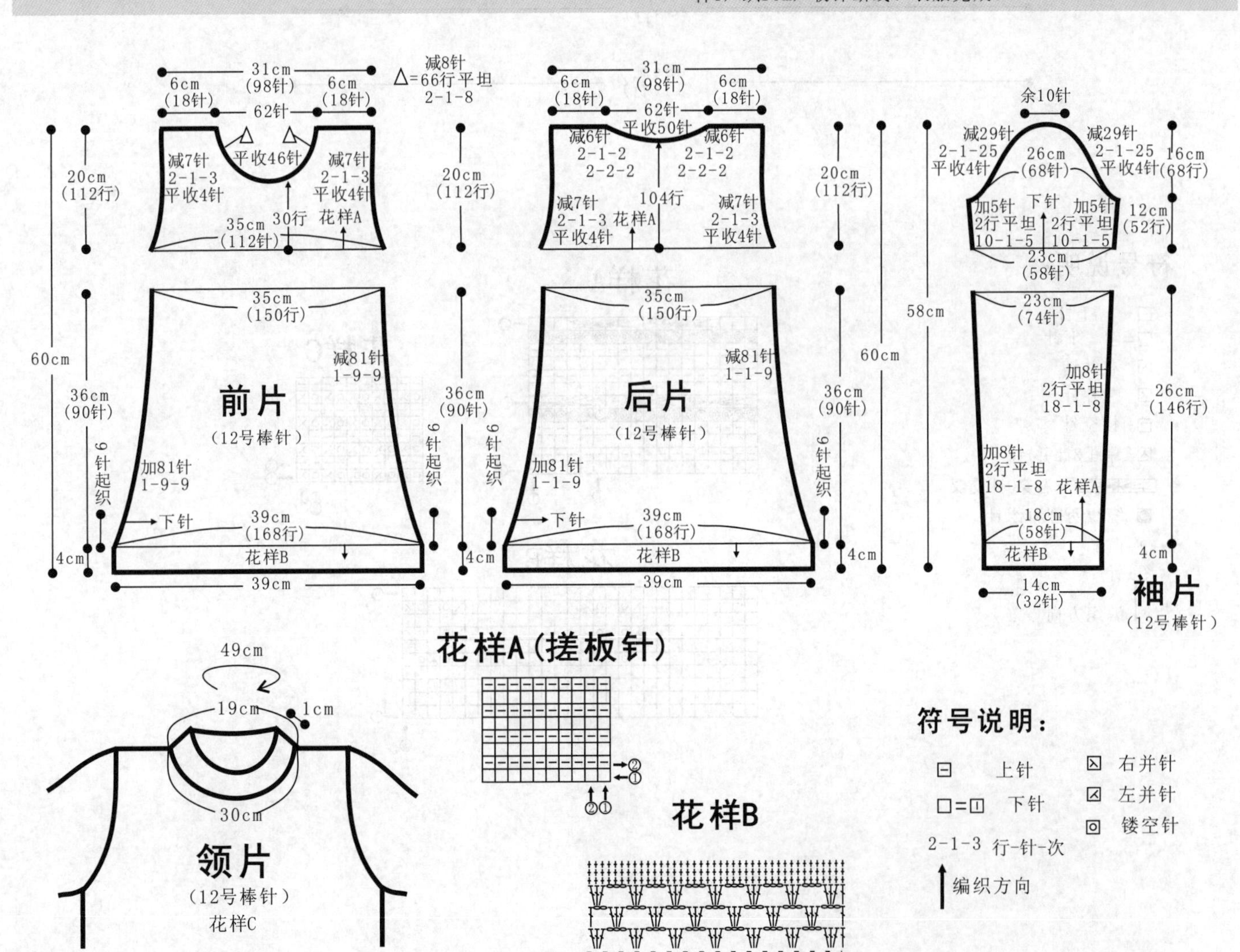

紫色糖果披肩

【成品规格】 衣长42cm　胸宽49cm

【工　　具】 8号棒针

【编织密度】 花样A：10cm²=20针×20行

【材　　料】 紫色羊毛线350g

编织要点：

1. 披肩用棒针编织，从左往右编织。
2. 从左边起，先用下针起针法，起84针，即织花样A　编织96行花样A后，改织10行花样B。然后两边的A与B各减16针，继续编织20行花样C，至右边，收针断线。
3. 左边挑84针，编织10行花样B，然后两边的E与F各减16针，继续编织20行花样C，收针断线。
4. 缝合。将A与B、C与D、E与F、G与H分别缝合，完成。

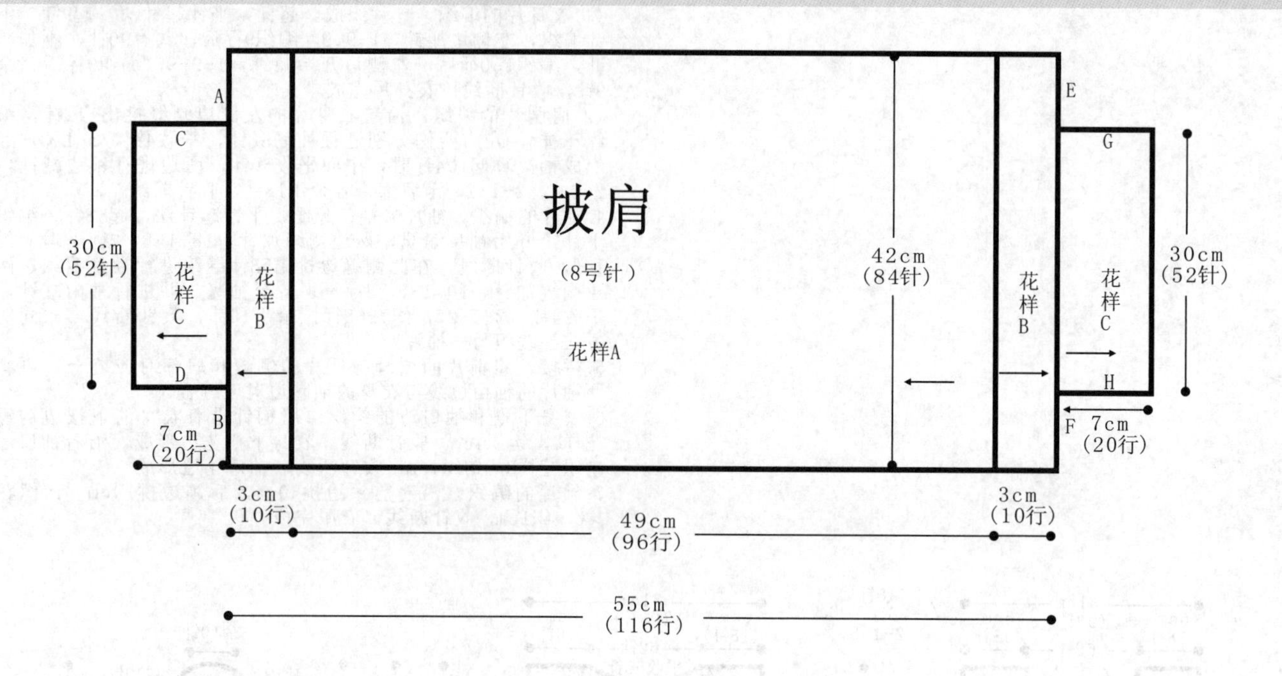

符号说明：

- ⊟ 上针
- □=⊡ 下针
- 右并针
- 左并针
- 镂空针
- 中上3针并1针
- 左右穿3针交叉
- 绕线两圈再织针

2-1-3
行-针-次

↑ 编织方向

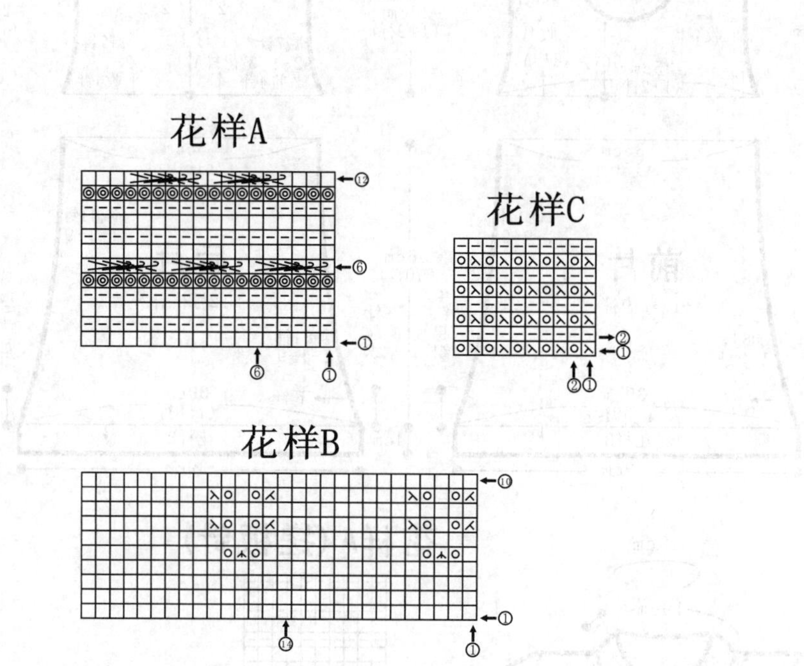

明艳蝴蝶衫

【成品规格】衣长55cm，衣宽40cm

【工　　具】12号棒针，1.75mm钩针

【编织密度】10cm²=34针×42行

【材　　料】灰白色段染腈纶毛线600g，棕色线100g

编织要点：

1.棒针编织法与钩针编织法结合。

2.下摆起织，环织，一圈起360针，平均在4个位置上减针，每6行减一次，每处位置，将3针并掉2针，如此重复，织成66行后，余下272针，改用棕色线编织花样A，不加减针，织成36行后，再用花线编织下针，不加减针，再织42行后，至袖窿减针。

3.袖窿起减针，将织片分成两半，每一半为136针，先织前片，两边减针，平收4针，2-1-10，各减14针，当织成袖窿算起20行的高度时，下一行中间收针40针，两边衣领减针，2-1-16，不加减针再织24行后，至肩部，余下18针，收针断线。再织后片。袖窿起减针与前片相同，当织成袖窿算起68行的高度后，下一行后衣领减针，2-2-2，2-1-2，各减少6针，至肩部余下18针，收针断线。将前后片的肩部对应缝合。再根据蝴蝶结结构图，制作两个，缝于肩部。

4.最后沿着下摆边缘，用白色线，钩织花样B花边。完成后藏好线尾。衣服完成。

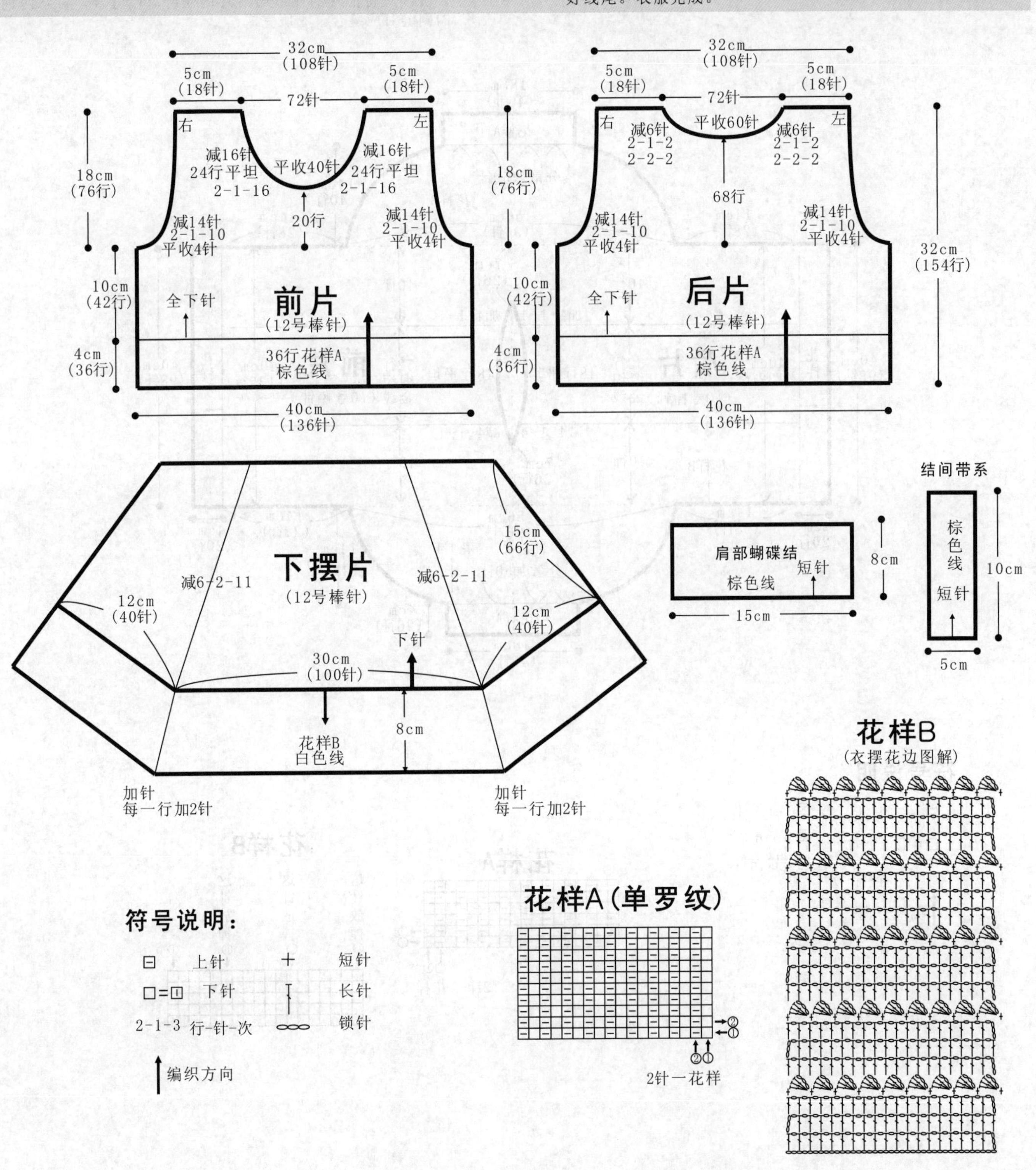

横条纹圆领蝙蝠衫

【成品规格】衣长46cm，胸宽40cm，肩宽40cm

【工　　具】10号棒针

【编织密度】10cm²=18针×33行

【材　　料】浅米色丝光棉线400g

编织要点：

1.棒针编织法，由前片1片、后片1片、袖片2片组成。从下往上连片织起。

2.前片、后片、袖片的连片编织。一片织成。用藕荷色线起针，单罗纹起针法，起46针，起织花样A 不加减针，编织20行后，分散加50针，共96针编织花样B，织成40行，形成袖片，然后两侧同时加28针，共有152针开始编织前后片衣身。不加减针，继续编织花样B，织成26行，中间两侧分别进行衣领减针，4-1-4，48行平坦，衣领减针的同时编织到40行后换成缎织金线继续编织，编织52行后，再换成藕荷色线继续编织，加针完毕，针线合并一起编织26行后，衣身左右两侧各收28针断线。衣身编织完毕。余96针编织另一个袖片，不加减针，编织花样B，织成40行，分散收针50针，余46针，编织花样A，织成20行，收针断线，整片完成。

3.前后和后片下摆的编织。在前后片衣身侧边分别挑出98针，不加减针，编织花样A，编织20行，收针断线。

4.拼接。将前片的侧缝与后片的侧缝对应缝合。再将两袖片的侧缝对应缝合。衣服完成。

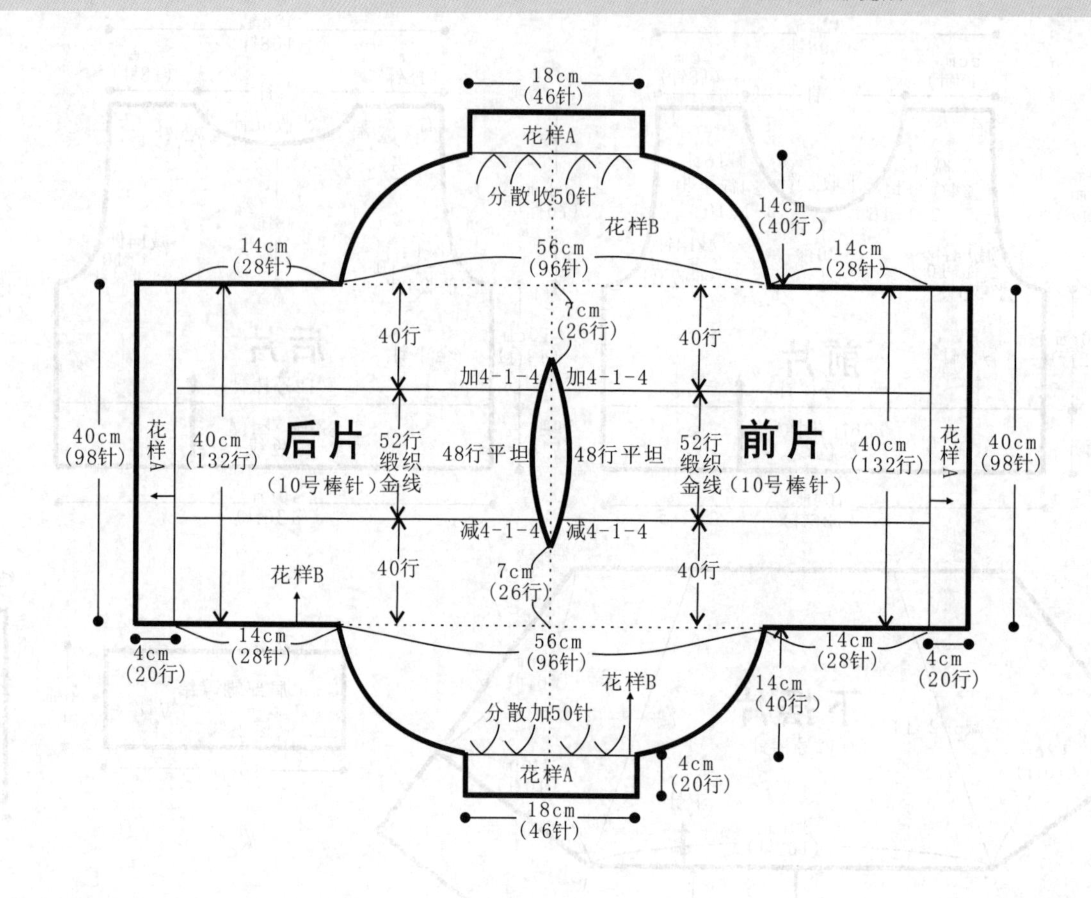

符号说明：

⊟ 上针

□=⊡ 下针

2-1-3 行-针-次

↑ 编织方向

⧅ 右并针

⧄ 左并针

⊡ 镂空针

花样A

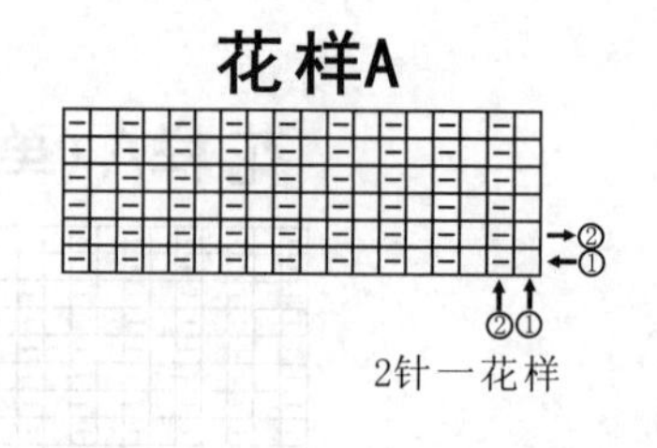

花样B

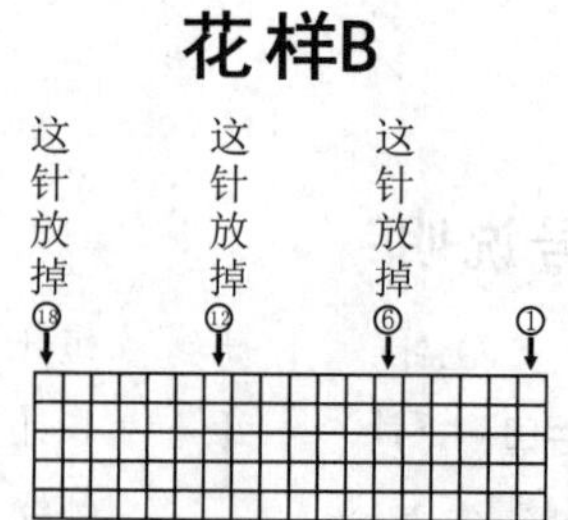

孔雀开屏披肩

【成品规格】披肩长106cm，宽46cm

【工　　具】9号棒针，1.75mm钩针

【编织密度】10cm²=18.8针×29行

【材　　料】绿色段染腈纶毛线500g

编织要点：

1.棒针编织法。三角披肩，从尖角起织。

2.4针起织，分成4处加针，加空针，每2行加6针，织成20行，加成60针，将60针取中间的56针编织花样A，两边留2针作边。两边加针。同样每2行加1次针，加织花a，两边各加出5组花a的宽度，织成100行，加成200针。最后沿着长边钩织花样B锁边。

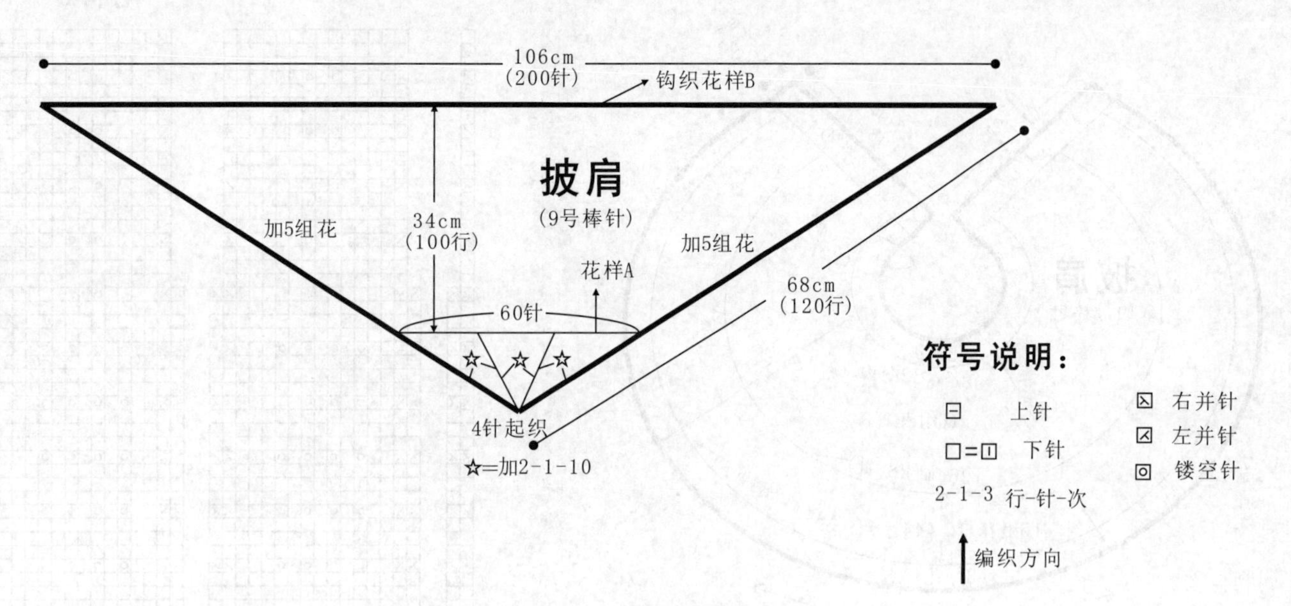

花样A

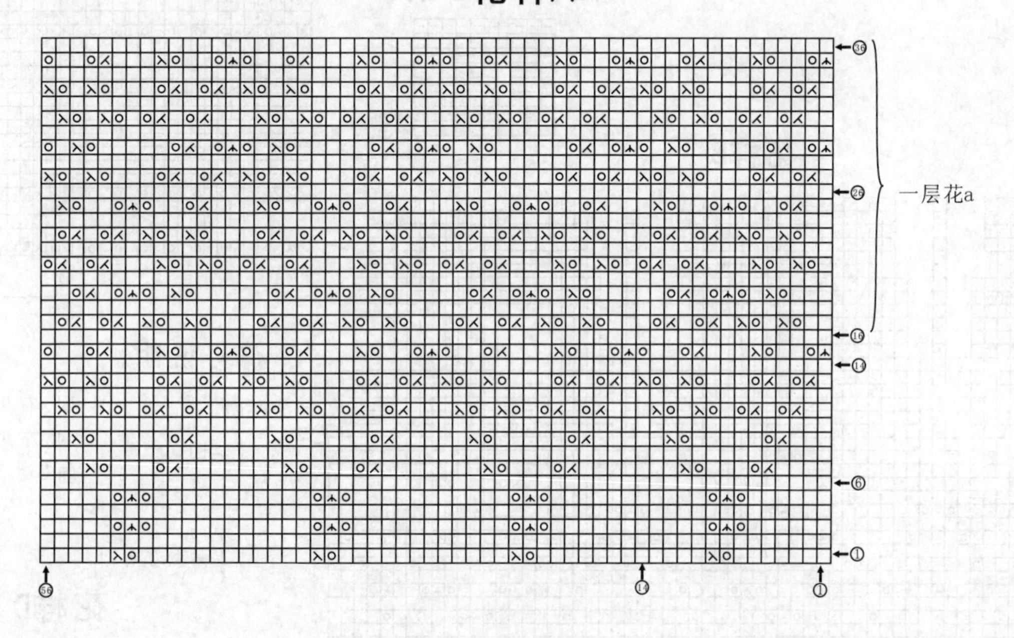

花样B

粉红兔毛斗篷

【成品规格】衣长42cm，胸宽34cm，肩宽22cm

【工　　具】11号棒针

【编织密度】10cm²=23针×22行

【材　　料】水粉色丝光棉线400g

编织要点：

1.棒针编织法，一片织成。从下往上织起。
2.披肩的编织。起针，平针起针法，起384针，编织花样A 不加减针，织8行的高度，下一行起，编织花样C(16组) 不加减针，起织44行，此时余下针数288针，编织花样B(16组)，不加减针，起织64行，此时余下针数224针，编织领圈，编织花样D不加减针，织22行高度。收针断线。
3.门襟的编织。将披肩的两边侧缝分别挑出108针，编织花样D右侧门襟上端留出3个扣眼，左侧继续编织，不加减针，编织10行，收针断线。左侧门襟相应位置钉上扣子，披肩完成。

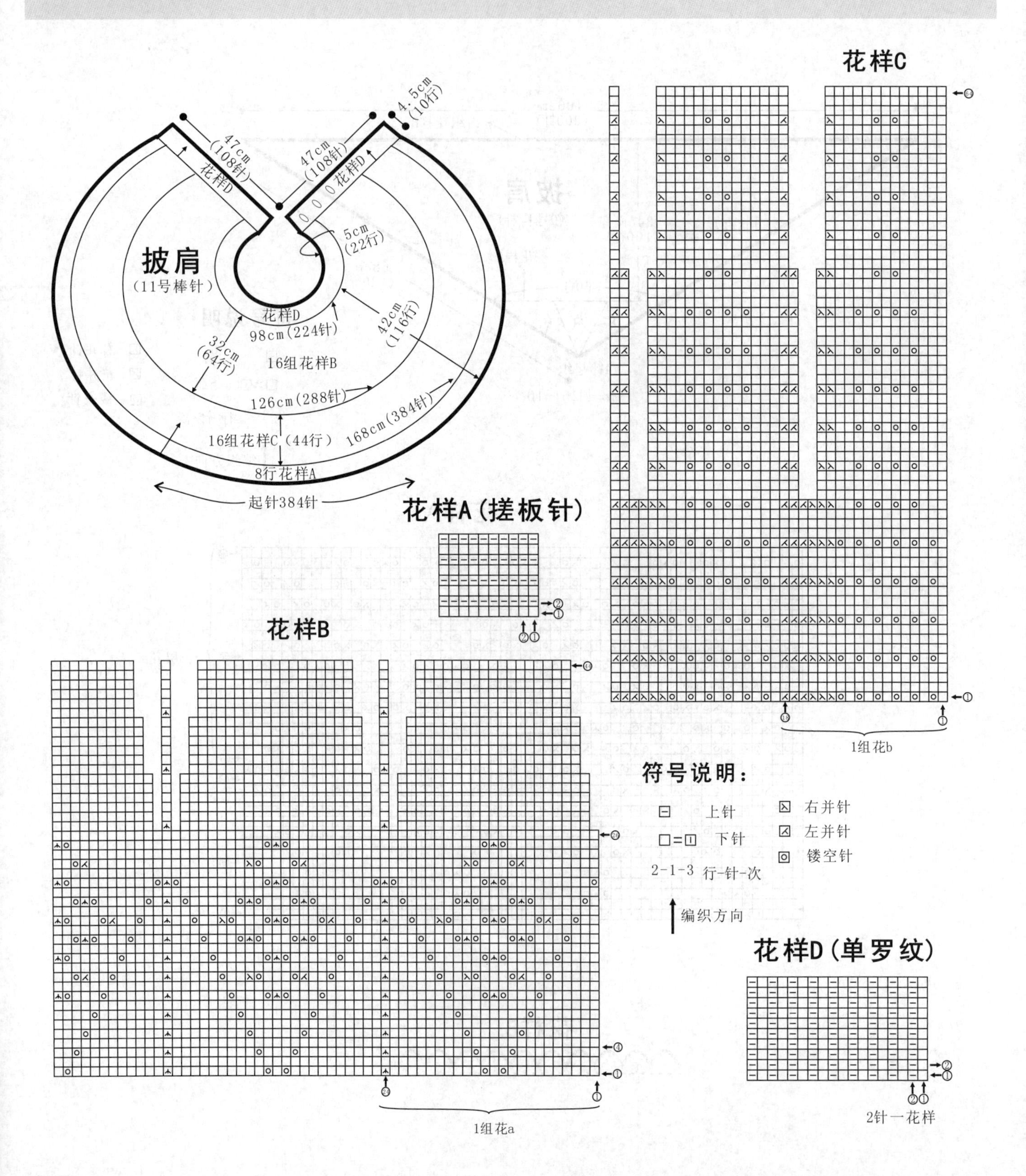

配色蝙蝠衫

【成品规格】 衣长44cm，肩宽46cm，袖长7cm，袖宽40cm

【工　　具】 12号棒针

【编织密度】 10cm²下针=19针×30行

【材　　料】 浅绿色花线380g

编织要点：

1.棒针编织法，由前片及袖片1片、后片及袖片1片组成，由下往上编织。

2.前后片及袖片的编织，前片及袖片与后片与袖片的编织方向一样；以前片及袖片为例。下针起针法，起90针，花样A起织，不加减针编织40行高度至袖窿；下一行起，两侧同时减针，2-1-4，减4针，织112行；其中自织成袖窿算起104行高度，下一行进行衣领减针，从中间收针22针，两侧相反方向减针，2-2-2，2-1-2，减6针，织8行，余下24针，收针断线；在前片左右袖窿处分别挑针，花样A起织，不加减针织24行高度；下一行起，改织花样B，不加减针编织10行高度，收针断线；用相同方法编织后片及袖片。

3.拼接。将前片及袖片与后片及袖片侧缝处对应缝合，衣服完成。

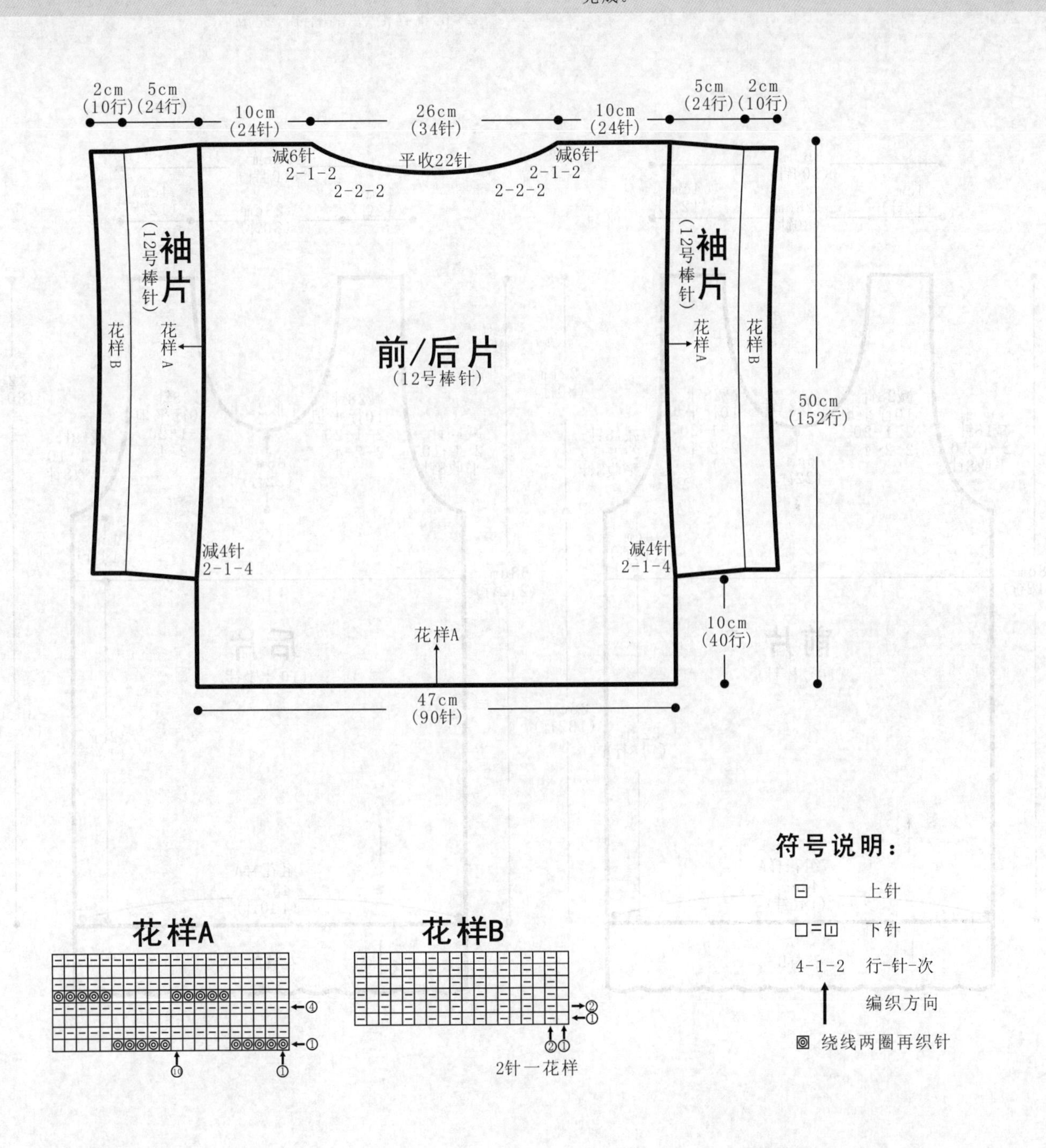

配色休闲背心

【成品规格】衣长58cm，胸宽48cm，肩宽36cm

【工　　具】10号棒针，1.75mm钩针

【编织密度】10cm²=29针×37行

【材　　料】藕荷色段染羊毛线300g

编织要点：

1.毛衣用棒针和钩针结合编织，由1片前片、1片后片，从下往上编织。
2.先编织前片。
(1)先用下针起针法，起140针，即排7组花样A　编织118行花样A后，改织下针，侧缝不用加减针，继续编织14行至袖窿。
(2)袖窿以上的编织。两侧袖窿平收8针，然后每织2行减1针，共减10次。
(3)在距离袖窿22行处开领窝，平收24针，然后每2行减2针，共减4次，再每2行减1针，减20次，然后编织10行平坦，织至肩部余12针。
3.编织后片。同样方法编织后片。
4.缝合。将前片的侧缝肩部与后片的侧缝肩部对应缝合。
5.领子和两边袖口的编织。领圈边和两边袖口沿边钩花样
6.下摆沿边钩花样B。完成。

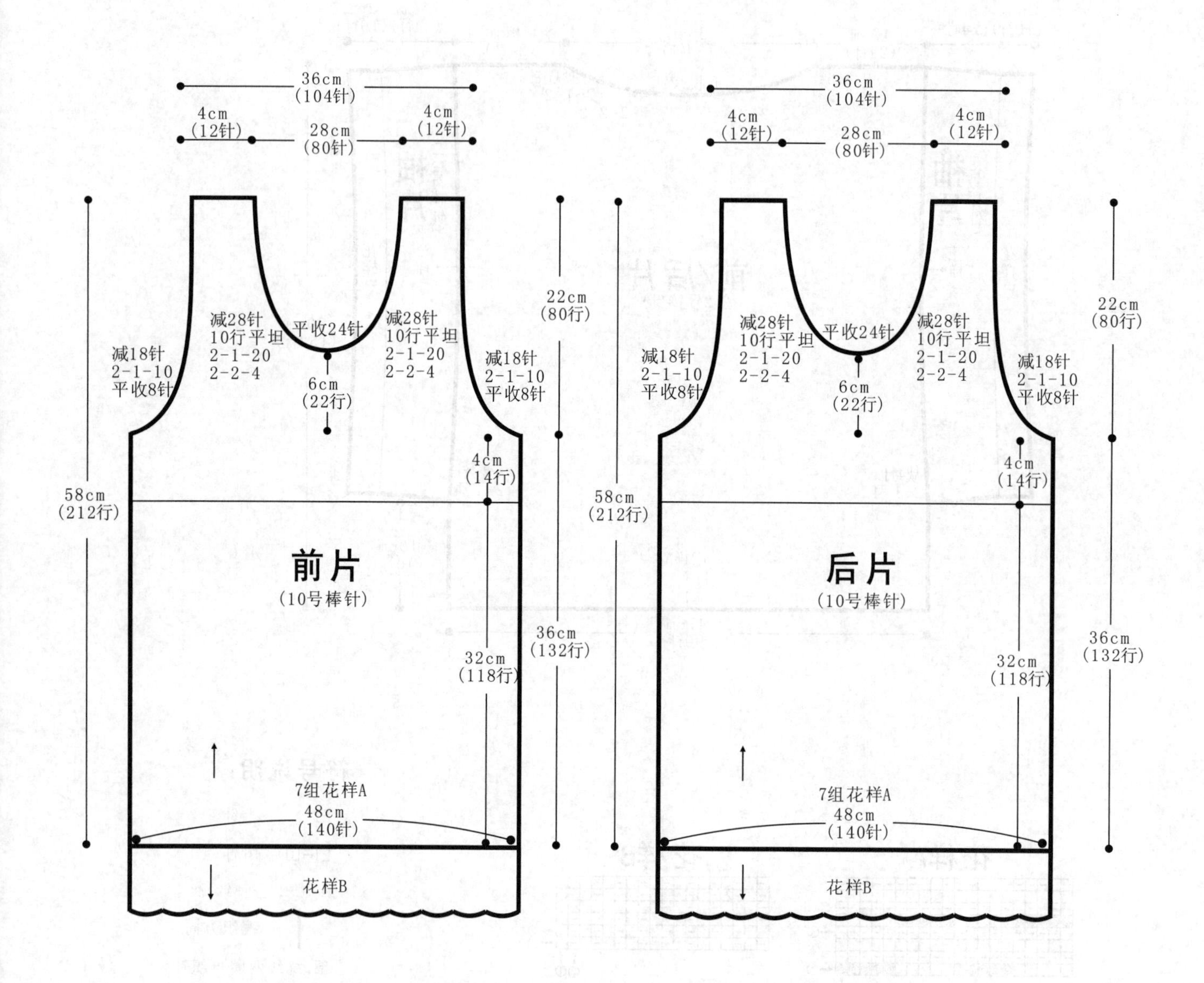

花样A

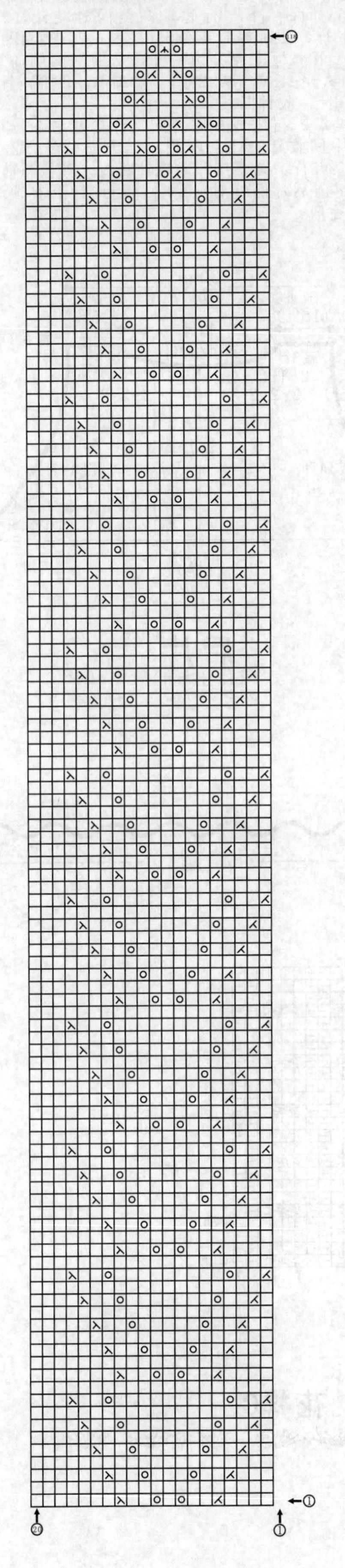

符号说明：

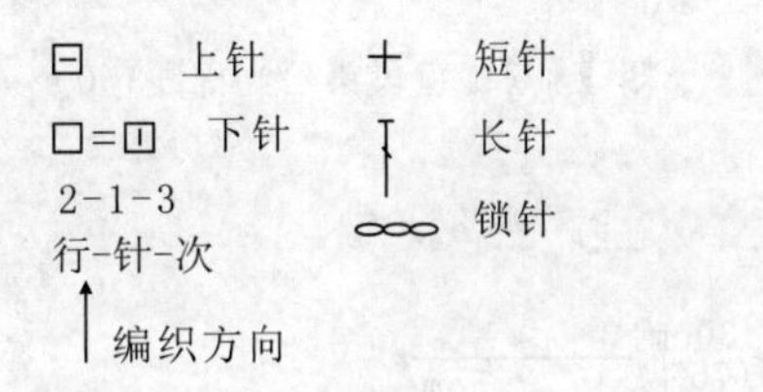

花样C

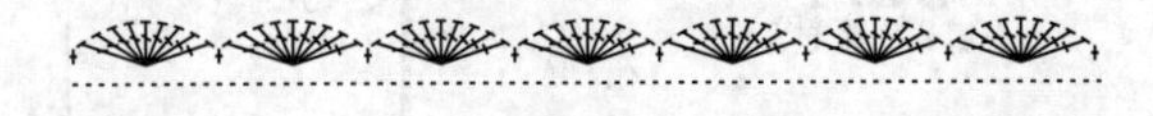

花样B

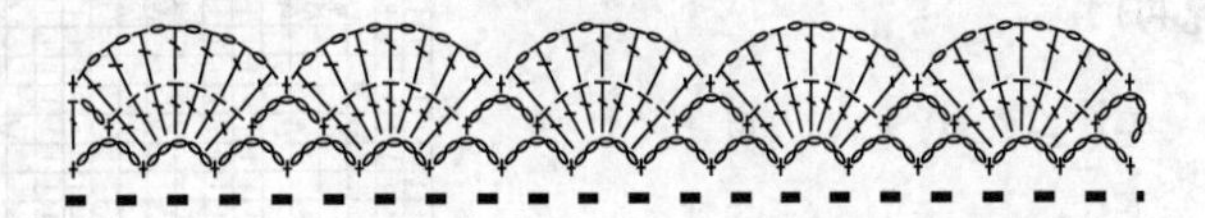

彩虹背心

【成品规格】 衣长50cm，肩宽30cm

【工　　具】 12号棒针，1.25mm钩针

【编织密度】 10cm²=34针×35行

【材　　料】 粉绿色段染丝光棉线350g

编织要点：

1.棒针编织法，由前片1片、后片1片组成，由下往上编织。

2.前片的编织。下针起针法，起144针，花样A起织，不加减针，织90行；下一行起，中间32针花样A改织花样B，不加减针编织10行至袖窿；下一行起，两侧同时减针，2-1-34，减34针，织68行，不加减针编织6行高度；其中自织成袖窿算起10行高度，下一行进行衣领减针，从中间两侧向相反方向减针，2-1-16，4-1-6，减22针，织56行，不加减针编织8行高度，余下16针，收针断线。

3.后片的编织。自织成袖窿算起66行高度，下一行进行衣领减针，从中间收针32针，两侧相反方向减针，2-2-2，2-1-2，减6针，织8行，余下16针，收针断线，其他与前片一样。

4.拼接。将前后片侧缝对应缝合，用钩针沿衣领边钩一组花样B，衣服完成。

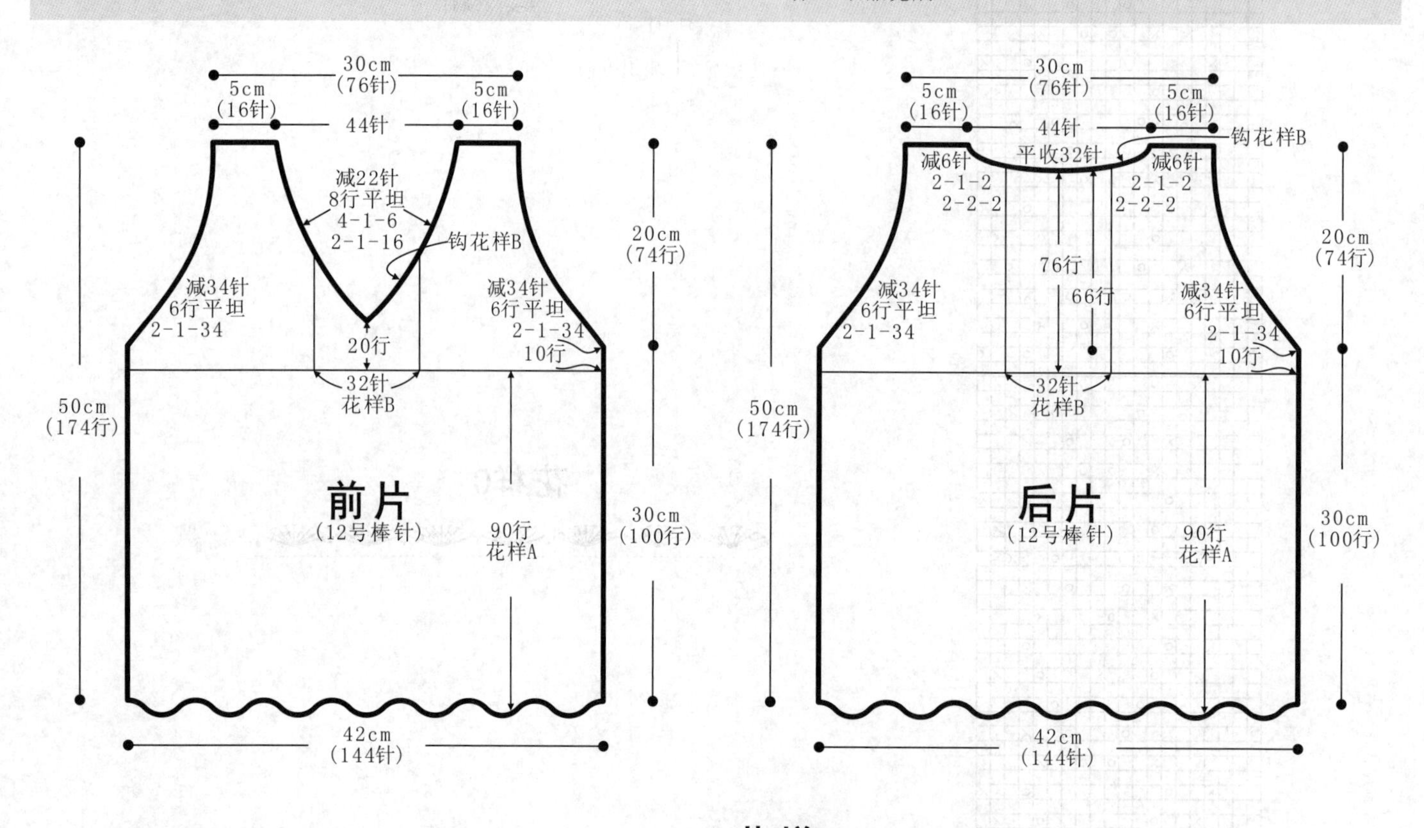

符号说明：

- ⊟ 上针
- □=⊡ 下针
- 4-1-2 行-针-次
- ↑ 编织方向
- 右并针
- 左并针
- 镂空针
- 右上2针与左下2针交叉
- 十 短针
- 长针
- 锁针

花样B

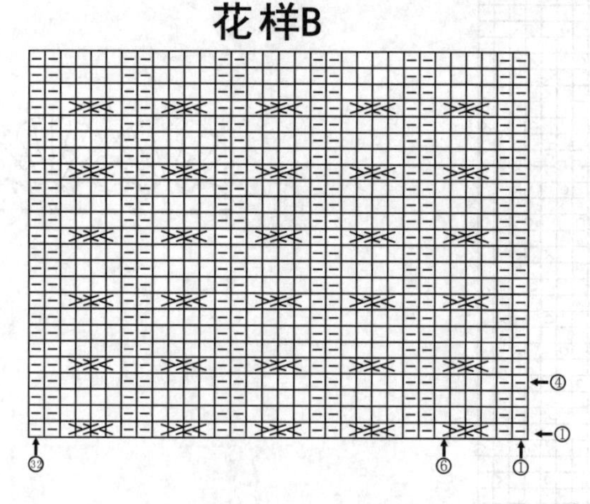

花样A

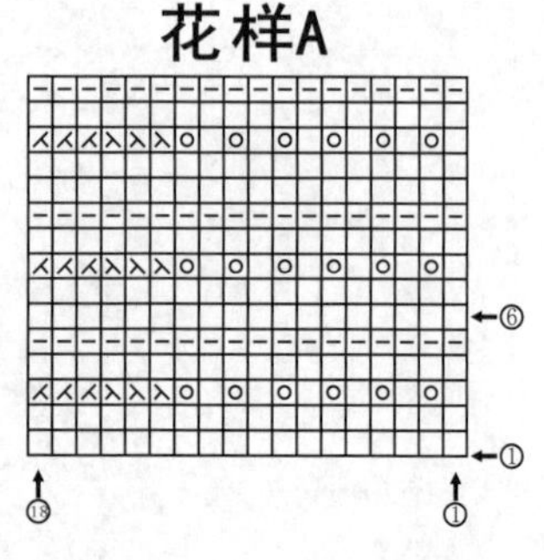

花样C

端庄围脖

【成品规格】披肩长96cm，宽40cm

【工　　具】8号环形针

【编织密度】10cm²=17针×28行

【材　　料】深灰色丝光棉线150g

编织要点：

1.棒针编织法，环织而成。从下往上织起。
2.起针，下起针法，起160针，环织，编织花样A，不加减针，织20行的高度，开始织8组花样B，织54行后改织花样C，织54行。披肩完成。

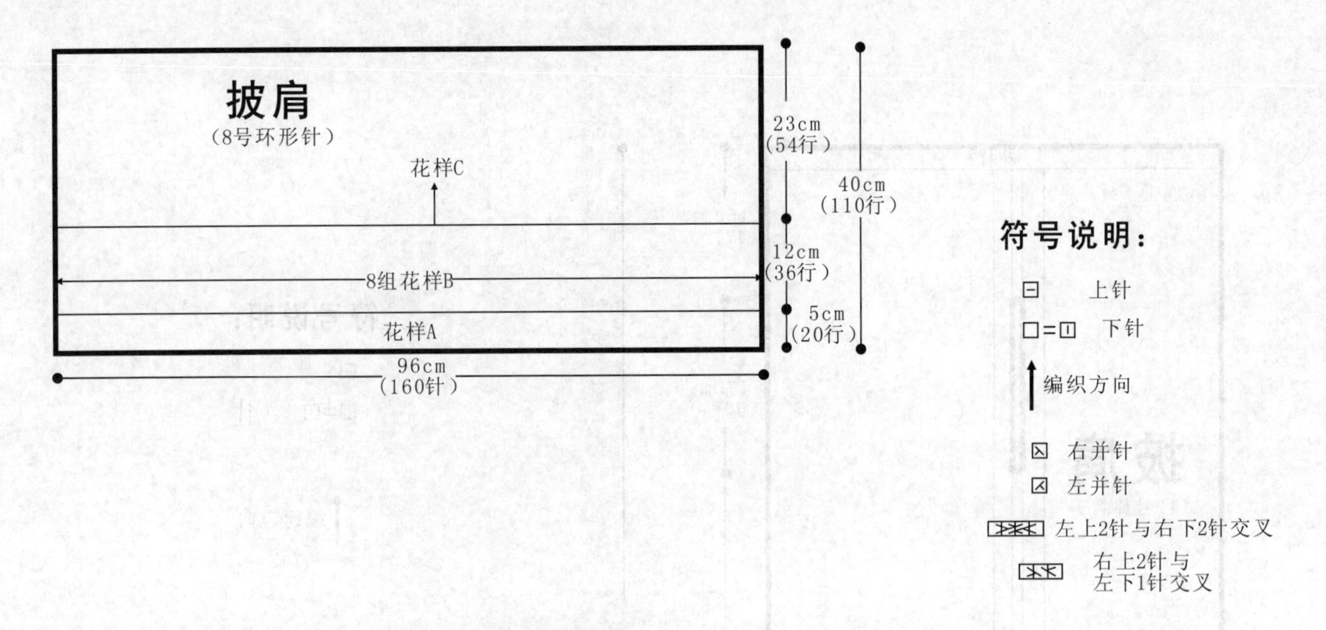

符号说明：

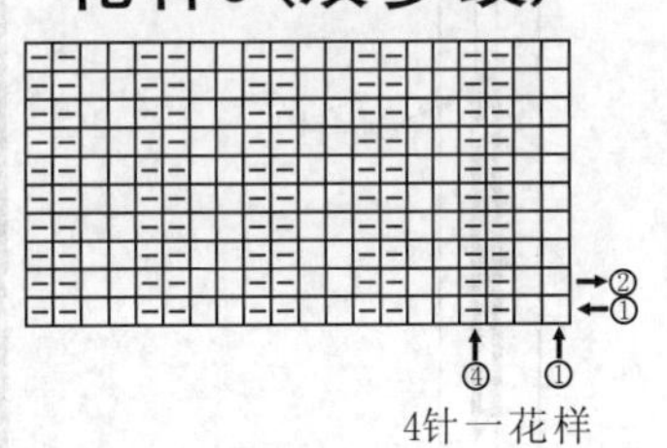

花样A（搓板针）

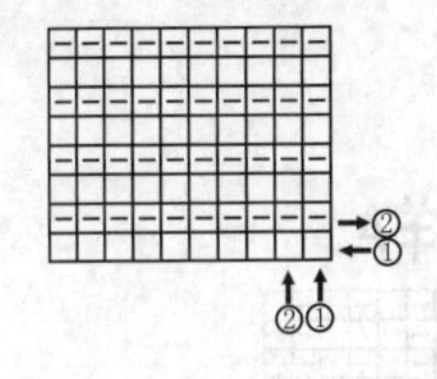

花样B

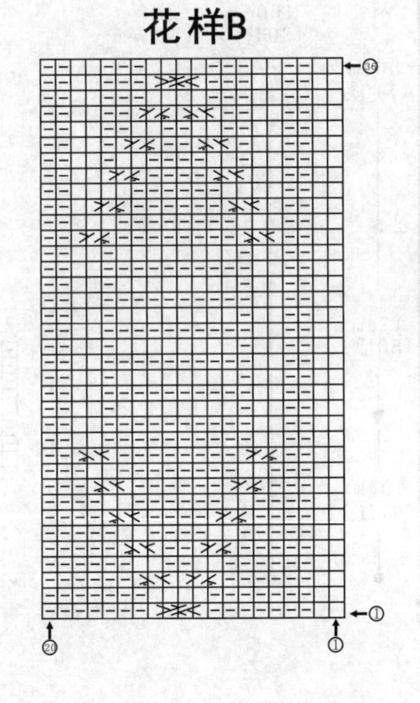

花样C（双罗纹）

4针一花样

古典气质披肩

【成品规格】 披肩长100cm，宽46cm

【工　　具】 12号棒针

【编织密度】 10cm²=37针×33行

【材　　料】 灰色丝光棉线150g

编织要点:

1.棒针编织法，从下往上织起。
2.起针，单罗纹起针法，起150针，编织51针下针+10针花样A+4针下针+10针花样A+75针下针，不加减针织47行的高度织袖窿，从75针平收4针，分成两片织，各织50行后在75针处加4针并将两片合为一片织，织110行后同样方法织袖窿。袖窿织好后织47行，收针断线。披肩完成。

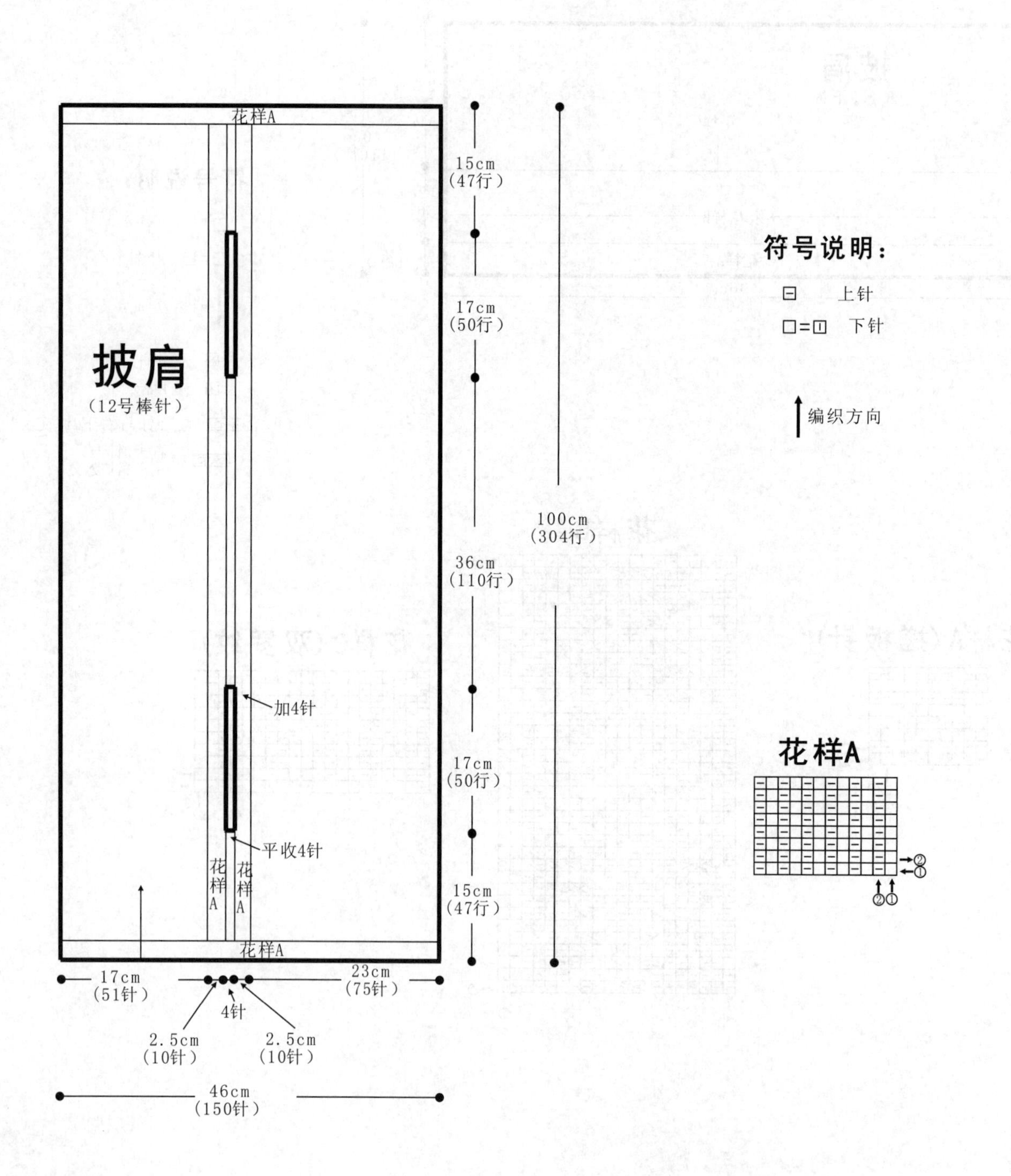

亮片蝴蝶结短袖衫

【成品规格】衣长32cm，胸宽42cm，肩宽22cm

【工　　具】12号棒针

【编织密度】10cm²=31针×35行

【材　　料】粉紫丝光棉线400g

编织要点：

1.棒针编织法，由前片1片、后片1片、袖片2片组成。从下往上织起。

2.前片的编织。起针，双罗纹起针法，起128针，编织花样A，不加减针，织成76行至袖窿，两侧进行袖窿减针，2-2-18。同时至袖窿12行时进行领圈收针，中间平收44针，衣领两侧减针，2-1-6，12行平坦，共收56针，此时全部收针完毕，断线。

3.后片的编织。起针，双罗纹起针法，起128针，编织花样A，不加减针，织成76行至袖窿，两侧进行袖窿减针，2-2-18。同时至袖窿20行时进行领圈收针，中间平收44针，衣领两侧减针，2-1-6，12行平坦，共收56针，此时全部收针完毕，断线。

4.袖片的编织。起针，双罗纹起针法，起96针，编织花样A，不加减针，织成52行至袖山，两侧进行袖山减针，2-2-18。编织36行，余24针，收针断线。同样方法，相反的方向去编织另一袖片。

5.拼接。将前片和后片、袖片的侧缝对应缝合，将袖片的袖山和前后片的袖窿对应缝合。

6.领圈的编织。将前片的领圈挑出80针，后片的领圈挑出64针，共144针，编织花样B　不加减针，织6行的高度，收针断线，衣服完成。

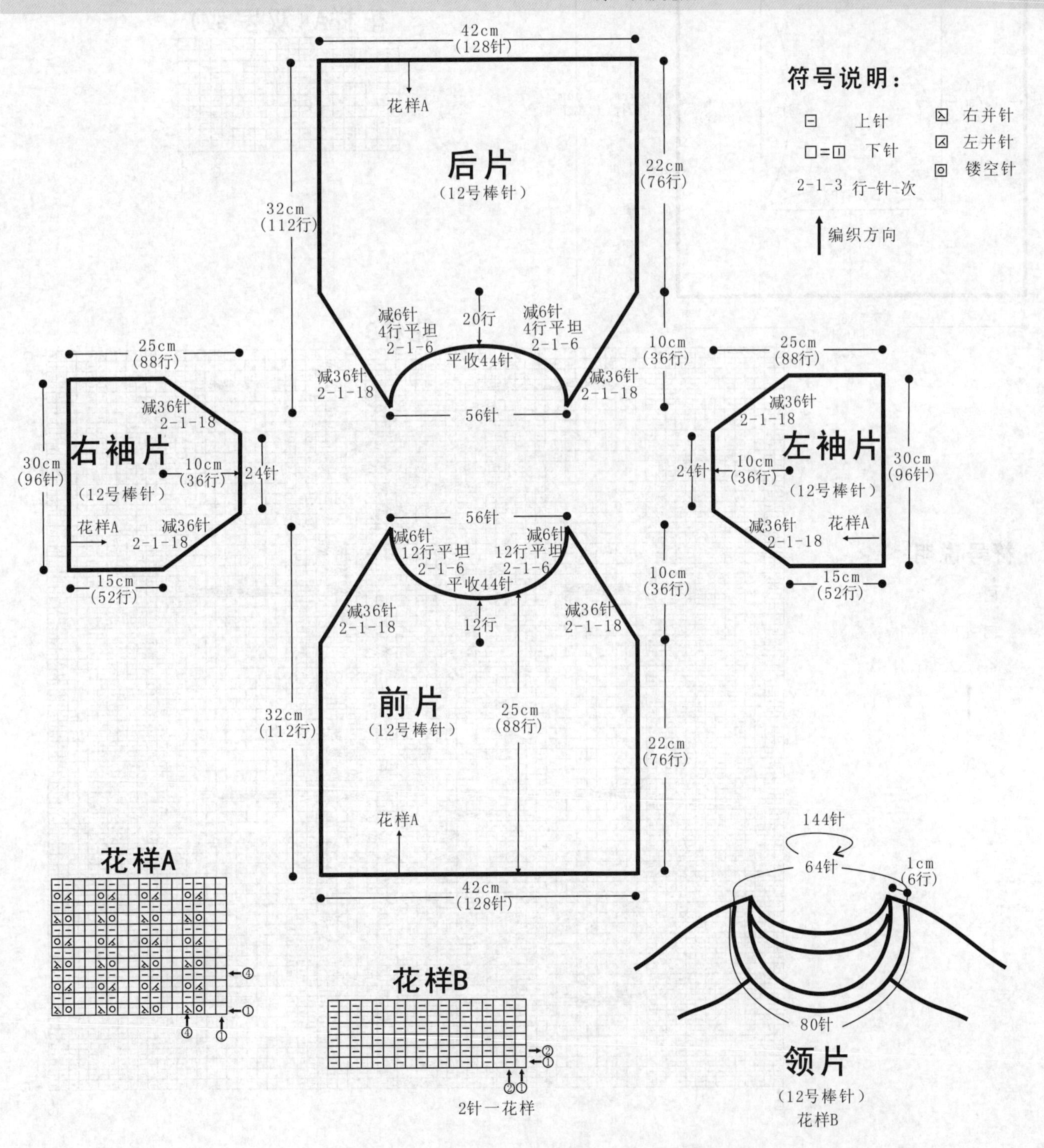

大翻领配色小外套

【成品规格】披肩长60cm，宽56cm

【工　　具】8号棒针

【编织密度】10cm²下针=26针×26行

【材　　料】紫色段染兔毛线450g

编织要点：

1. 棒针编织法，一片织成。由下往上织起。
2. 披肩的编织。一片织成。双罗纹起针法，起146针，花样A起织，不加减针编织38行高度；下一行起，改织36针花样A+74针花样B+36针花样A排列，不加减针编织72行高度；下一行起，74针花样B改织花样A，不加减针，织38行，收针断线。
3. 缝合。将披肩按照图示位置缝合，披肩完成。

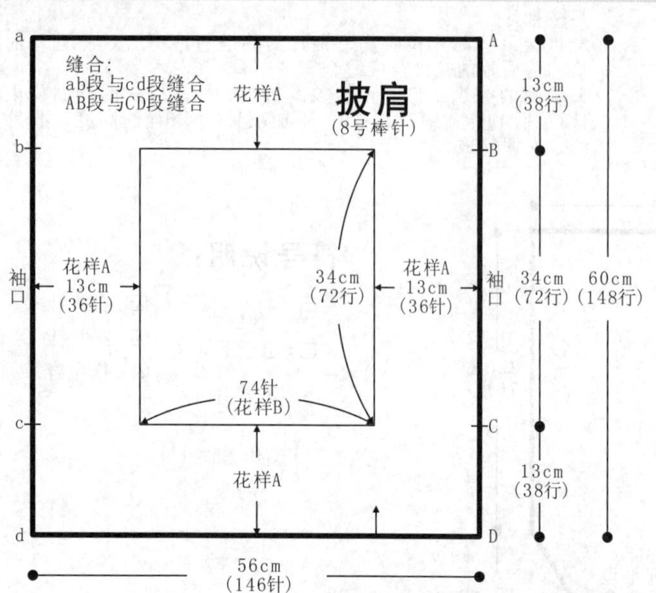

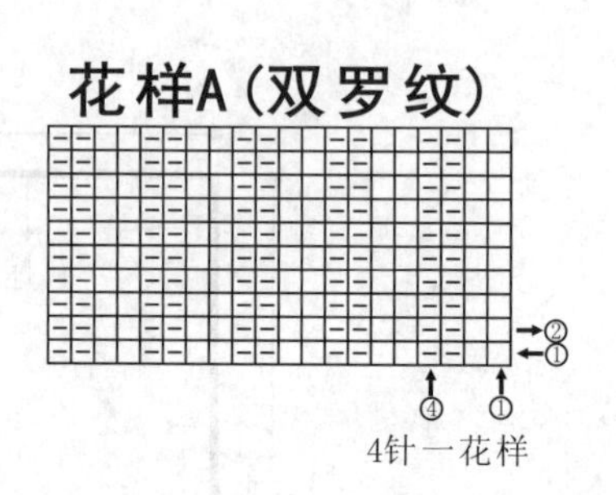

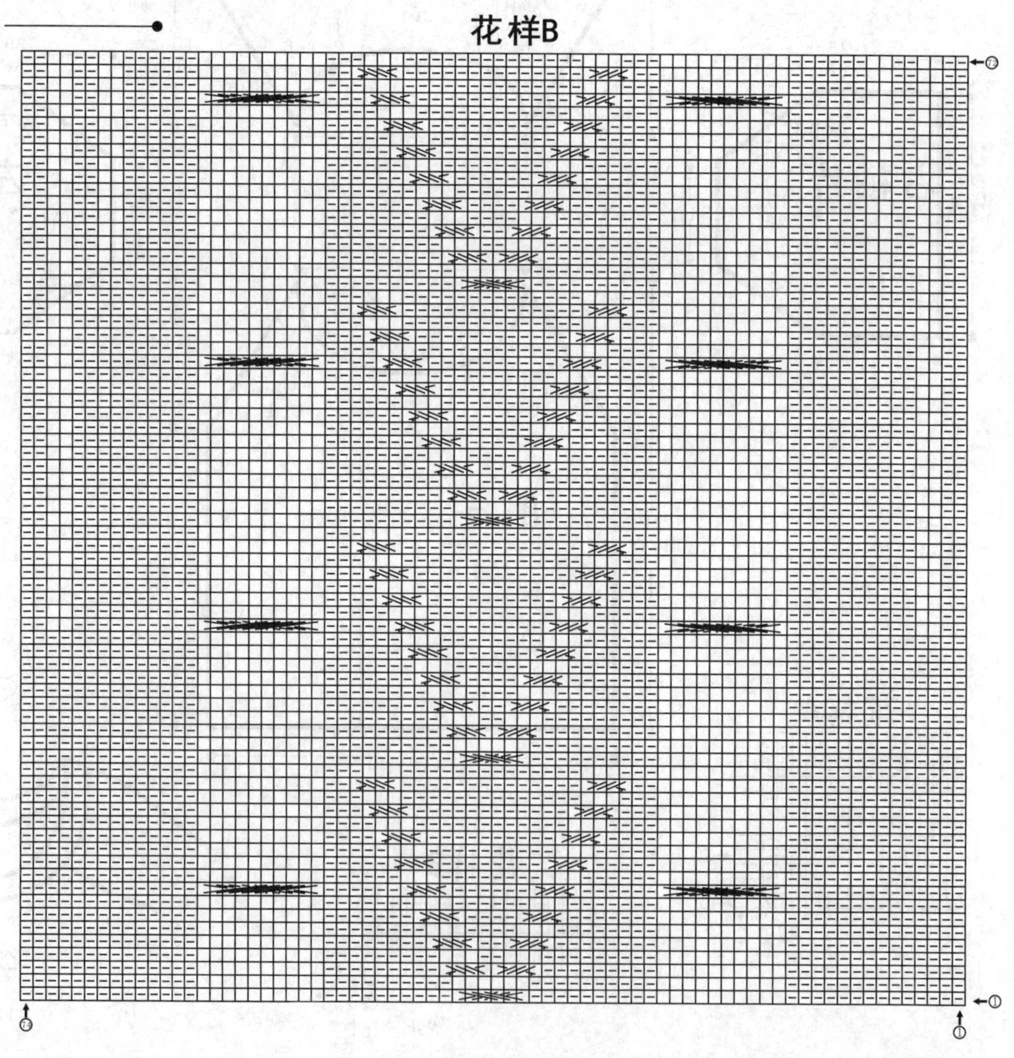

符号说明：

符号	说明
⊟	上针
□=⊡	下针
4-1-2	行-针-次
↑	编织方向

宽松高领毛衣

【成品规格】 衣长57cm，胸宽45cm，袖长16cm，袖宽18cm

【工　　具】 10号棒针

【编织密度】 10cm²=19针×26行

【材　　料】 米白色兔毛线450g

编织要点：

1.棒针编织法，由前片1片、后片1片、袖片2片及领片组成，由下往上织成。

2.前片的编织。一片织成。单罗纹起针法，起84针，花样A起织，不加减针编织36行高度；下一行起，改织34针下针+16针花样B+34针下针排列，不加减针编织54行高度至袖窿；下一行起，两侧同时进行袖窿减针，收针3针，然后6-2-6，4-2-4，2-2-1，2-1-1，减26针，织56行，余下32针，收针断线。

3.后片的编织。一片织成。将前片16针花样B改织下针，其他与前片一样。

4.袖片的编织。一片织成。下针起针法，起80针，花样C起织，不加减针编织32行高度，下一行起，两侧同时进行减针，收针3针，然后6-2-6，4-2-4，2-2-1，2-1-1，减26针，织56行；其中自袖片起织算起编织40行高度，下一行改织下针，织48行，余下28针，收针断线；用相同方法编织另一袖片。

5.拼接。将前后片侧缝对应缝合；将左右袖片与衣身侧缝对应缝合。

6.领片的编织。于前后片各挑针60针，共120针；花样A起织，不另减针编织60行高度，收针断线，衣服完成。

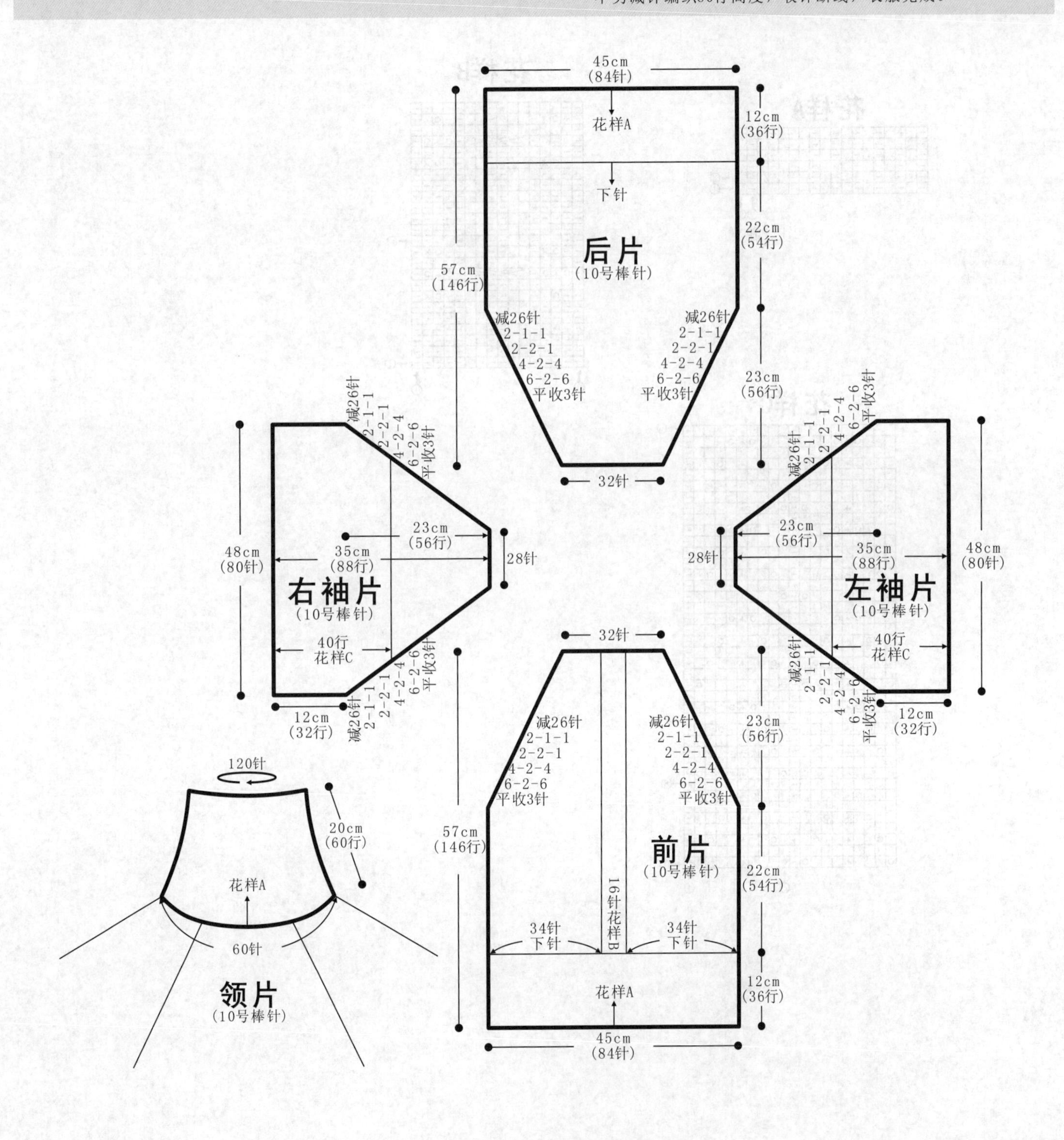

符号说明：

符号	说明	符号	说明
⊟	上针	◹	右并针
□=⊡	下针	◸	左并针
4-1-2	行-针-次	⊙	镂空针
↑	编织方向	⊼	中上3针并1针

花样A

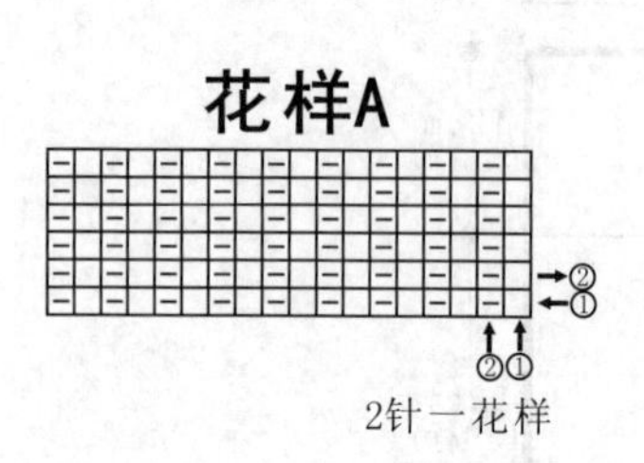

花样B

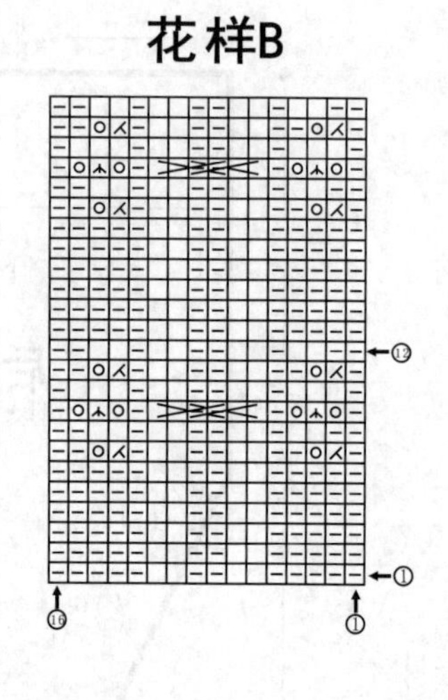

花样C

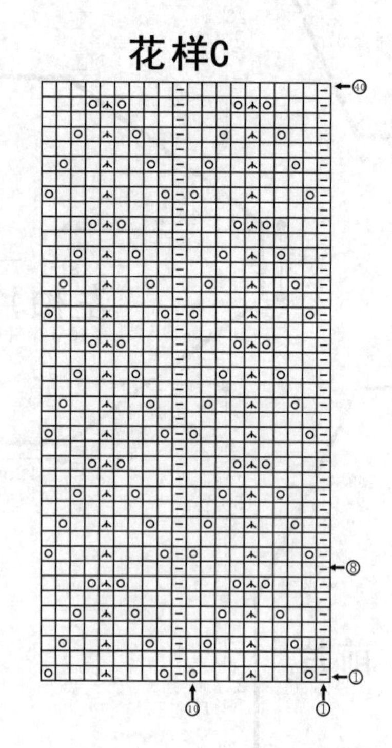

成熟明艳开衫

【成品规格】衣长65cm，胸宽36cm，肩宽31cm，袖长66cm

【工　　具】11号棒针

【编织密度】10cm²=41针×48行

【材　　料】铁锈红色6股三七毛线400g

编织要点：

1.棒针编织法，分为6片编织，前片2片、后片2片、袖片2片、领片1片。此款衣服利用折回编织法。
2.后片的编织。先编织后片，起针，双罗纹起针法，起150针，编织双罗纹针，不加减针编织175行的高度时，两袖窿开始减针，两边先平收4针，再织4行减2针，减4次，袖窿两边各减少12针，织片余下126针继续编织，无加减针织58行的高度后，不收针，不断线，用防解别针扣住。进入下一步前片的编织。
3.前片的编织。以右前片为例。起针，双罗纹起针法，起110针，无加减针编织双罗纹针114行，从第115行起，进行折回编织，从左至右计算针数，现一根棒针上有110针，从左织起，织10针，余下的100针，不织，返回织10针的第二行，即第116行，然后织下一行，这次织完10行后，接着织余下的100针的前2针，这样，这次织成的针数为12针。同样，余下的98针不织，还是留在针上，返回织12针的第二行，即118行，下一行时，同样的方法，编织的针数从左边留在棒针的针数挑出2针编织，如此重复，一直增加的针数达到54针时完成一个折回编织，行数完成160行，下一行起，将全部的110针全织，不加减针织14行，然后进行第二次折回编织，织法与第一次相同，然后再不加减针织14行，之后每一次折回编织方法都相同，不加减针编织的行数，参照结构图所标注去编织。而右前片的左边，织法与后片相同，不加减针织175行的高度后，进行袖窿减针，先平收4针，再减4-2-4，然后织58行无加减针行。完成右前片，肩部留30针(从左至右)，与后片的肩部(亦选30针)缝合，余下68针。右前片完成，同样的方法编织左前片。
4.拼接。将前片和后片的侧缝对应缝合。

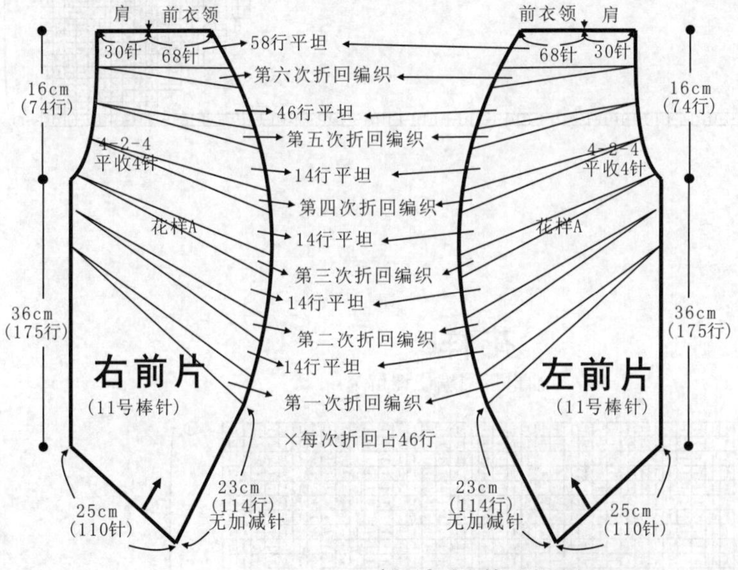

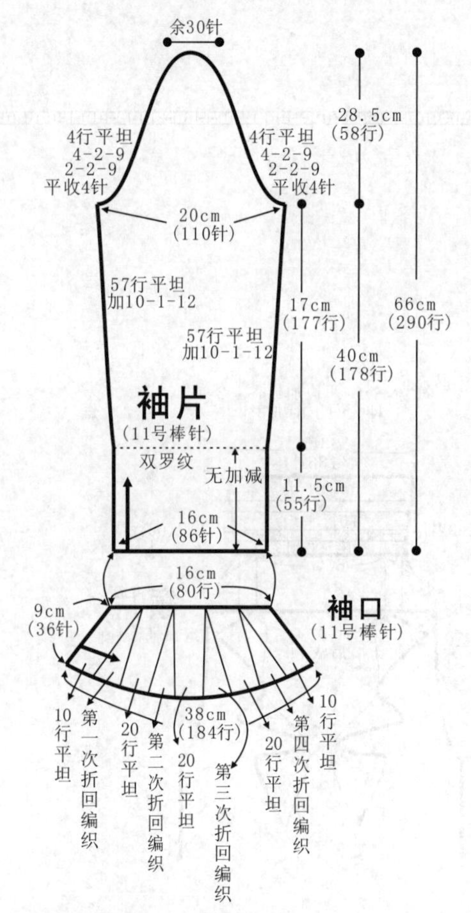

袖片制作说明

1.棒针编织法，每片袖分成两部分编织，袖口横织，再沿短边挑针往上织袖身。
2.袖口的编织。横向编织，起36针，编织双罗纹花样，不加减针织10行后，开始折回编织，织法与前片相同，针数不同，先织6针折回，然后依次是8针折回，10针折回，每次增加2针，最后一次折回的针数为30针，共26行一次折回，然后就是不加减针织20行，再进行下一次的折回编织，参照结构图所示的方法去编织，但最后一次折回后不加减针织10行，与起针的第一行缝合。形成一个喇叭状袖口，沿短的一边挑针，挑86针环织，进入下一步袖身的编织。
3.袖身的编织。挑86针后，编织双罗纹针，无加减针织55行的高度后，将织片对折，选一端作腋下加针边，两面各选1针作加针所在列，织10行加1针，加12次，每次每行加针的针数为2针，织成120行后，不加减针织57行，完成袖身的编织。
4.袖山的编织。环织改为片织，两端各平收针4针，然后进入减针编织，减针方法:2-2-9，4-2-9，袖山两边各减掉40针，余下30针，再织4行，然后收针断线。以相同的方法，再编织另一只袖片。
6.缝合。将袖片的袖山边与衣身的袖窿边对应缝合。

31cm
(126针)
肩　后衣领　肩
30针　66针　30针
126针
58行平坦
4-2-4
平收4针
16cm
(74行)
后片
(11号棒针)
36cm
(175行)
双罗纹针
36cm
(150针)

领片制作说明

1.棒针编织法。
2.将后片领边余下的66针，移到棒针，在两边各加出24针的宽度，往上继续编织双罗纹针，无加减针编织6行的高度后，在两边算起，至32针的位置，选取2针下针作加针所在列，向两边加针，加2-1-4，一行加成4针，织成8行高度，然后无加减针织10行的高度，此时针数为130针，在中间选2针下针作加针中轴，加针方法与前相同，加成8行后，无加减针织34行的高度后，收针断线。
3.缝合。完成的衣领下边，两边各有24针的宽度，将这两端在肩部线的内侧缝合，即前后肩部缝合后，将之缝在衣服里面。

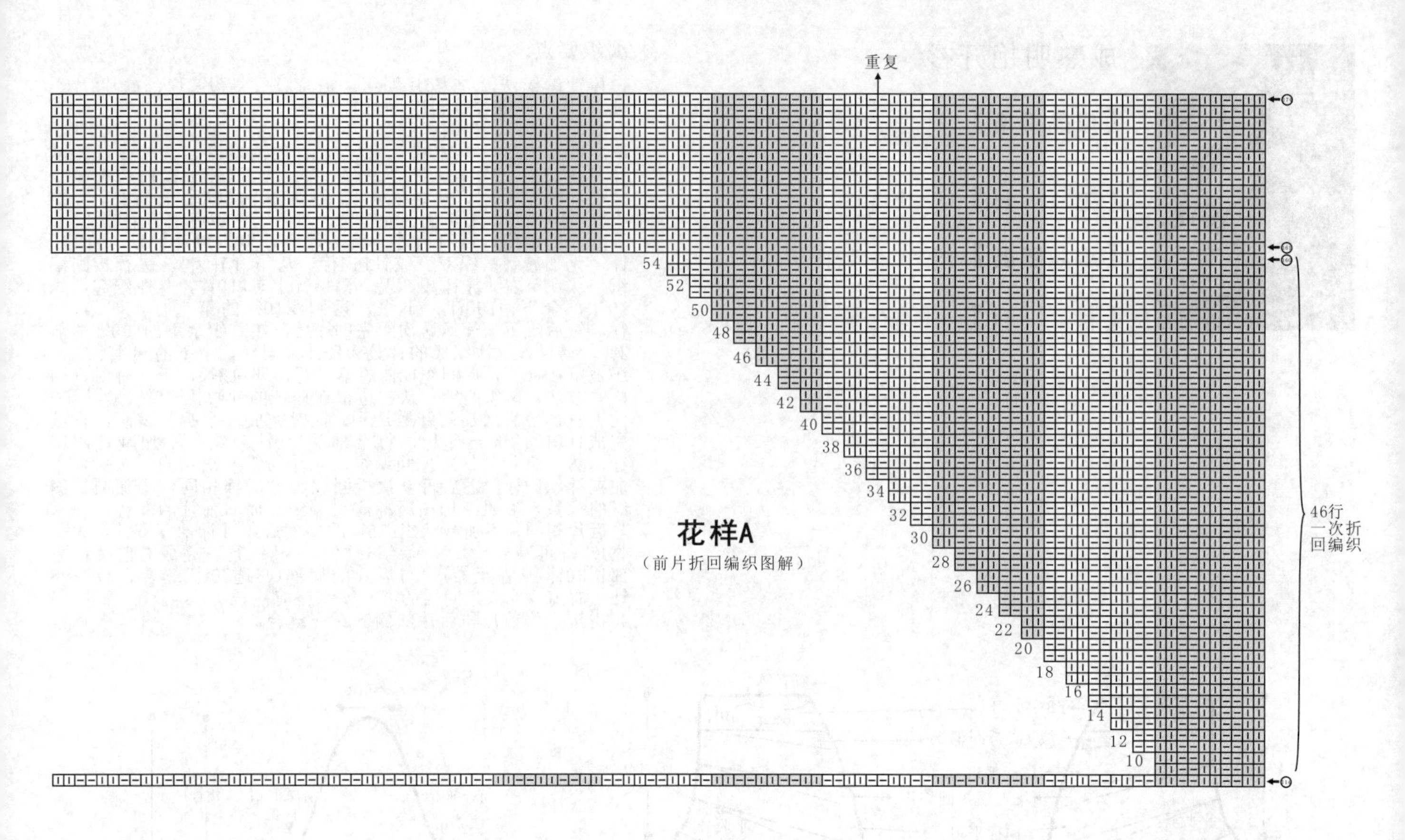

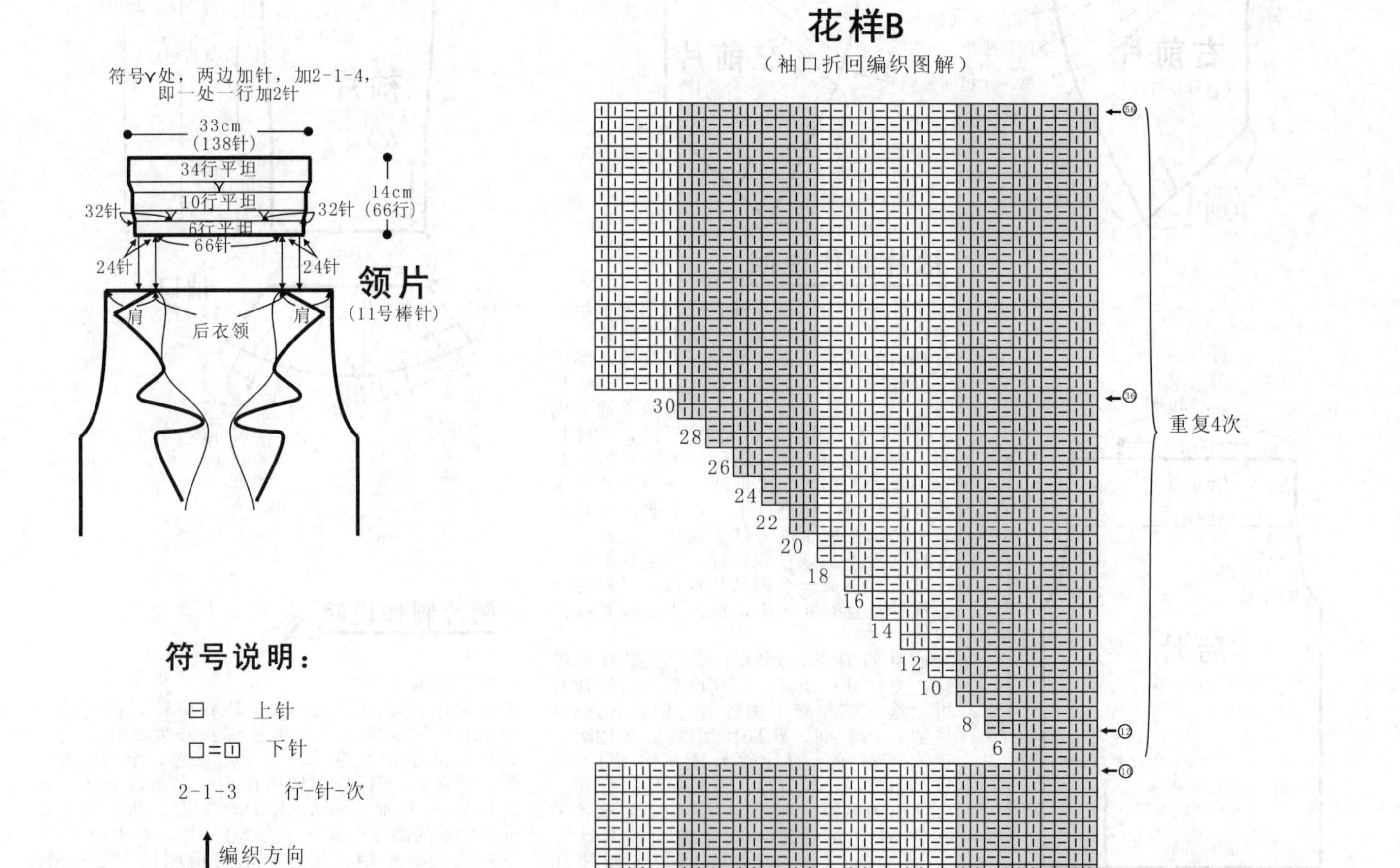

符号说明：

⊟ 上针

□=⊡ 下针

2-1-3 行-针-次

↑编织方向

气质黑色开衫

【成品规格】 衣长54cm，胸宽42cm，肩宽36cm

【工　　具】 10号棒针，缝衣针

【编织密度】 10cm²=26针×34行

【材　　料】 黑色羊毛线400g，纽扣5枚

编织要点：

1.毛衣用棒针编织，由2片前片、1片后片、2片袖片组成，从下往上编织。

2.先编织前片。分右前片和左前片编织。右前片：

(1)先用下针起针法，起46针，编织40行花样A后，改织下针，侧缝不用加减针，继续编织76行至袖窿。

(2)袖窿以上的编织。左侧袖窿平收2针，然后每织4行减2针，共减4次。

(3)门襟在开袖窿的同时开领窝，每4行减2针，共减9次，然后编织30行平坦，织至肩部余18针。

(4)相同的方法，相反的方向编织左前片。

3.编织后片。先用下针起针法，起108针，编织40行花样A后，改织下针，侧缝不用加减针，继续编织76行至袖窿。然后袖窿开始减针，方法与前片袖窿一样，织至袖窿算起56行时，开后领窝，中间平收48针，两边减针，每两行减1针，减2次，再每2行减2针，减2次。织至两边肩部余18针。

4.编织袖片。从袖口织起，用下针起针法，起40针，织10行花样A后，改织下针，同时分散加6针，继续编织，袖侧缝按图加针，每10行加1针，加5次，然后织50行平坦，编织100行至袖山，并开始袖山减针，每织4行减2针，减8次，编织完32行后余20针，收针断线。同样方法编织另一袖片。

5.缝合。将前片的侧缝与后片的侧缝对应缝合，再将两袖片的袖山边线与衣身的袖窿边对应缝合。

6.领子编织。领圈边与两前片门襟同时挑388针，织8行花样A。左边均匀开纽扣孔，收针断线。完成。

7.缝上纽扣。

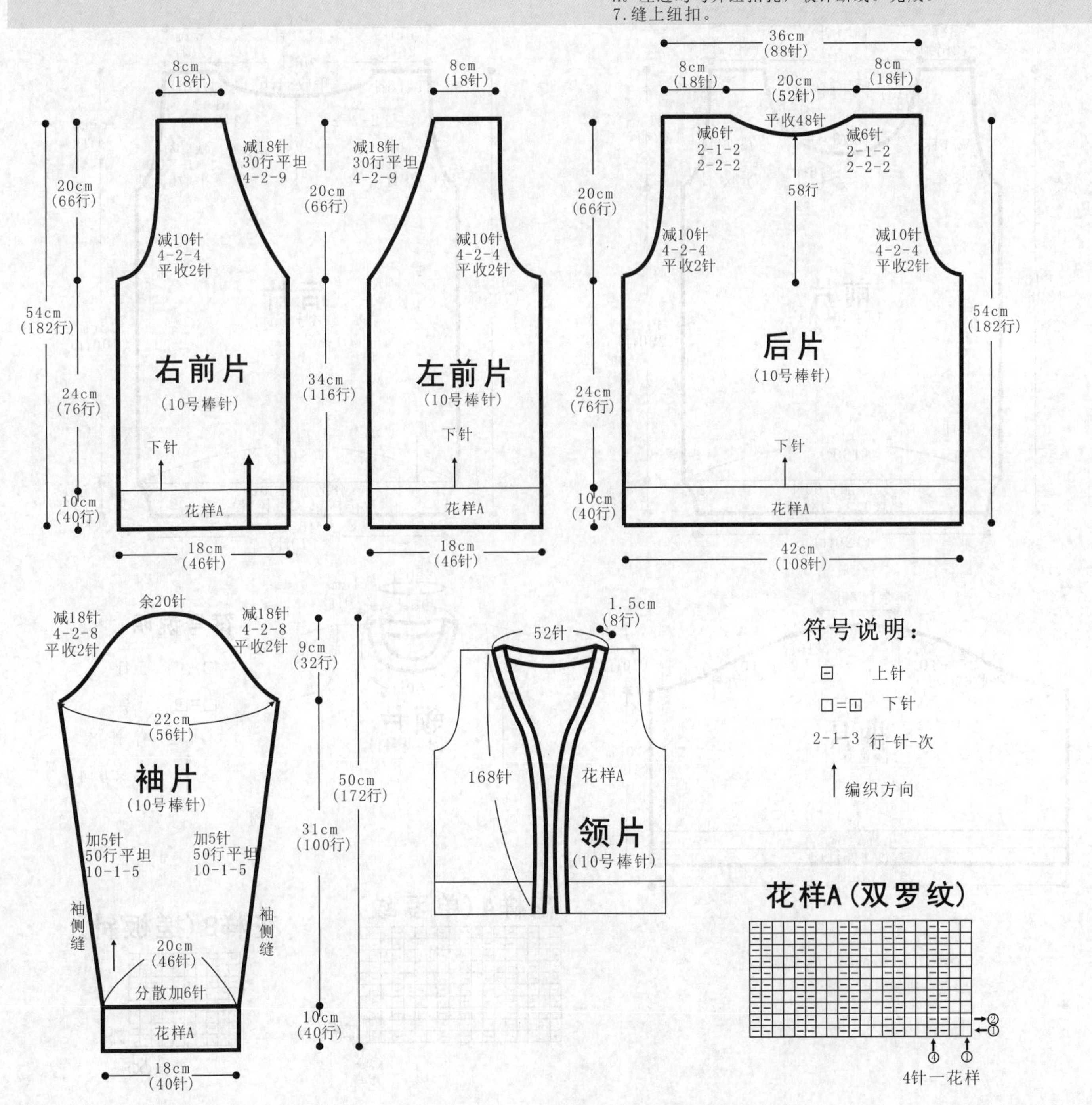

大红色淑女装

【成品规格】裙长64cm，肩宽36cm，袖长16cm，袖宽18cm

【工　　具】12号棒针，14号棒针

【编织密度】10cm=41针×46行

【材　　料】大红色细羊毛线450g

编织要点：

1.棒针编织法，由前片1片、后片1片、袖片2片及领片组成，由下往上织成。

2.前片的编织，一片织成：单罗纹起针法，起120针，花样A起织，不加减针，织24行；下一行起，改织下针，分散加针60针至180针，不加减针，织200行至袖窿；下一行起，两侧同时进行袖窿减针，收针6针，然后2-1-10，减16针，织74行；其中自织成袖窿算起16行高度，下一行进行衣领减针，从中收针84针，两侧相反方向减针，2-1-6，减6针，不加减针编织46行高度，余下26针，收针断线。

3.后片的编织，一片织成；自织成袖窿算起66行高度，下一行进行衣领减针，从中收针84针，两侧相反方向减针，2-2-2，2-1-2，减16针，织8行，余下26针，收针断线。其他与前片编织方法一样。

4.袖片的编织，一片织成；下针起针法，起148针，下针起织，不加减针，织6行；下一行起，改织花样A 不加减针，织6行；下一行起，改织下针，不加减针编织46行高度；下一行起，两侧同时进行减针，收针6针，然后2-1-10，减16针，织20行，余下116针，收针断线；用相同方法编织另一袖片。

5.拼接，将前后片侧缝对应缝合；将袖片与衣身侧缝对应缝合。

6.领片的编织，于前片挑针160针，后片挑针96针，共256针，花样B搓板针起织，不加减针，织10行，收针断线，衣服完成。

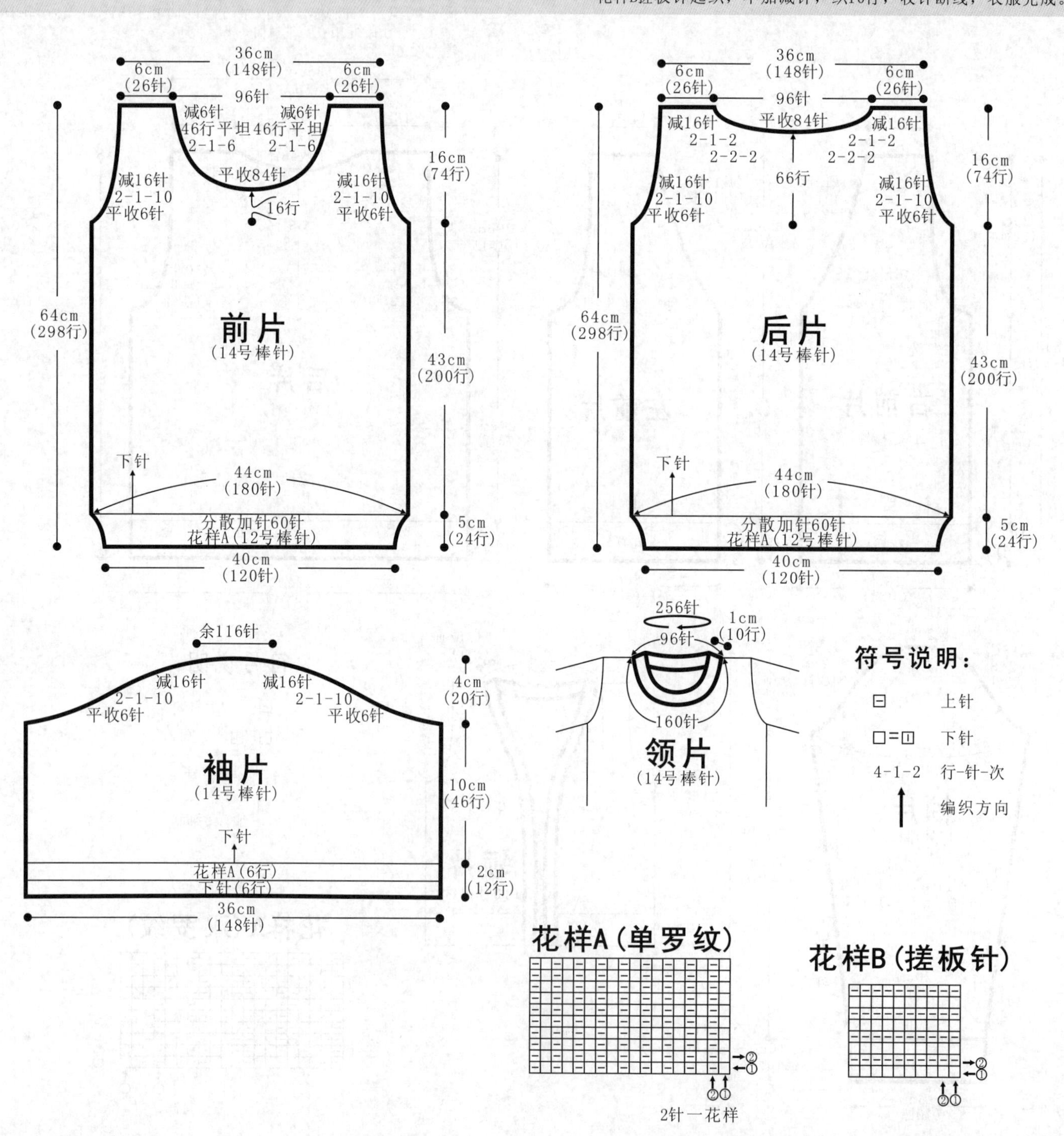

咖啡色亮片装

【成品规格】裙长67cm，胸宽42cm

【工　　具】10号棒针

【编织密度】$10cm^2$=23针×27行

【材　　料】灰色丝光棉线450g

编织要点：

1.棒针编织法，由前片1片、后片1片、蝴蝶结1片组成，从上往下织起。

2.前片的编织，两片织成：加针起针法，下针起织，两侧外侧同时加针2-1-24，加24针，织48行；两侧内侧同时加针并分片编织，2-1-20，加20针，织40行，然后一次性加针8针并起织花样A　然后两片并一片编织，织8行后，下一行排列成44针下针+8针花样A+44针下针，不加减针，织16行，收针断线；然后在断线处挑针96针，下针起织，两侧同时加针，14-1-7，加7针，织98行；不加减针编织12行高度；下一行起，改织花样B不加减针，织10行，收针断线。

3.后片的编织，两片织成，下针起针法，起64针，下针起织，两侧同时加针，2-1-24，加24针，织48行；下一行起，一次性收针50针，然后一次性加针8针；下一行起，不加减针，织16行；同时从中间向相反方向加针，2-1-34，加34针，织68行，收针断线。

4.蝴蝶结的编织，一片织成；下针起针法，起12针，下针起织，不加减针，织30行，收针断线。

5.拼接，将前后片侧缝对应缝合，将蝴蝶结于后片对应位置缝合，衣服完成。

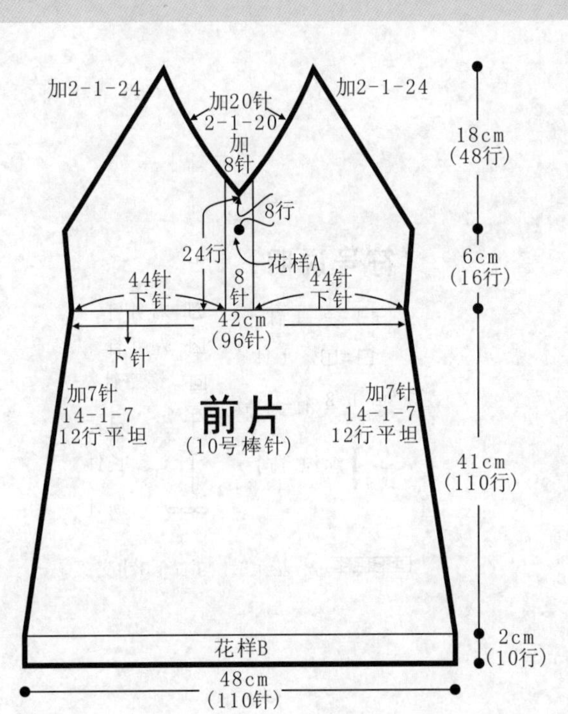

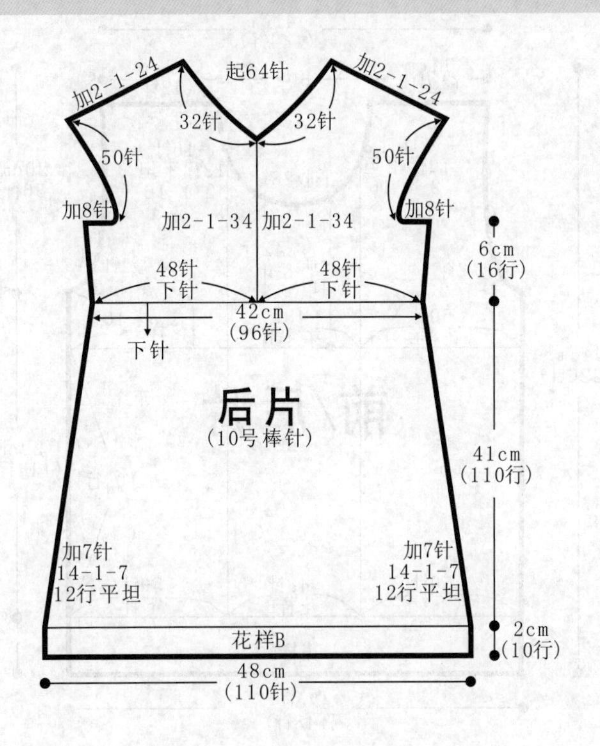

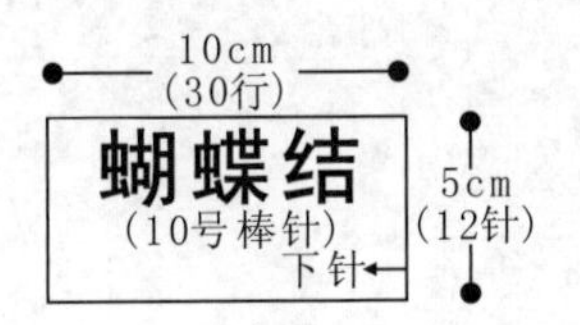

花样A

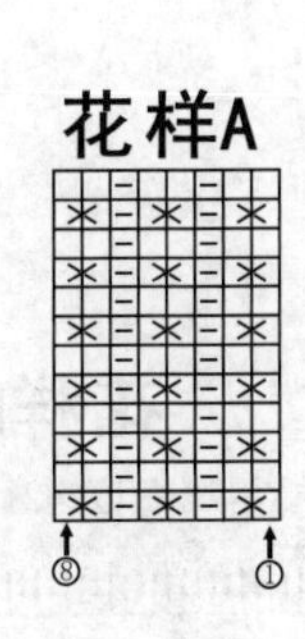

花样B

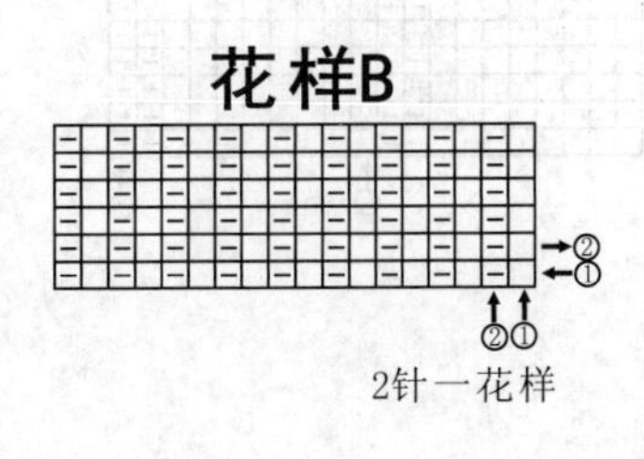

2针一花样

符号说明：

符号	说明
⊟	上针
□=⊡	下针
4-1-2	行-针-次
↑	编织方向
⊠	2针交叉

气质条纹短袖衫

【成品规格】衣长54cm，胸宽42cm，肩宽41cm

【工　　具】12号棒针

【编织密度】10cm²=35针×43行

【材　　料】蓝色丝光棉线400g

编织要点:

1.棒针编织法，由前片1片、后片1片组成。从下往上织起。
2.前片的编织。起针，双罗纹起针法，起148针，编织花样A，不加减针，织26行的高度，开始织50针下针+48针花样B+50针花样A，织104行后改织50针花样C+48针花样D+50针花样C，织10行。开始织袖窿。
3.袖窿以上的编织。左右侧同时减针，然后减2针，织4-1-2织42行后，从56针起平收28针做领口，领口两侧各减16针，12行平坦，2-1-16。织44行后收针断线。
4.相同的方法去编织后片。
5.拼接，将前片的侧缝与后片的侧缝对应缝合，将前后片一侧边与后片的肩部对应缝合。在袖口处钩花样E。衣服完成。

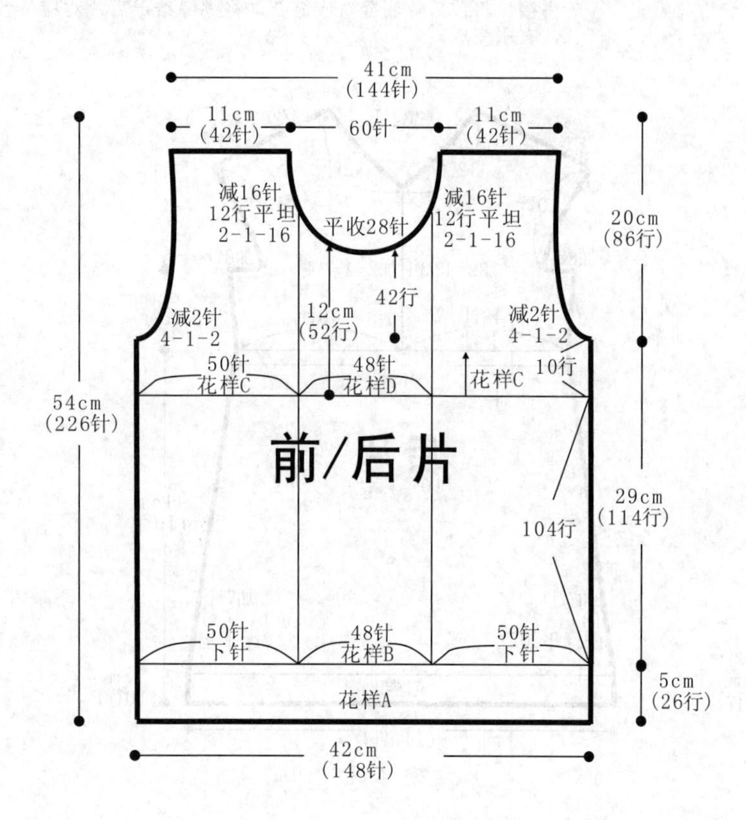

符号说明:

⊟ 上针
□=⊡ 下针
2-1-3 行-针-次
编织方向
右并针
左并针
镂空针
短针
长针
锁针
左上3针与右下3针交叉

花样A

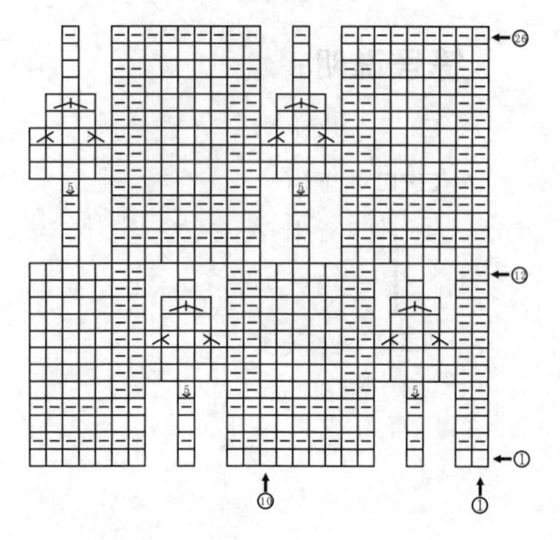

花样C

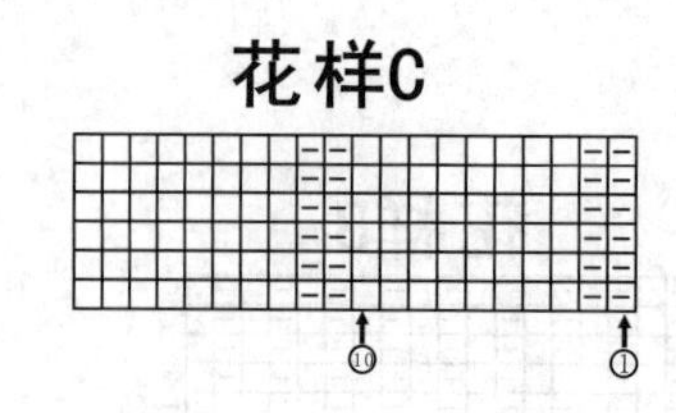

花样E

用线沿边钩2行短针

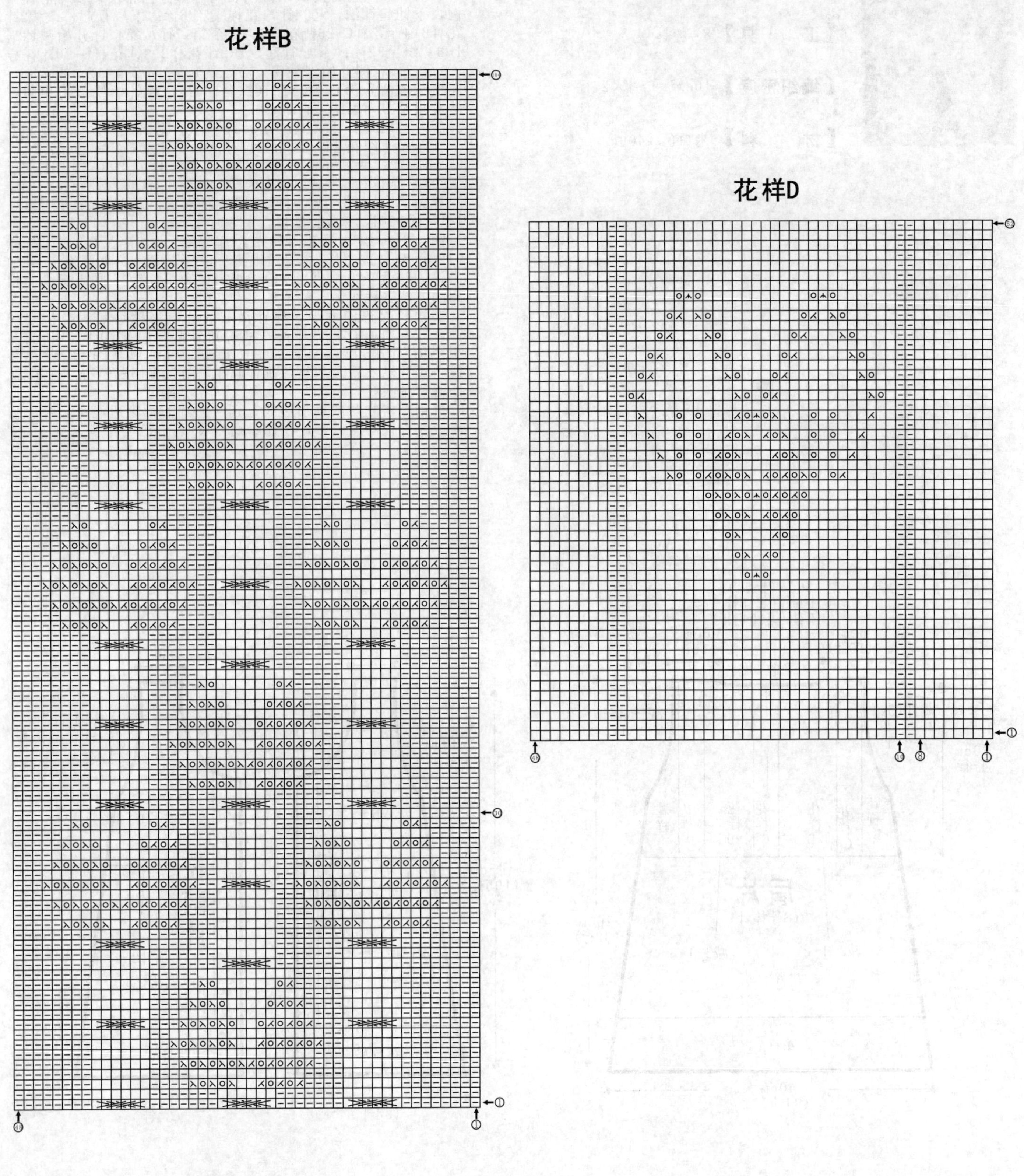
花样B
花样D

米白简约半开衫

【成品规格】 衣长45cm，胸宽30cm，袖长53cm

【工　　具】 8号棒针

【编织密度】 10cm²=17针×25行

【材　　料】 米白色线400g

编织要点：

1.棒针编织法，分成左前片、右前片、后片分别编织，再编织两个袖片进行缝合，最后编织领片。

2.左前片和右前片的编织方法相同，但方向相反，以右前片为例，下针起针法，起34针，花样A起织6行；下一行起，改织2针花样B+4针花样C+26针花样B　织至第17行从第17针开始减针2-1-8　织至32行；下一行起，织2针花样B+4针花样C+20针花样D，至37行右侧开始织袖窿，方法为1-3-1，2-1-12。织至85行左侧织衣襟，方法为2-1-10织至105行，收针断线。用相同方法及相反方向编织左前片。

3.后片的编织，下针起针法，起84针，花样A起织，织6行；下一行起，改织花样B　织至第17行从第15针及第49针各减针2-1-8织至32行；两侧开始织袖窿，方法为1-3-1，2-1-10，下一行织8针花样B+4针花样C+20针花样D +4针花样C +20针花样D +4针花样C+8针花样B，至101行，留18针不织，两侧减针方法为2-1-2　至105行。收针断线。

4.袖片的编织，下针起针法，起44针，织8针花样B+4针花样C+20针花样D+4针花样C+8针花样B　织11行。两侧减针织袖山，方法为1-3-1　2-1-14　织31行余下10针，收针断线，相同的方法去编织另一袖片。

5.衣领及衣襟的编织，棒针沿右前片衣襟挑针起织，挑起70针，织花样A9行。沿左前片衣襟挑针起织，挑70针，织花样A织至第2行在50针、59针处留纽扣眼。继续织至10行，收针断线。棒针沿衣襟顶和领片挑针起织，挑100针织花样A　在第3针处留纽扣眼。

6.拼接，将袖片的袖山边线分别与前片的袖窿边线和后片的袖窿边线进行对应缝合，收针断线，衣服完成。

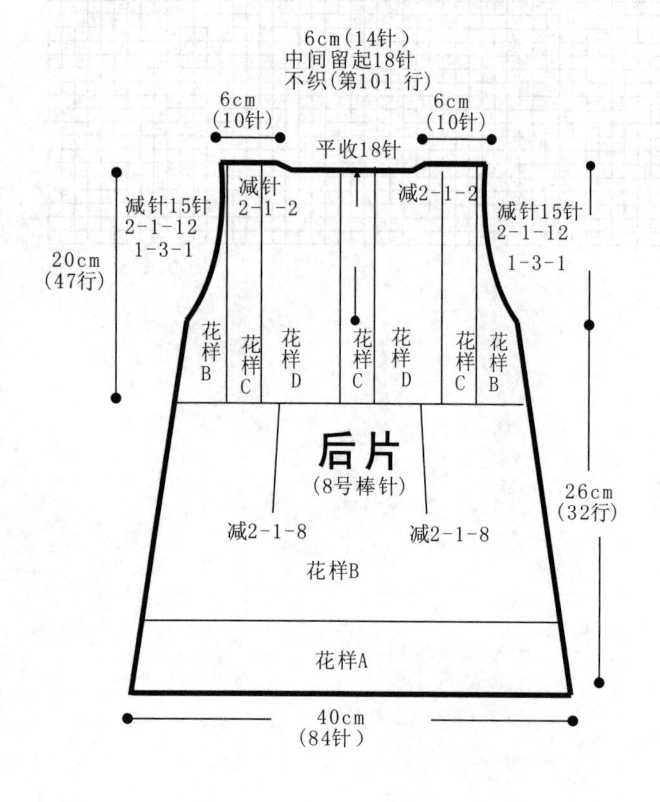

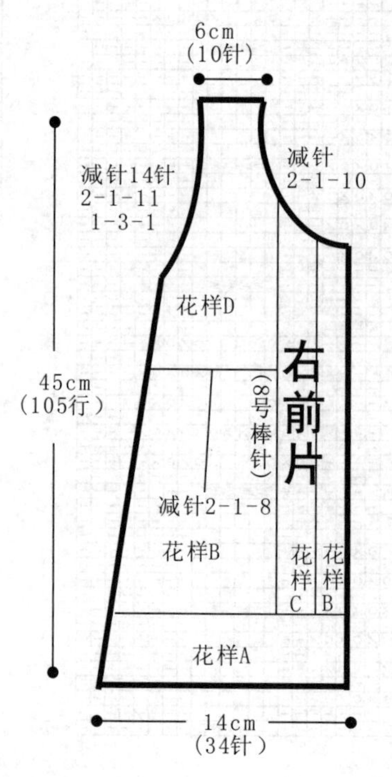

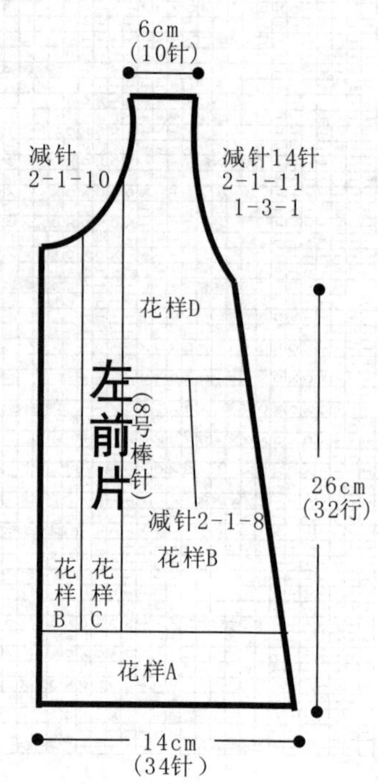

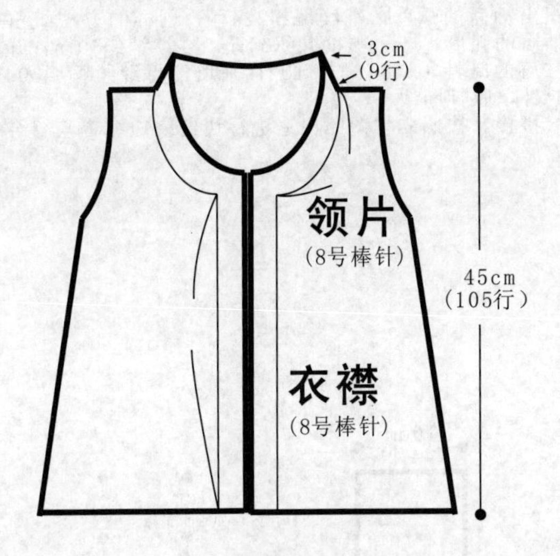

符号说明：

- ⊟ 上针
- □=⊡ 下针
- 左上2针和1针交叉
- 右上2针和1针交叉
- 左上2针交叉
- 右上2针交叉
- 2-1-38 行-针-次
- ↑ 编织方向

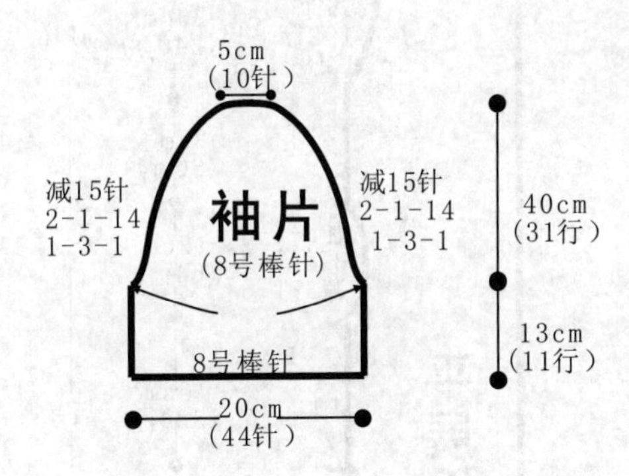

花样A（双罗纹）

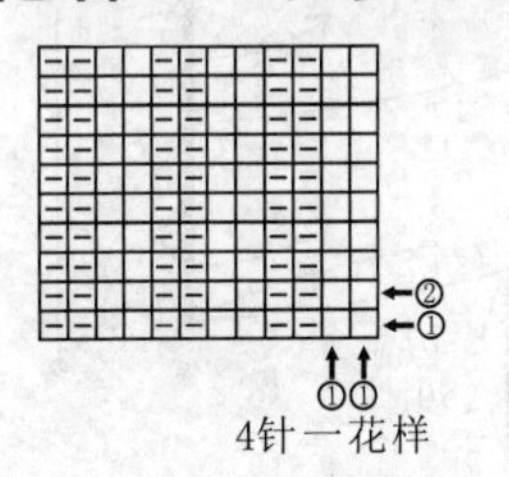

花样B

花样C

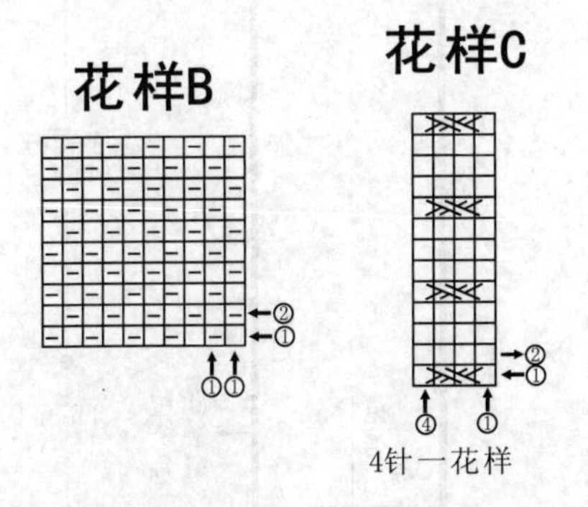

花样D

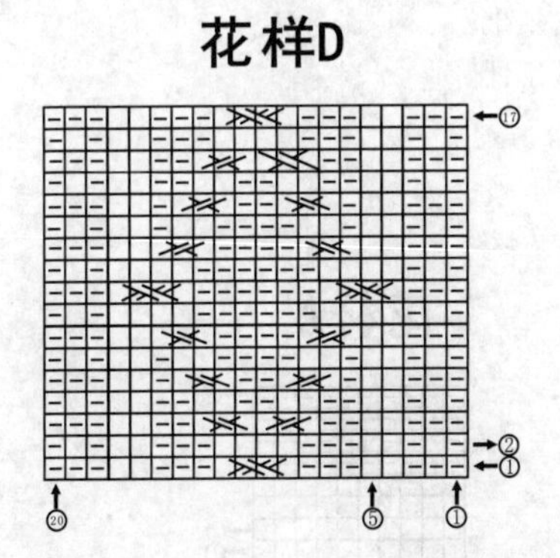

洋气不规则针织衫

【成品规格】 衣长60cm，胸宽28cm，肩宽26cm

【工　　具】 10号棒针

【编织密度】 $10cm^2$=42针×103行

【材　　料】 宝蓝色丝光棉线400g

编织要点：

1.棒针编织法，通过平展图的方法将前后片连片编织。从下往上织起。通过立体图的构造，通过缠绕缝合的方法，完成成衣的制作。

2.平展图的编织。一片织成。起针，平针起针法，起50针，起织花样A，不加减针，编织1850行至袖窿，左侧边继续编织，右侧边进行袖窿减针，2-1-8，30行平坦，再加2-1-8，织出袖窿的弧度，继续编织224行，同样的方法织出另一个袖窿的弧度，一个弧度共织64行，继续编织80行，开始进行左肩的减针，减8-1-6，192行平坦，再继续编织304行余下44针，收针断线。

3.拼接。按照立体图的构造进行边缠绕边缝合，缝合完毕，衣服完成。

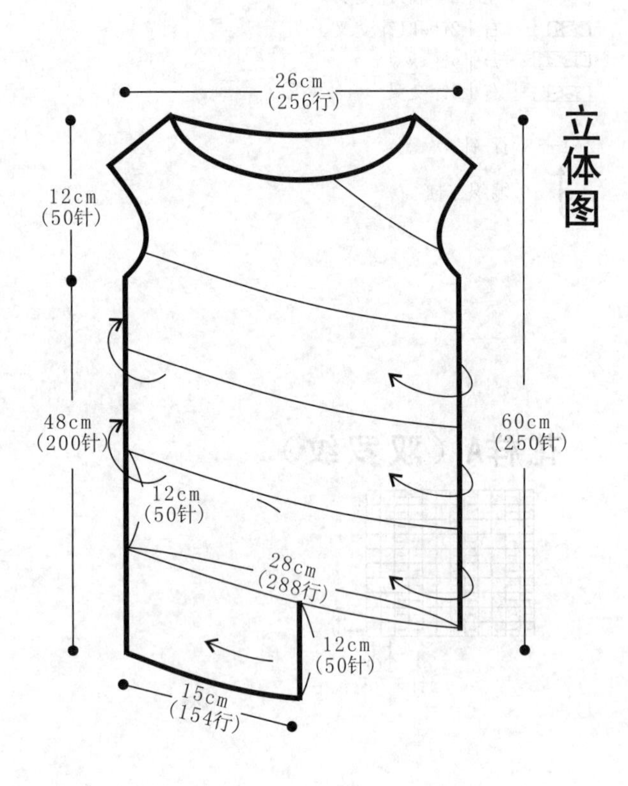

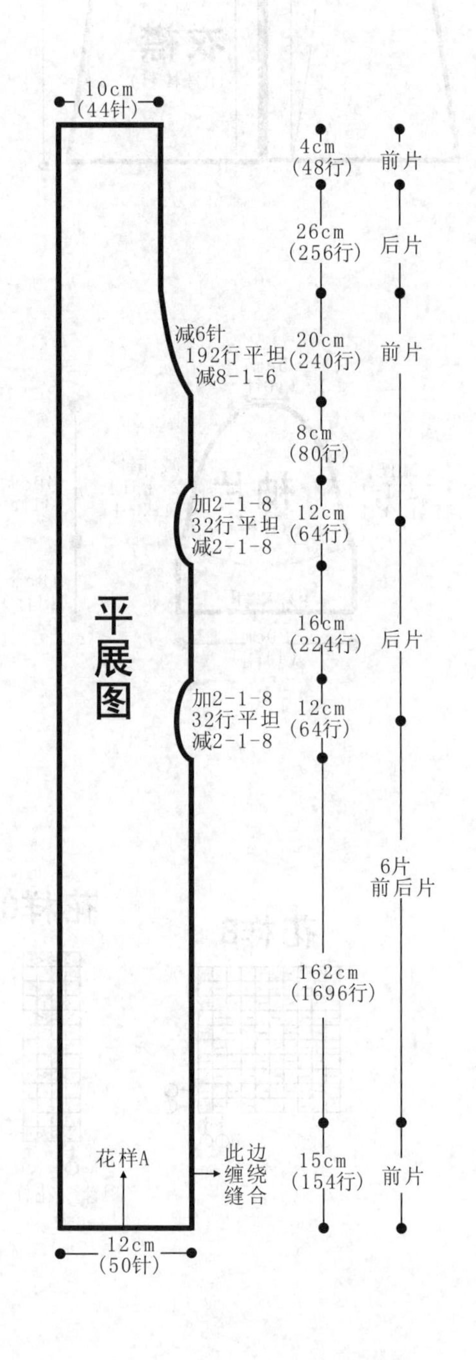

符号说明：

⊟ 上针

□=⊡ 下针

2-1-3 行-针-次

↑ 编织方向

⧅ 右并针

⧄ 左并针

⊚ 镂空针

花样A

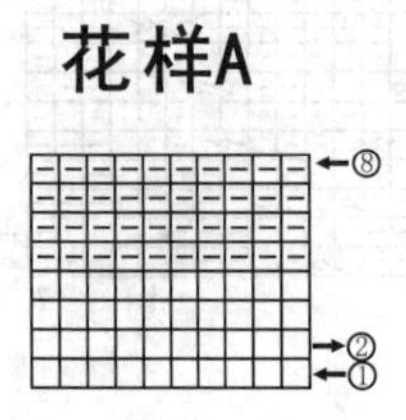

米色柔美外套

【成品规格】 衣长48cm，肩宽34cm，袖长32cm，袖宽20cm

【工　　具】 8号棒针

【编织密度】 10cm²=15针×17行

【材　　料】 米色粗毛线600g

编织要点:

1.棒针编织法，由肩片1片、左右前片各1片、后片1片及袖片2片组成，再编织领襟，由下往上编织。
2.肩片的编织，一片织成，下针起针法，起20针，花样A起织，不加减针，织132行，收针断线。
3.前片的编织，分为左前片和右前片分别编织，编织方法一样，但方向相反，以右前片为例；下针起针法，起45针，花样B起织，花样减针，织52行；下一行起，左侧减针，4-1-2，减2针，织8行，余下23针，收针断线;用相同方法及相反方向编织左前片。
4.后片的编织，一片织成；下针起针法，起114针，44针花样A+26针上针+44针花样A排列起织，两侧花样A花样减针，织52行；下一行起，花样A两侧同时减针，4-1-2，减2针，织8行；中间26针上针起织时两侧同时减针，18-1-3，减3针，织60行，最后一行收褟20针，余下46针，收针断线。
5.袖片的编织，一片织成；下针起针法，起66针，33组花a起织，花样减针，织48行；下一行起，两侧同时进行减针，4-1-2，减2针，织8行，余下34针，收针断线；用相同方法编织另一袖片。
6.拼接，将肩片与左右前片及袖片侧缝对应缝合。
7.领襟的编织，从左右前片侧边挑针62针，花样C起织，右前片收4个扣眼，不加减针编织10行高度，收针断线；沿左右前片底侧钩短针；沿衣领位置钩短针，衣服完成。

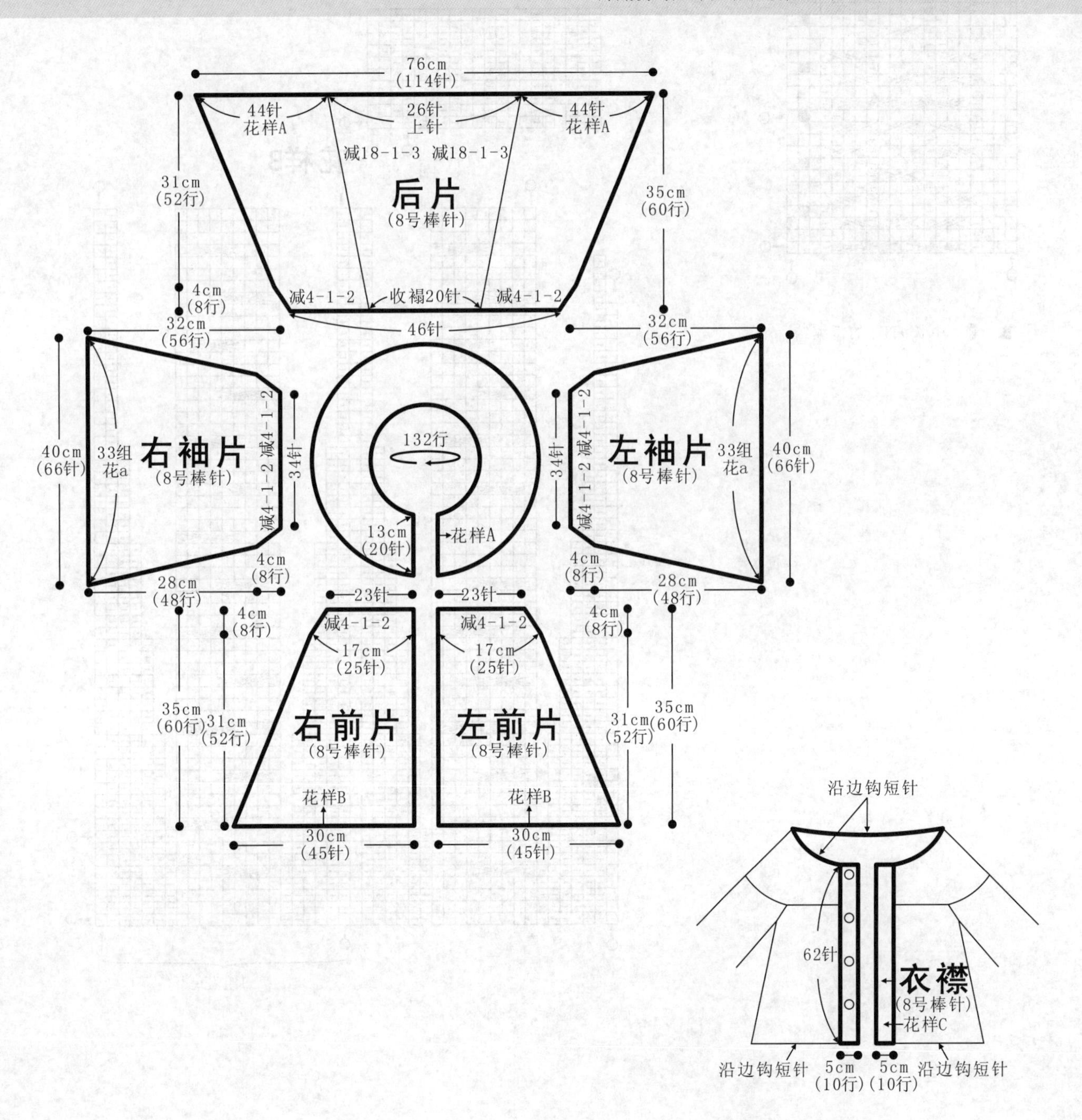

符号说明：

⊟ 上针

□=⏐ 下针

4-1-2 行-针-次

↑ 编织方向

左上3针与右下1上针交叉

左上3针与右下3针交叉

左上2针与右下2针交叉

花样A

■ = 中长编3针的玉编结

花样C(双罗纹)

4针一花样

花样B

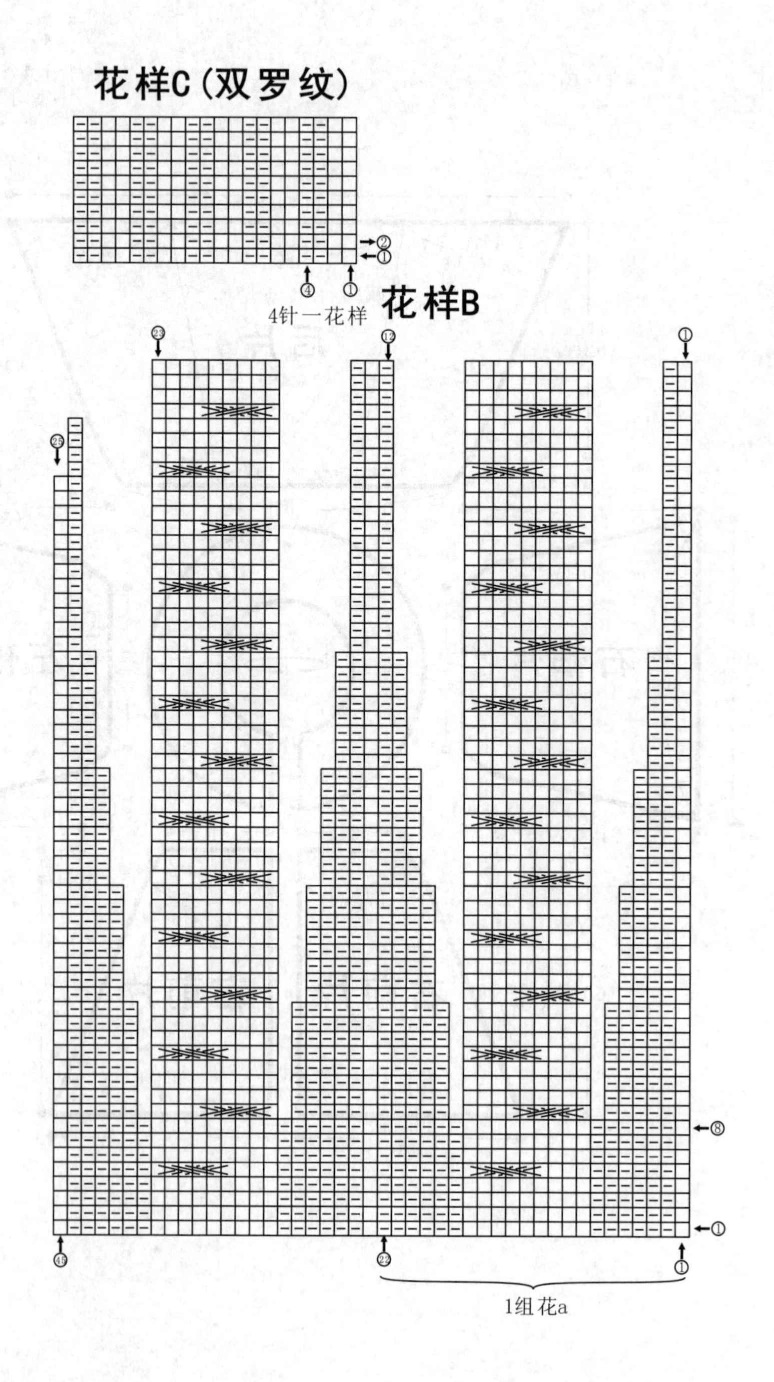

1组花a

清纯绿色开衫

【成品规格】 衣长45cm，胸宽42cm，肩宽28cm

【工　　具】 12号棒针

【编织密度】 10cm² =37针×53行

【材　　料】 绿色丝光棉线400g

编织要点：

1.棒针编织法，由前片2片、后片1片、袖片2片、领片1片组成。从下往上织起。

2.前片的编织。由右前片和左前片组成，以右前片为例。

(1)一片织成。单罗纹起针法，起82针，右侧16针为衣襟边，一直编织花样A，左侧66针编织16行下针，编织花样A，编织16行后，编织花样B，不加减针，织成94行，编织花样C，织成48行至袖窿。袖窿起减针，平收4针，然后2-1-32，当织成袖窿算起64行时，余46针，收针断线。

(2)相同的方法，相反的方向去编织左前片。

3.后片的编织。一片织成。单罗纹起针法，起144针，编织16行下针，编织花样A，编织16行后，编织花样B，不加减针，织成94行，编织花样C，织成48行至袖窿。两侧袖窿起减针，平收4针，然后2-1-32，当织成袖窿算起64行时，余72针，收针断线。

4.袖片的编织。袖片从袖口起织，一片织成。单罗纹起针法，起112针，编织16行下针，编织花样A，编织16行后，编织花样B，不加减针，织成60行，编织花样C，织成32行至袖窿。两侧袖窿起减针，平收4针，然后2-1-32，当织成袖窿算起64行时，余40针，收针断线。相同的方法去编织另一袖片。

5.拼接，将前片的侧缝与后片的侧缝和肩部对应缝合。再将两袖片的袖山边线与衣身的袖窿边对应缝合。

6.领片的编织，沿着前领边各挑66针，后领边挑112针，编织16行花样A，再编织16行下针，收针断线。衣服完成。

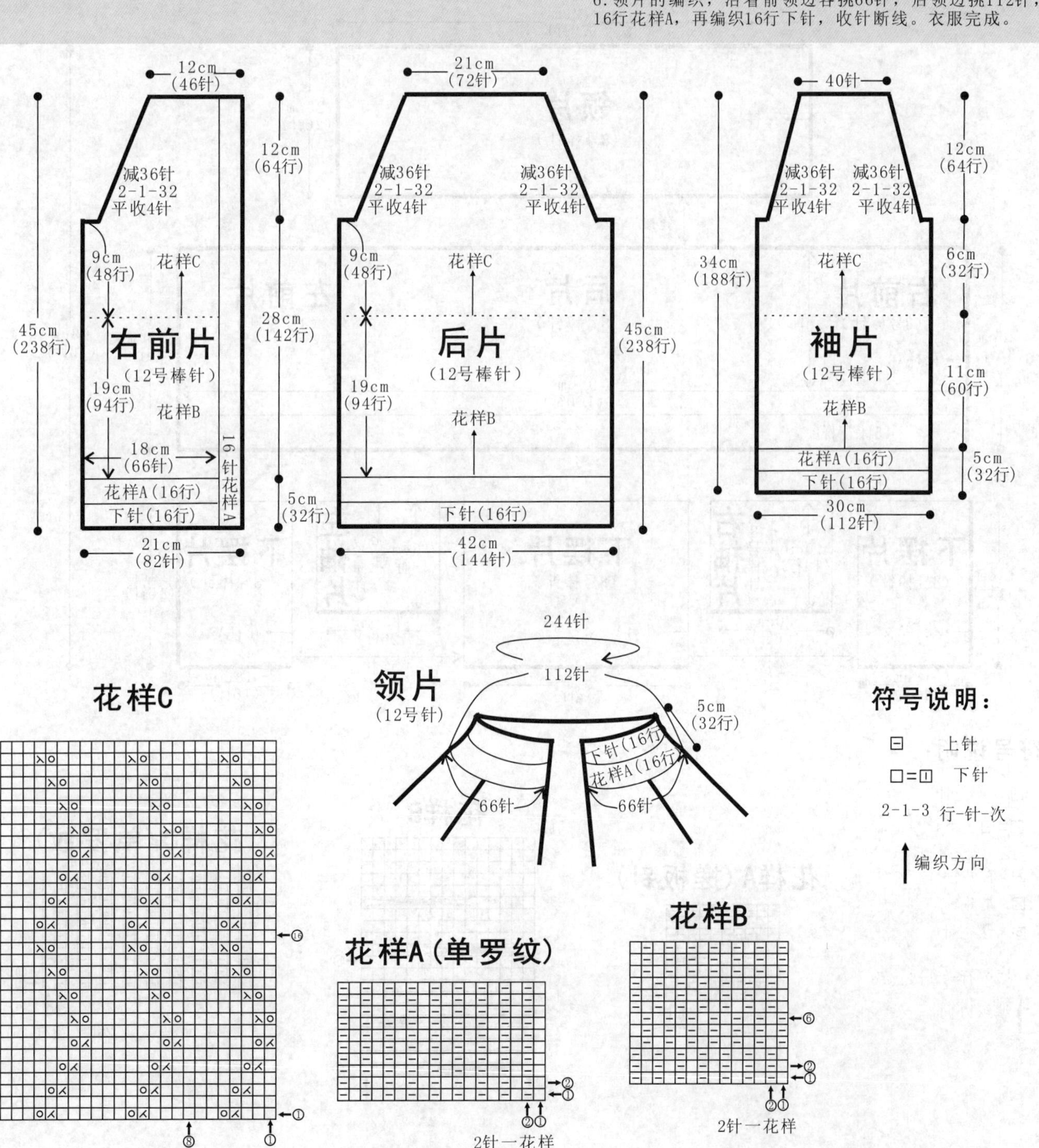

大气高领麻花衣

【成品规格】衣长40cm，胸宽36cm，肩宽36cm

【工　　具】8号棒针

【编织密度】10cm²=11针×17行

【材　　料】浅灰色丝光棉线400g

编织要点：

1.棒针编织法，由前片和后片连成1片、领片1片、下摆片1片、袖片2片组成。从左往右织起。
2.前后片连片的编织。一片织成。平针起针法，起35针，右侧15针编织花样B　左侧20针编织花样A　不加减针，织成160行，收针断线。
3.下摆片的编织。一片织成。平针起针法，起16针，编织花样A　不加减针，织成64行，收针断线。
4.领片的编织。一片织成。平针起针法，起26针，编织花样A不加减针，织成76行，收针断线。
5.拼接，将前后片的左侧缝和领片的右侧缝对应缝合，前后片的右侧缝和下摆片的左侧缝对应缝合，同时留出左右袖口，沿着袖口边挑出26针，编织花样C　编织14行，收针断线。衣服完成。

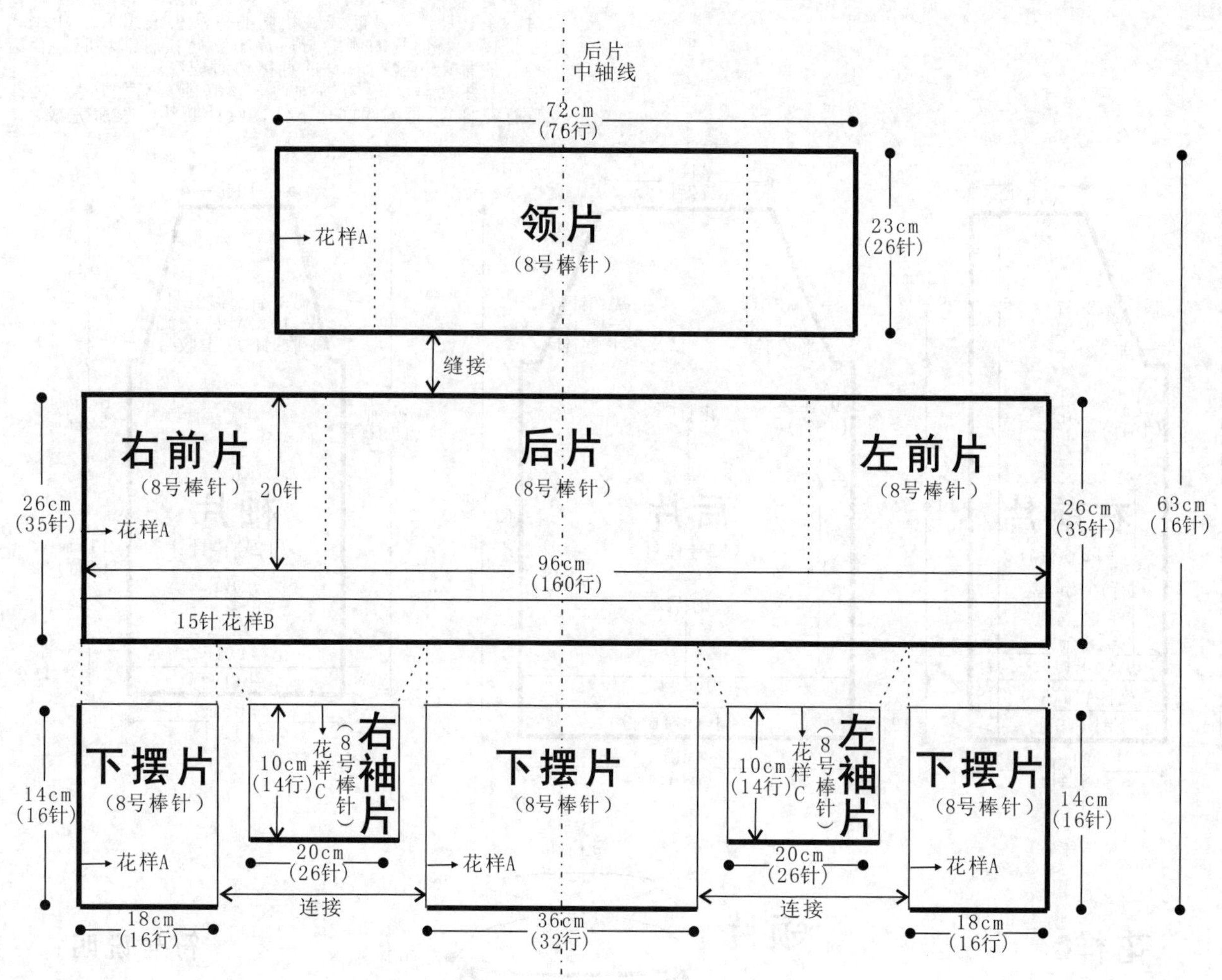

符号说明：

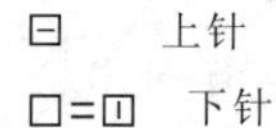

⊟　上针

□=⊡　下针

⊠　右并针

⊠　左并针

⊡　镂空针

2-1-3　行-针-次

↑编织方向

花样A（搓板针）

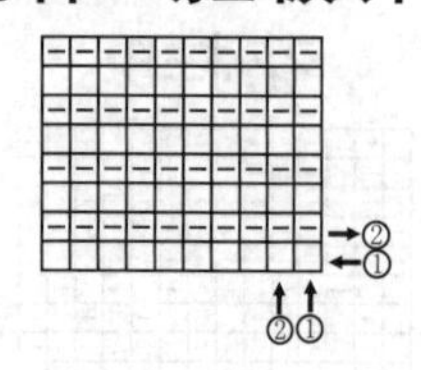

花样B

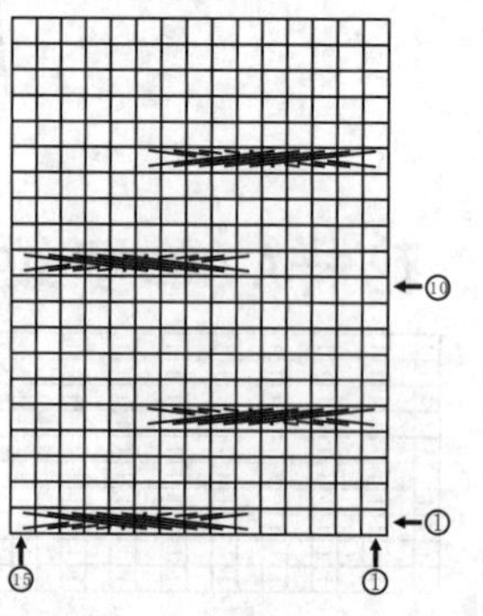

花样C（单罗纹）

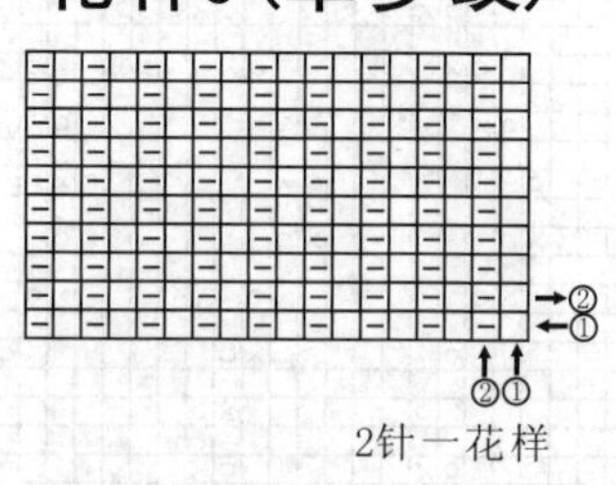

艳丽蛋糕裙

【成品规格】 衣长52cm　胸宽41cm　肩宽32cm

【工　　具】 12号棒针

【编织密度】 10cm²=31.5针×50行

【材　　料】 橘红色丝光棉线400g

编织要点:

1.棒针编织法，由前片1片、后片1片、袖片2片、下摆片3片组成。从下往上织起。

2.前片的编织。由前片的衣身片和下摆片组成。

(1)前片衣身片编织。起针。平针起针法，起130针，编织下针，左右两侧边各减针，10-1-10，编织100行后，又各加针，10-1-10，编织100行至袖窿，两侧进行袖窿减针，平收4针，2-1-30.同时至袖窿20行时进行领圈收针，中间平收22针，衣领两侧减针，2-1-20，共收40针，此时全部收针完毕，断线。

(2)前片下摆片编织。起针。平针起针法，起200针，编织花样A　编织8行后，编织下针，不加减针，织成30行，收针断线，完成一个下摆片;同样的方法编织60行完成第二个下摆片;同样的方法编织90行完成第三个下摆片，将这3个下摆片错层相叠和前片的衣身片下摆侧边拼接。

3.后片的编织。与前片相同的方法编织后片。

4.袖片的编织，起针。平针起针法，起88针，编织下针，不加减针，织成30行至袖山，两侧进行袖山减针，平收4针，2-1-30.编织60行，余20针，收针断线。袖口边挑88针钩织2行短针。同样的方法，相反的方向去编织另一袖片。

5.拼接，将前片和后片、袖片的侧缝对应缝合，将袖片的袖山和前后片的袖窿对应缝合。

6.用钩针按照花样B钩织数朵花朵，依样缝制在前片胸口处，衣服完成。

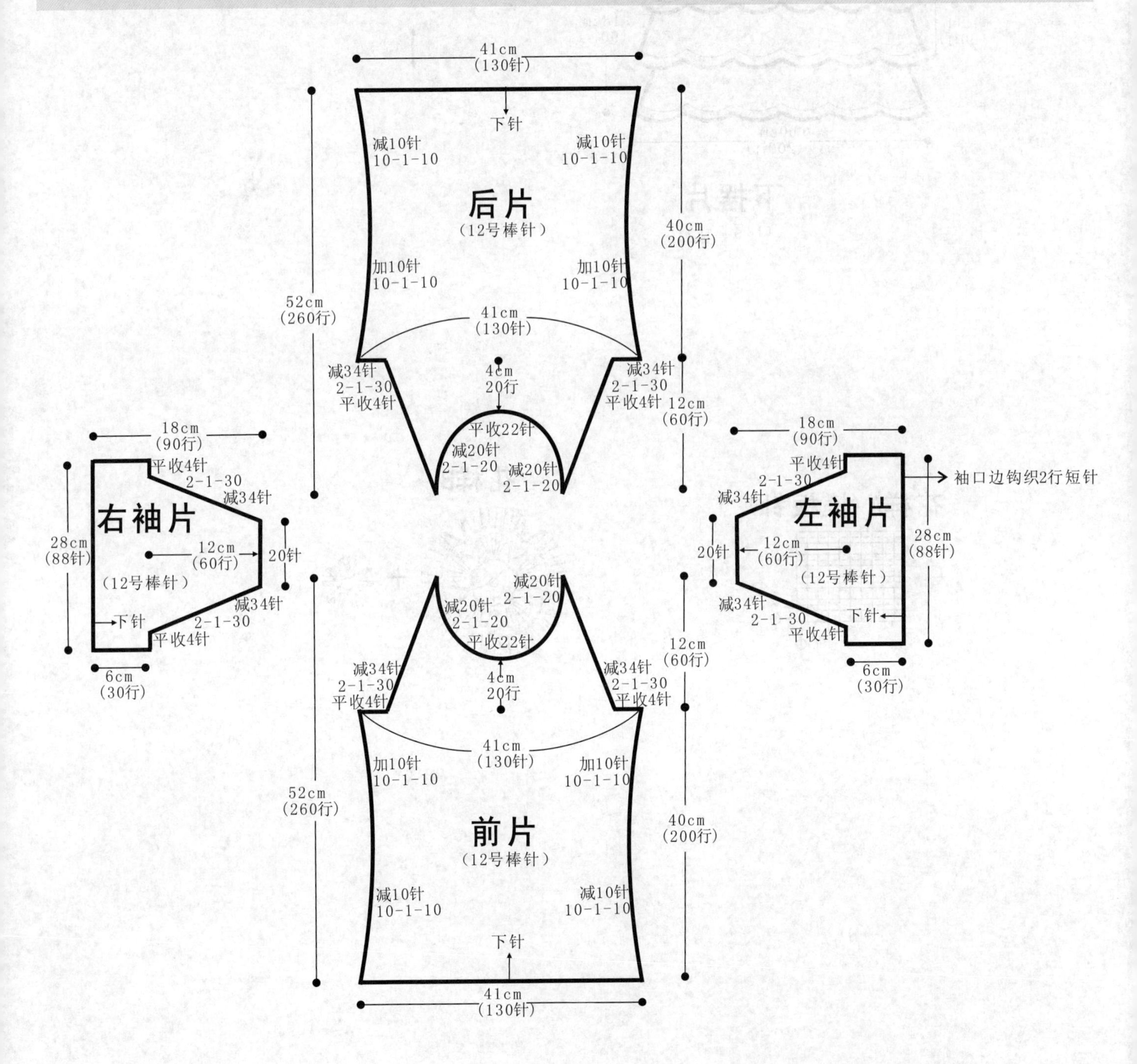

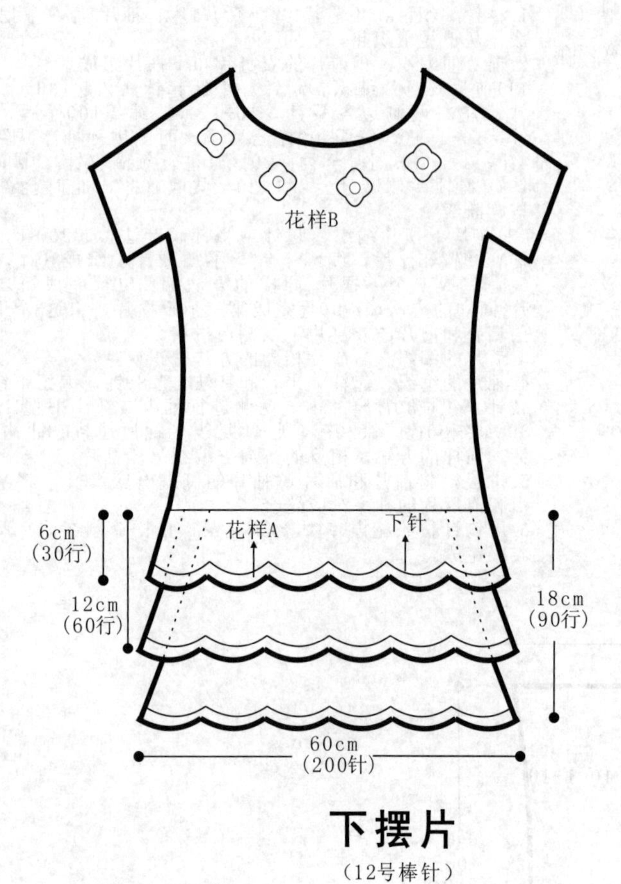

符号说明：

⊟	上针	◹	右并针
□=◫	下针	◸	左并针
2-1-3	行-针-次	◎	镂空针
↑	编织方向		

花样A(搓板针)

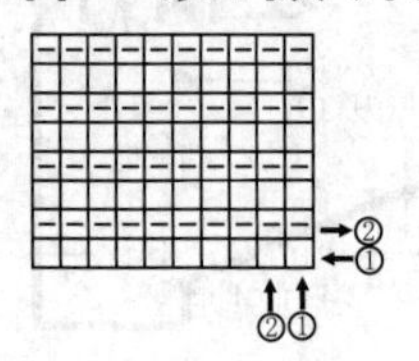

花样B

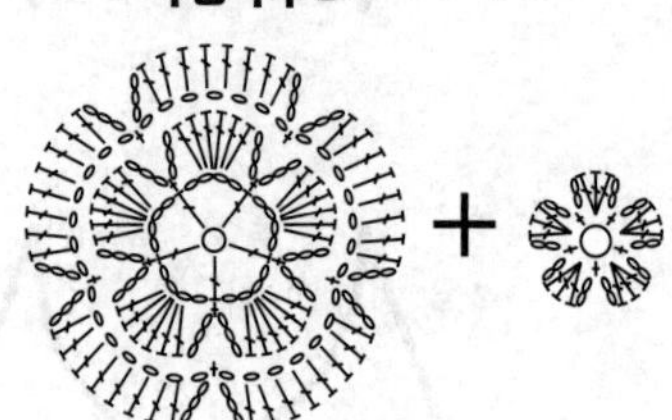

休闲时尚小马甲

【成品规格】衣长54cm，胸宽36cm，肩宽24cm

【工　　具】8号棒针

【编织密度】10cm²=14针×18行

【材　　料】灰色丝光棉线400g

编织要点：

1.棒针编织法，由前片1片、后片1片组成。从下往上织起。
2.前片的编织。
(1)起针，双罗纹起针法，起52针，编织花样A　不加减针，织10行的高度，换织7针花样B+12针花样C+12针花样D+12针花样C+7针花样B，织18行开始减针2-1-2　织9行后开始加针，2-2-2。同时织6行后，开始分织领口，领口两侧各减6针，1-1-6。再织12行开始平收7针织袖窿。
(2)袖窿以上的编织。织成35行，各余下13针，这是至肩部的宽度，收针断线。
3.后片的编织。
(1)起针，双罗纹起针法，起52针，编织花样A　不加减针，织10行的高度，换织7针花样B+12针花样C+12针花样B+12针花样C+7针花样B，织18行开始减针2-1-2　织9行后开始加针，2-2-2.织18行后，两侧平收7针织袖窿。织12行后，开始分织领口，领口两侧各减6针。1-1-6.收针断线。
(2)袖窿以上的编织。织成22行，各余下13针，这是至肩部的宽度，收针断线。
4.拼接，将前片的侧缝与后片的侧缝对应缝合，选一侧边与后片的肩部对应缝合。衣服完成。

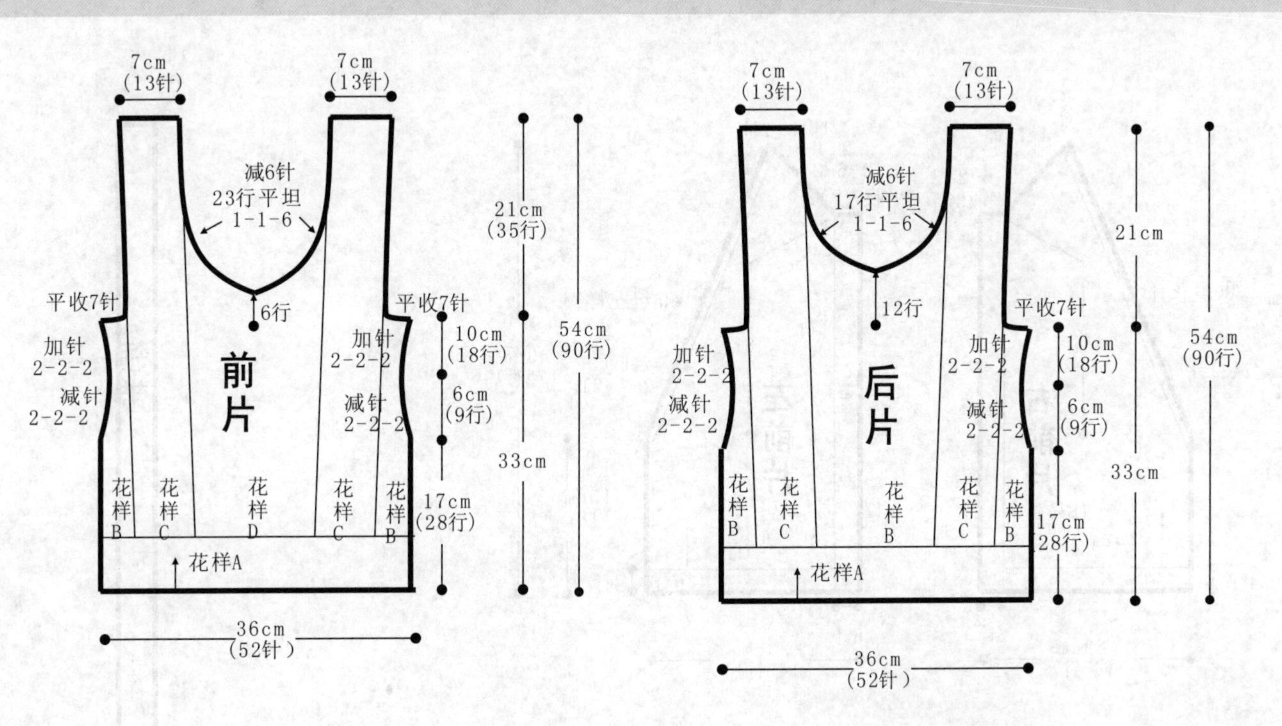

花样C

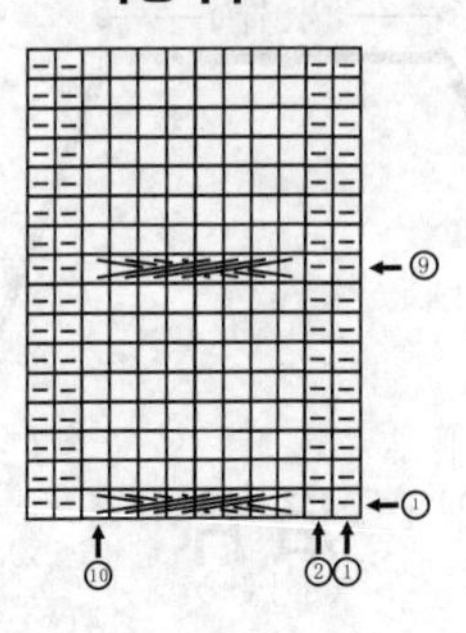

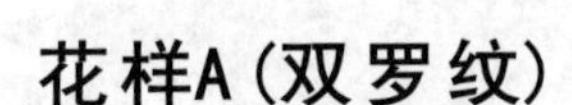

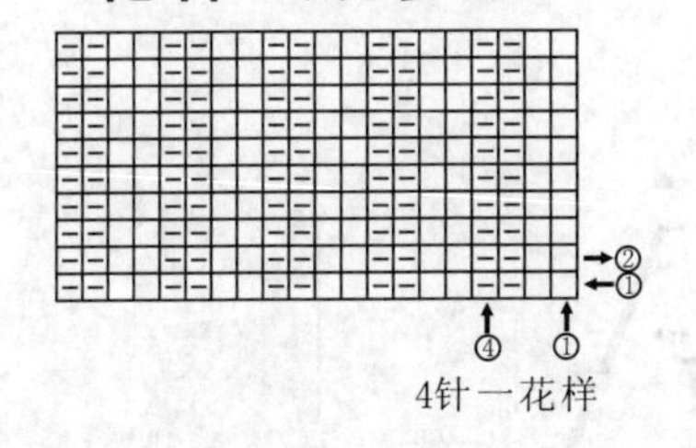

花样B(菠萝花针)

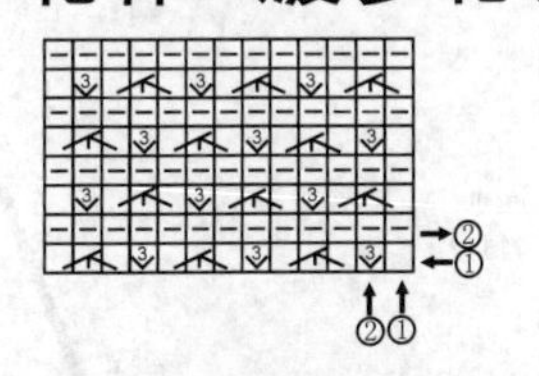

花样D

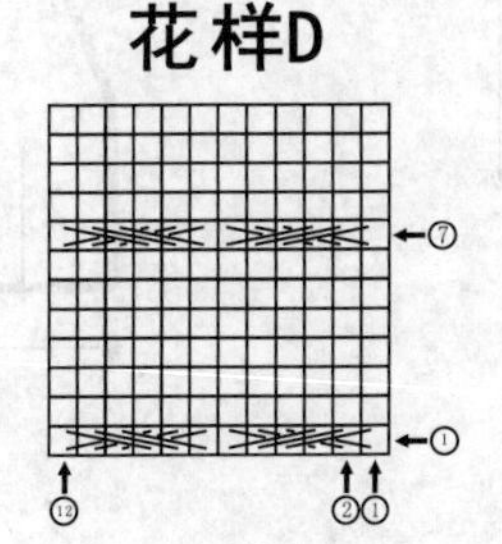

符号说明：

⊟　上针
□=⊡　下针
2-1-3　行-针-次
编织方向
右并针
左并针
镂空针
短针
长针
锁针

紫色端庄小披肩

【成品规格】衣长43cm，胸宽42cm，袖长38cm

【工　　具】8号棒针

【编织密度】10cm²=20针×8行

【材　　料】紫色线500g

编织要点：

1.棒针编织法，由左前片、右前片各1片，后片1片，袖片2片组成。

2.右前片的编织。

(1)起针，下针起针法，起45针，编织6针下针+花样A，不加减针，织18行的高度，至袖窿。

(2)袖窿以上的编织。前两针织花样A的a组花样，减21针，2-1-21。织48行后平收6针后，领口两侧减16针，2-4-1，2-6-2，余2针，收针断线。

3.相同方法相反方向织左前片。

4.后片的编织。起针，下针起针法，起84针，编织花样A，不加减针，织18行的高度，至袖窿。然后袖窿起减针，方法与前片相同。当织成袖窿算起54行时，收针断线。

5.袖片的编织。袖片下针起针法，起59针，起织花样B，织19行后至袖山，减21针，方法为2-1-21，再往上织56行的高度，余17针，收针断线。相同的方法去编织另一袖片。

6.领带的编织。下针起针法起10针，织花样C，织1.5米。

7.拼接，将前片的侧缝与后片的侧缝对应缝合，选一侧边与后片的肩部对应缝合；再将两袖片的袖山边线与衣身的袖窿边对应缝合。在领口处将领带与衣领缝合，衣服完成。

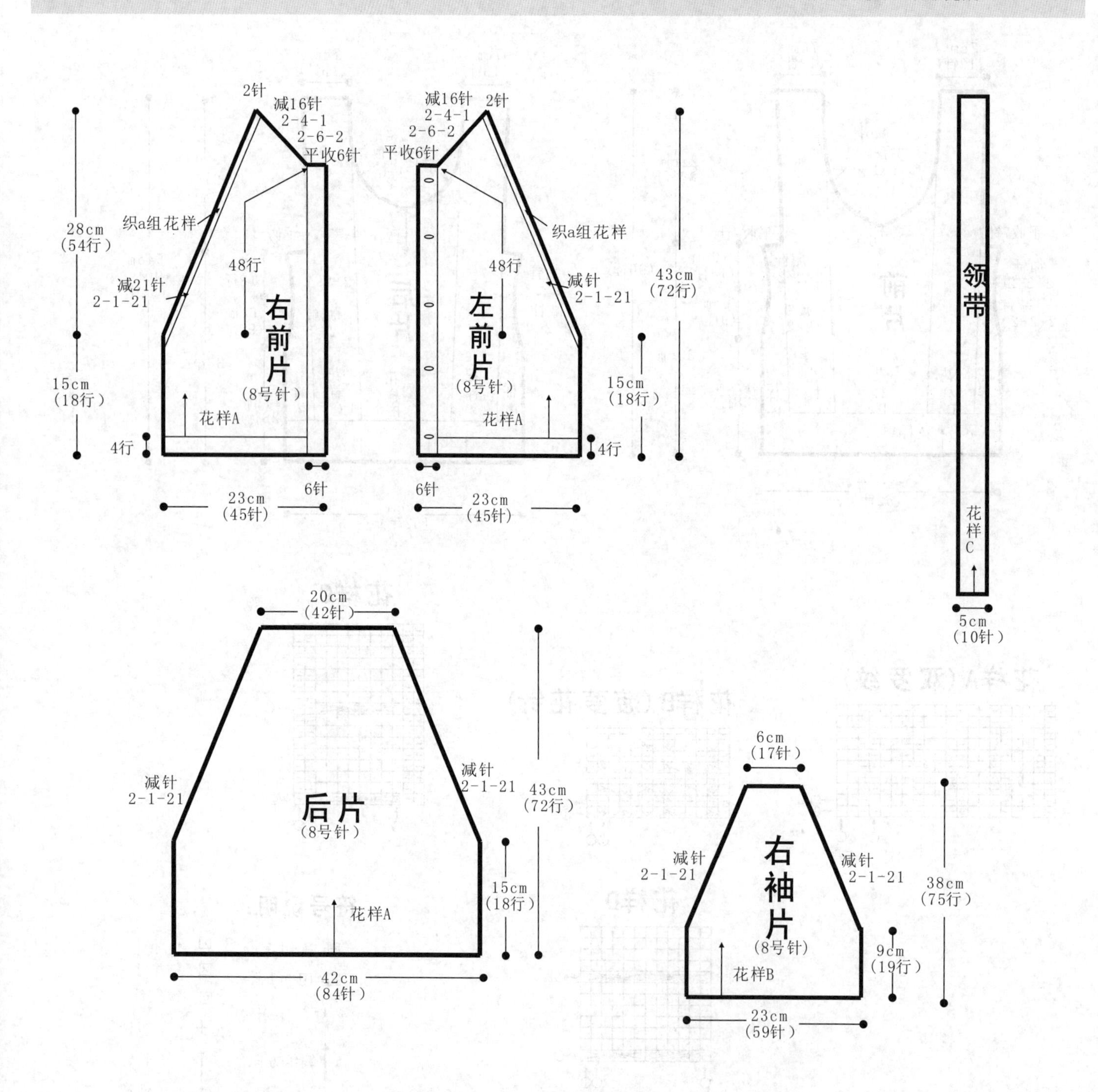

花样A

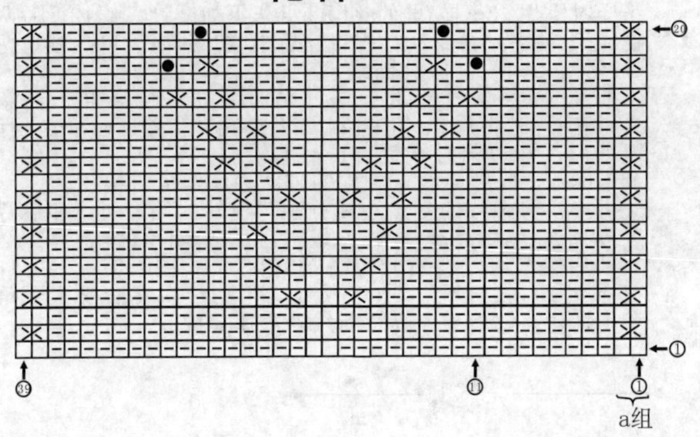

符号说明：

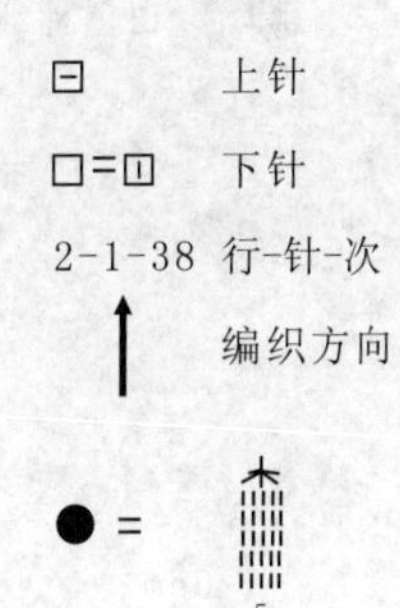

花样B

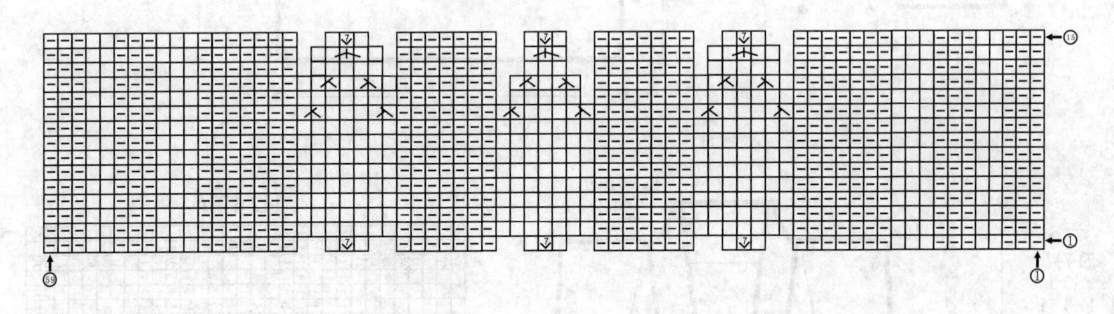

花样C（搓板针）

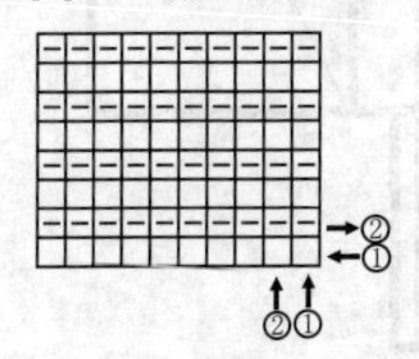

菱形花样短袖衫

【成品规格】衣长47cm，胸宽47cm，袖长13cm

【工　　具】8号棒针

【编织密度】$10cm^2$=21针×18行

【材　　料】白色棉线400g

编织要点：

1.棒针编织法，分成左前片、右前片、后片分别编织，再编织两个袖片进行缝合，最后编织领片。
2.前片的织法。
(1)左前片和右前片的编织方法相同，但方向相反，以右前片为例，下针起针法，起31针，花样A起织，不加减针，织27行；领口减针，2-1-14。织42行左侧平收4针织袖窿。再织36行收针断线。
(2)用相同方法及相反方向编织左前片。
3.后片的编织，下针起针法，起66针，花样A起织，织下一组花样时不用织花样A里的a组和b组。不加减针，织42行后两侧平收4针织袖窿，再织33行织21针后平收28针织领口，领口两边同时减针，2-1-2，收针断线。
4.袖片的编织，下针起针法，起40针，织2组花样A 注意织第二组花样A时不用织a组和b组，不加减针，织6行；下一行起，织袖山，两边同时减针，1-4-1，2-1-13，减17针，织30行，余下10针，收针断线，相同的方法去编织另一袖片。
5.拼接，将袖片的袖山边线分别与前片的袖窿边线和后片的袖窿边线进行对应缝合；将口袋于前片适当位置缝合。
6.领片的编织，左右衣襟各挑86针，后片挑50针，共216针；花样B起织，织12行，收针断线。用钩针在左右衣襟下角各钩辫子针40针做带子。收针断线。衣服完成。

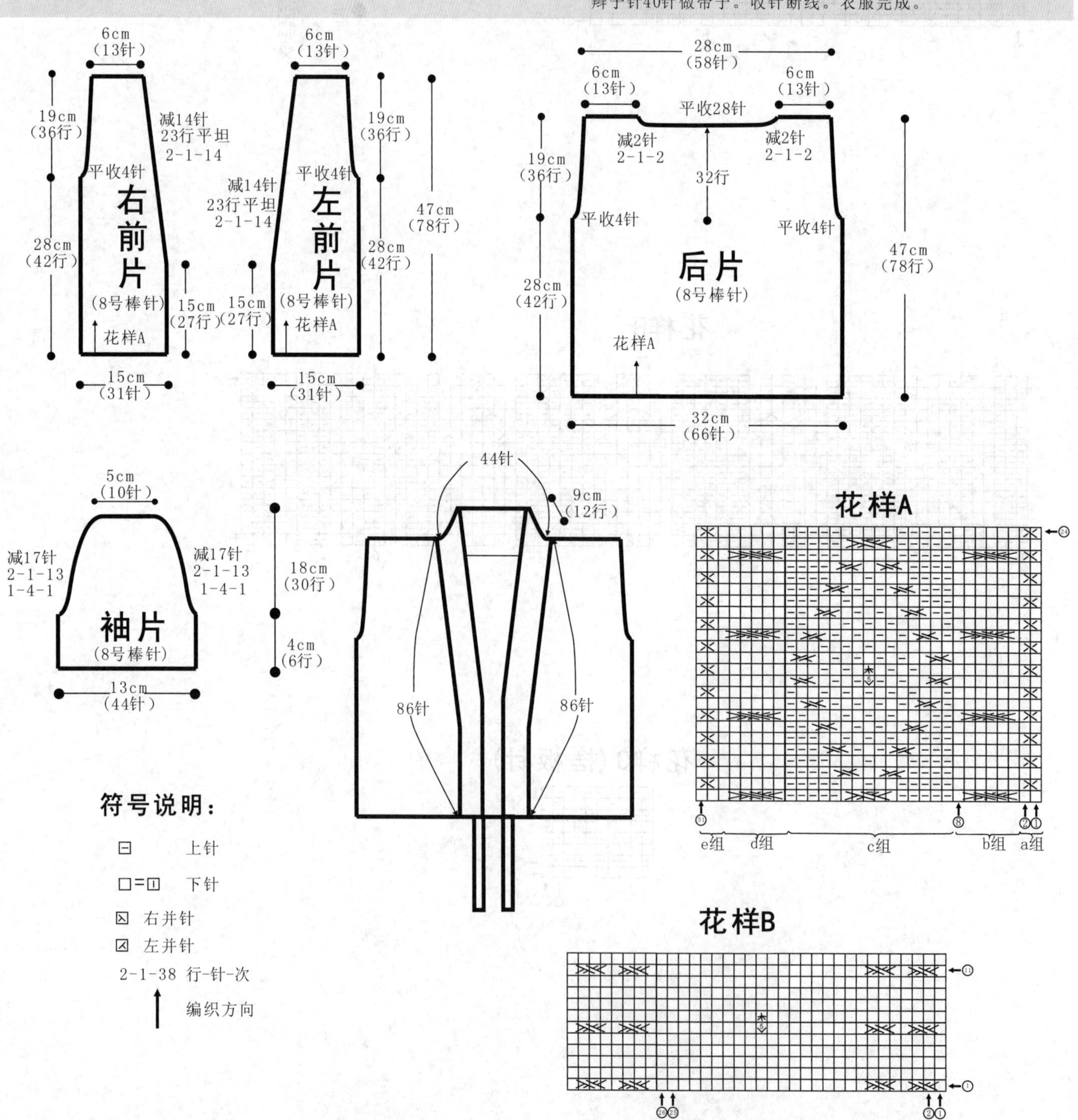

舒适短袖开衫

【成品规格】 衣长50cm，胸宽42cm，袖长14cm，袖宽14cm

【工　　具】 8号棒针

【编织密度】 10cm²=14针×15行

【材　　料】 白色粗毛线450g

编织要点：

1.棒针编织法，由左右前片各1片、后片1片及袖片2片组成，再编织领片，由下往上编织。

2.前片的编织，分为左右前片分别编织，编织方法一样，但方向相反；以右前片为例，单罗纹起针法，起24针，花样A起织，不加减针编织18行高度；下一行起，改织花样B 不加减针，编织30行至袖窿；下一行起，左侧进行袖窿减针，2-1-10，减10针，织20行，余下14针，收针断线；用相同方法及相反方向编织左前片。

3.后片的编织，一片织成；单罗纹起针法，起50针，花样A起织，不加减针编织18行；下一行起，改织5针下针+40针花样B+5针下针；不加减针编织18行高度；下一行起，改织全下针，不加减针，编织12行至袖窿；下一行起，两侧同时进行减针，2-1-10，减10针，织20行，最后一行分散减针10针，余下20针，收针断线。

4.袖片的编织，一片织成，单罗纹起针法，起32针，花样A起织，不加减针编织4行；下一行起，改织下针，两侧同时进行减针，2-1-10，减10针，织20行，余下12针，收针断线；用相同方法编织另一袖片。

5.拼接，将左右前片与后片及袖片对应缝合。

6.领片的编织，从左右前片位置挑针各22针，后片位置挑针32针，共76针，花样A起织，不加减针，织8行，收针断线，衣服完成。

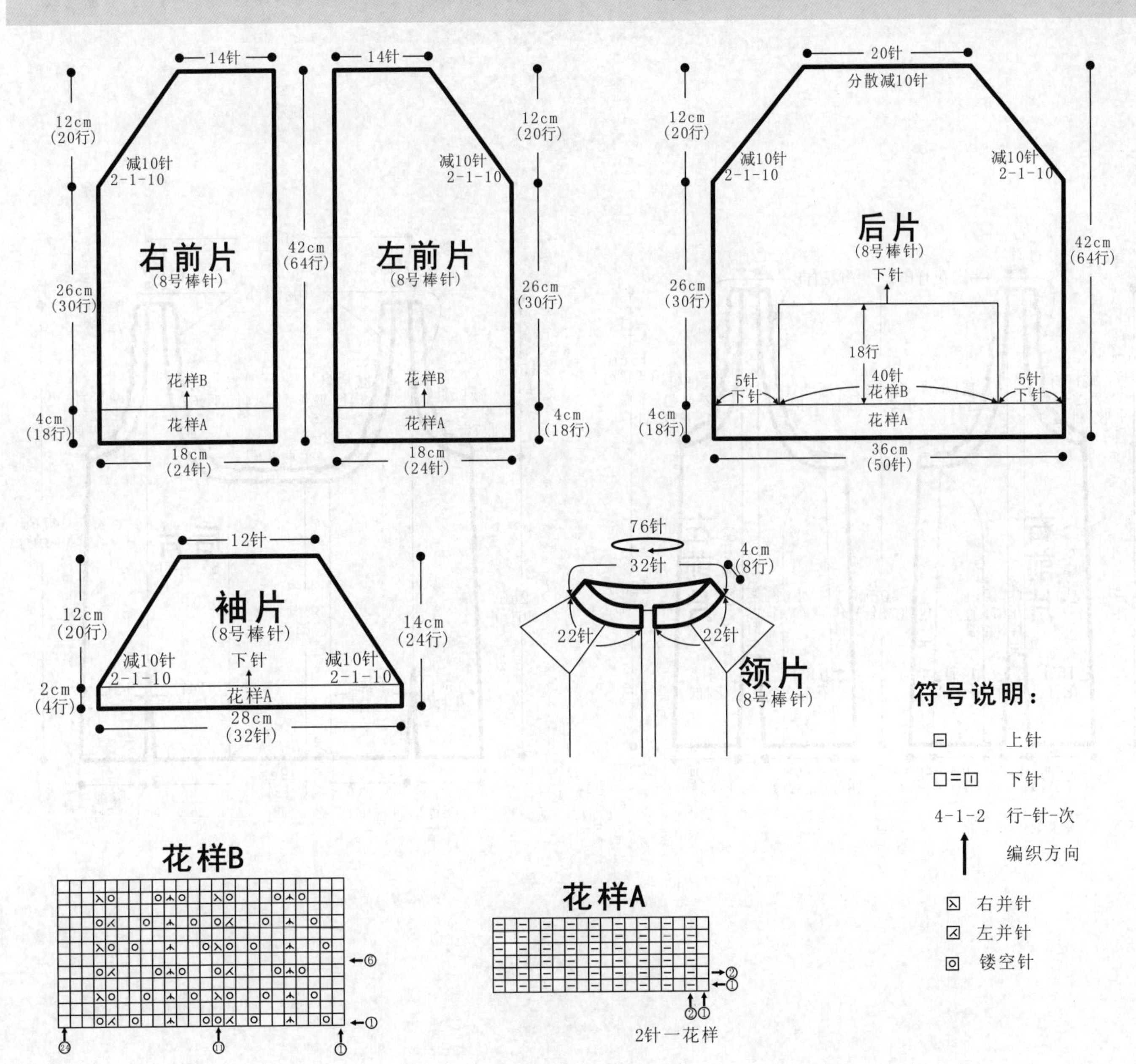

帅气马甲

【成品规格】衣长50cm，肩宽30cm

【工　　具】8号棒针

【编织密度】10cm²=26针×29行

【材　　料】灰色粗圆棉线400g

编织要点：

1.棒针编织法，由左右前片各1片、后片1片组成，由下往上编织。

2.前片的编织，分为左右前片分别编织，编织方法一样，但方向相反；以右前片为例，下针起针法，起33针，15针花样C+18针花样A分片编织，不加减针编织40行高度；下一行起，15针花样C+18针花样A相接编织，相接处中间两针改织花样B不加减针，织78行至领口；下一行起，右侧衣领减针，收针4针，然后2-2-7，减18针;其中，自织成领口算起编织130行高度至袖窿，下一行进行袖窿收针，收针7针，然后2-2-4，减15针，织44行，余下2针，收针断线；沿右前片右侧位置挑针78针，花样F起织，不加减针织8行高度，收针断线；沿领口及袖窿位置钩花样E；用相同方法及相反方法编织左前片。

3.后片的编织，一片织成；下针起针法，起72针，15针+42针+15针分片编织，左右两侧15针花样C起织，中间42针按14针花样E+18针花样A+14针花样排列起织，织40行后，下一行起三片连接成一片编织，花样不变，不加减针，至领口；下一行进行衣领减针，从中间收针12针，两侧相反方法减针，2-2-5，2-1-5，减15针，织20行，不加减针编织34行高度，下一行两侧同时进行袖窿减针，收针7针，然后2-2-4，减15针，织44行，余下2针，收针断线；沿两侧袖窿及领口钩花样E　收针断线。

4.拼接，将左右前片侧缝与后片侧缝对应缝合，衣服完成。

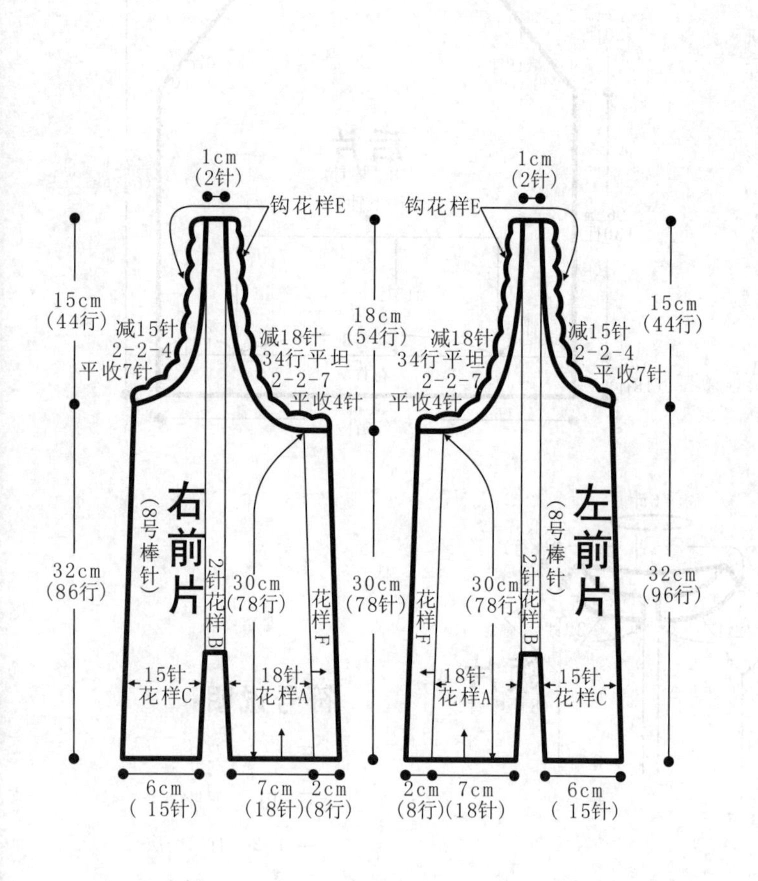

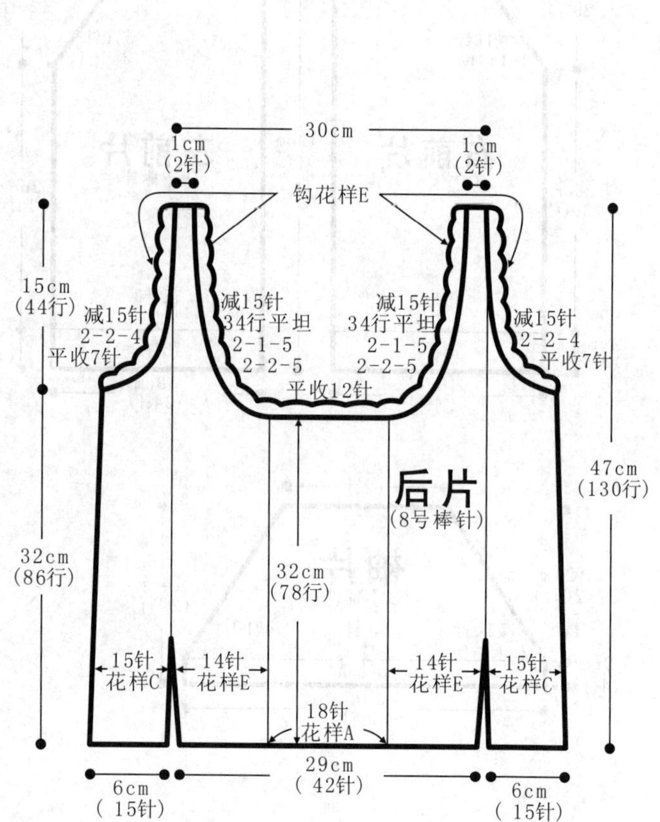

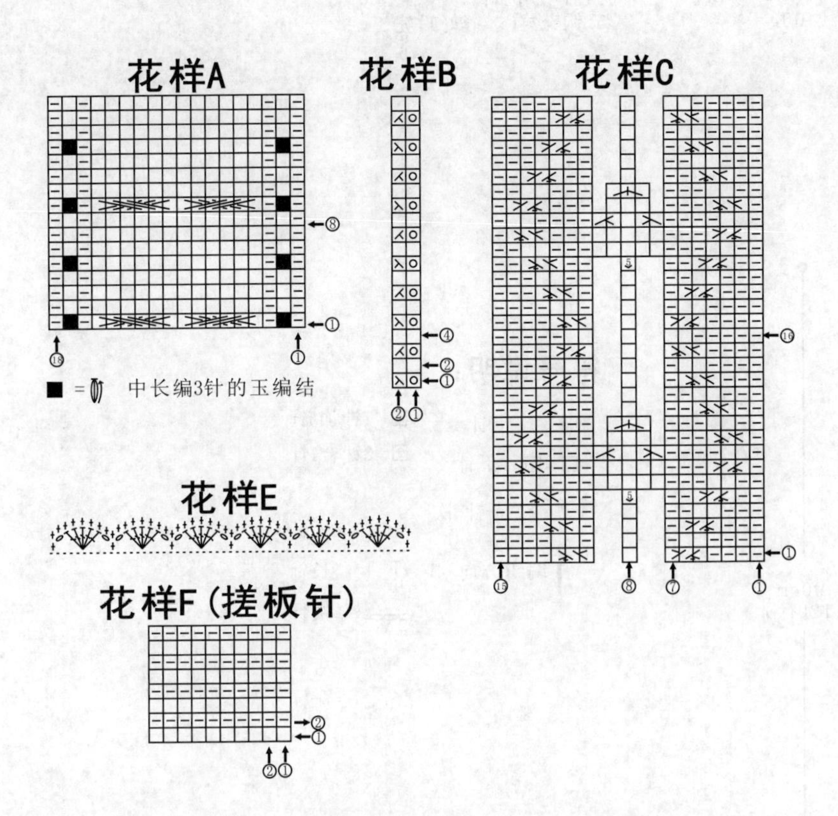

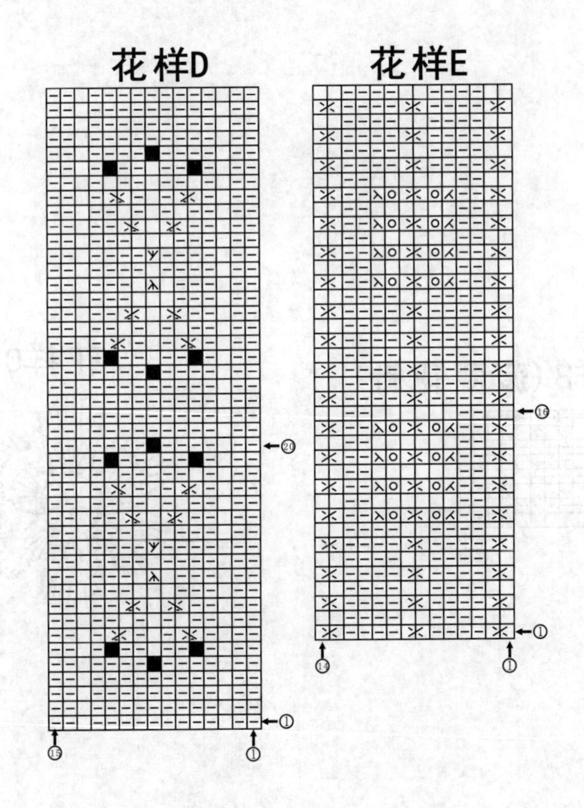

符号说明：

- ⊟ 上针
- □=⊡ 下针
- 4-1-2 行-针-次
- ↑ 编织方向
- 右并针
- 左并针
- ⊙ 镂空针
- 2针交叉
- 右上2针与左下2针交叉
- 右上3针与左下3针交叉

高贵典雅披肩

【成品规格】披肩胸宽45cm，肩宽30cm

【工　　具】10号棒针

【编织密度】10cm²=20针×12行

【材　　料】灰色丝光棉线400g

编织要点:

1.棒针编织法，从下往上织起。
2.右前襟为例。起针，下针起针法，起18针，编织花样A3针+12针下针+花样A3针，从中间减针，左右各1-1-3。织12行后每针加1针，同时织原来的针和加出来的针(加的针用另一根线)织12行，再将加的12针与原来的针合并，合并后余12针。
3.从中间加针，左右各1-1-11，1-2-2，织14行后织花样A5针+3组菠萝花(11针)+花样A5针+3组菠萝花(11针)+花样A5针+3组菠萝花(11针)。织45行。
4.相同的方法，相反的方向去编织左前襟，注意减针1-1-11后不用加针。
5.钩花样C。缝好后完工。

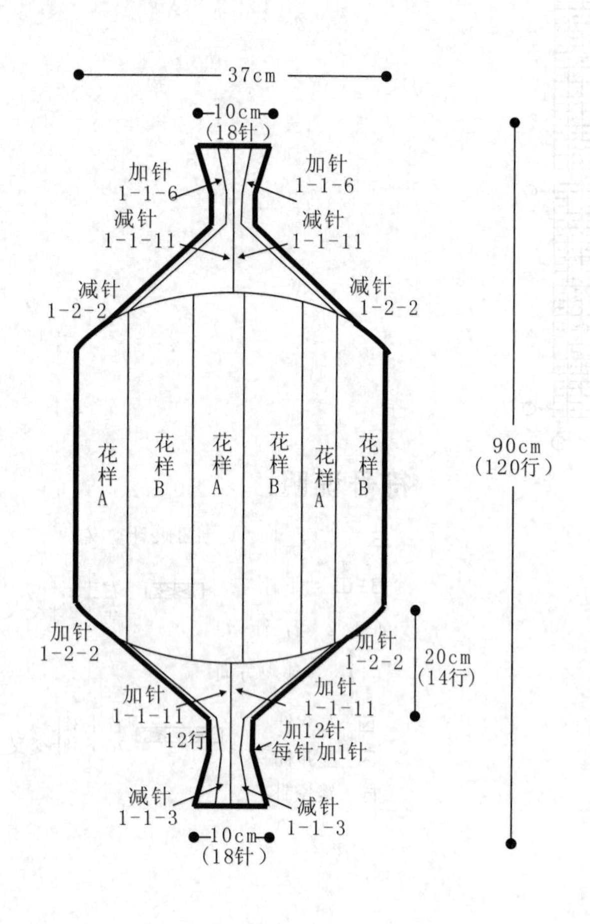

符号说明:

⊟ 上针

□=⊡ 下针

2-1-3 行-针-次

↑ 编织方向

1针加3针

3针合1针

＋ 短针

长针

锁针

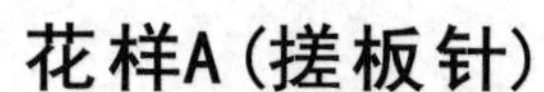

花样A(搓板针)

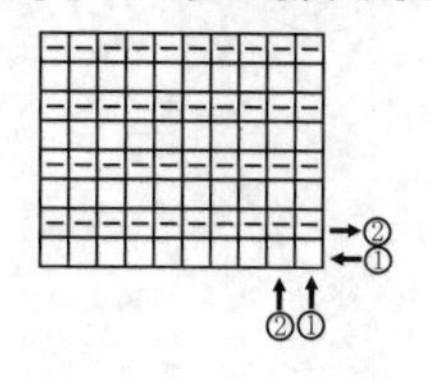

花样B(菠萝花针)

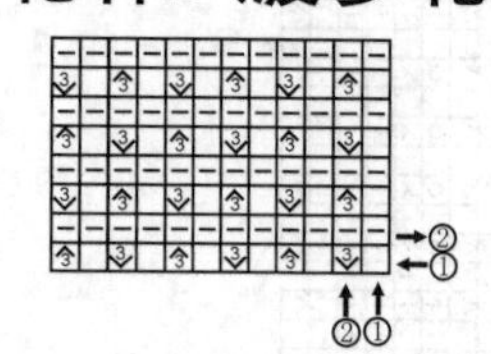

花样C

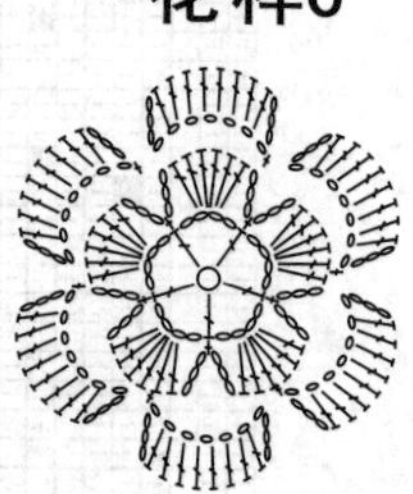

简约长袖开衫

【成品规格】 衣长52cm，肩宽34cm，袖长50cm，袖宽14cm

【工　　具】 10号棒针

【编织密度】 10cm²=25针×28行

【材　　料】 灰色丝光棉线550g

编织要点:

1.棒针编织法，由前片2片、后片1片、袖片2片及领片组成，由下往上织成。

2.前片的编织，分为左前片和右前片分别编织，编织方法一样，但方向相反;以右前片为例，下针起针法，起60针，52针花样A加8针花样D排列编织，不加减针编织4行高度;下一行起，52针花样A改织花样B　8针花样D不变，不加减针编织42行高度;下一行起，改织花样C　左侧减针，10-1-4，减4针，织40行;不加减针编织12行高度;下一行起，左侧加针，10-1-4，加4针，织92行至袖窿;下一行起，两侧同时进行减针，左侧收针6针，然后2-1-6，减12针，织54行;右侧减针，2-1-16，减16针，织32行，不加减针编织22行高度，余下24针，收针断线;用相同方法及相反方向编织左前片。

3.后片的编织，一片织成;下针起针法，起110针，花样A起织，不加减针编织4行高度;下一行起，改织花样B　不加减针编织42行高度;下一行起，改织花样C　两侧同时减针，10-1-4，减4针，织40行，不加减针编织12行高度;下一行起，两侧同时加针，10-1-4，加4针，织52行至袖窿;下一行起，两内侧同时减针，收针6针，然后2-1-6，减12针，织54行;其中自织成袖窿算起46行高度时，下一行进行衣领减针，从中间收针26针，两侧相反方向减针，2-2-2，2-1-2，减6针，织8行，余下24针，收针断线。

4.袖片的编织，一片织成;下针起针法，起50针，花样A起织，不加减针编织4行高度;下一行起，改织花样B　不加减针编织42行高度;下一行起，改织花样C　两侧同时进行加针，8-1-10，加10针，织80行，不加减针编织18行高度;下一行起，两侧同时进行减针，收针6针，然后2-1-19，减25针，织38行，余下20针，收针断线;用相同方法编织另一袖片。

5.拼接，将左右前片及后片侧缝对应缝合;将左右袖片与衣身侧缝对应缝合。

6.后领片的编织，将前片的花样D，边织边与后领边拼接，织成80行后，与另一边领边的花样D进行缝合，衣服完成。

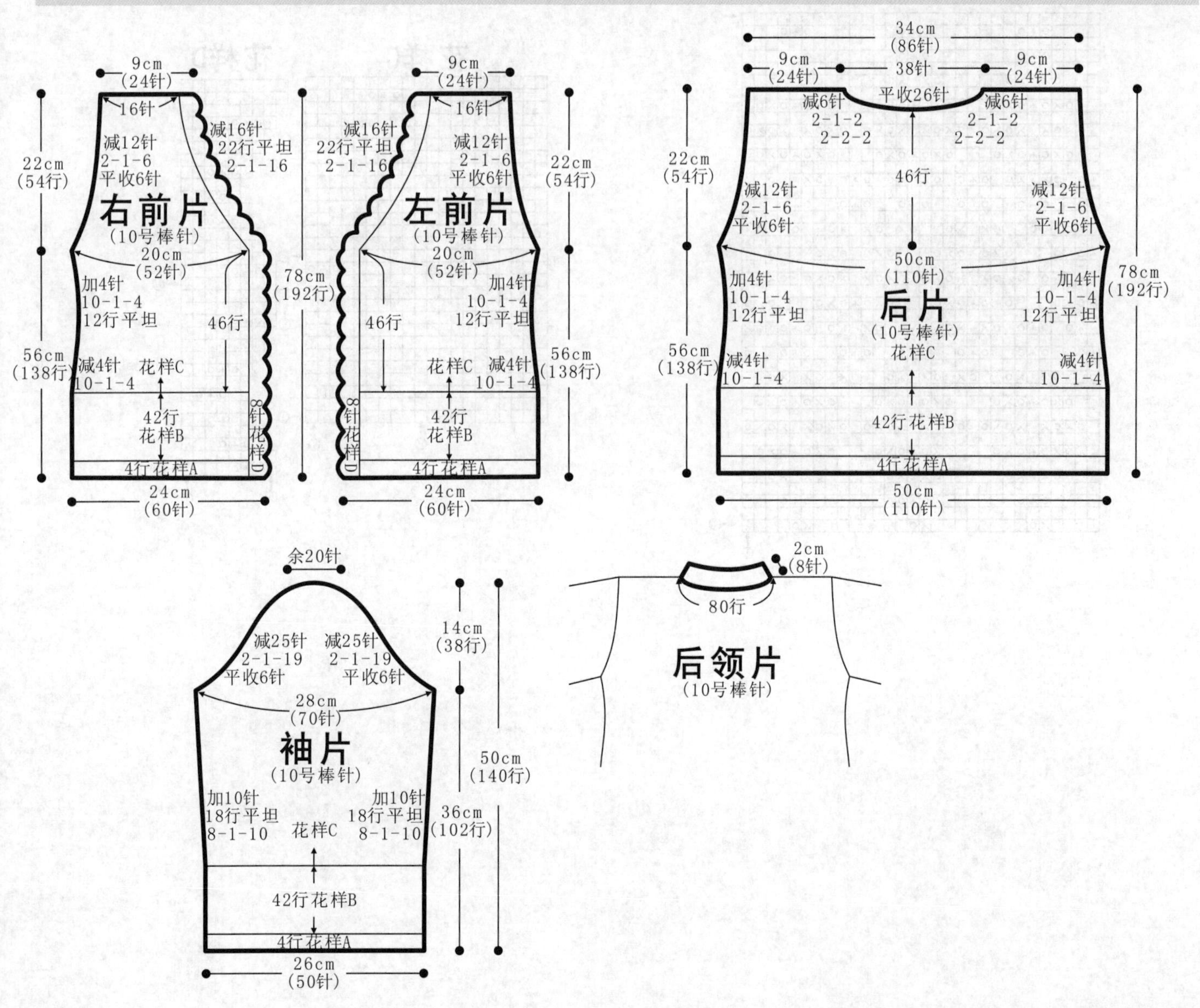

符号说明：

符号	说明	符号	说明
⊟	上针	⊠	右并针
□=⊡	下针	⊠	左并针
4-1-2	行-针-次	⊙	镂空针
↑	编织方向	⊼	中上3针并1针

花样A（搓板针）

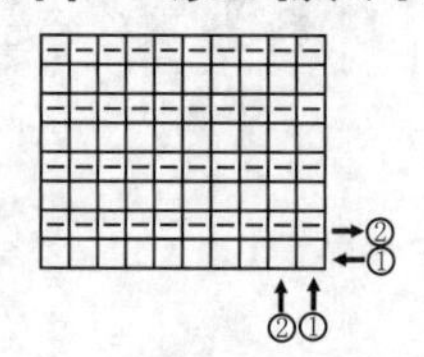

花样B

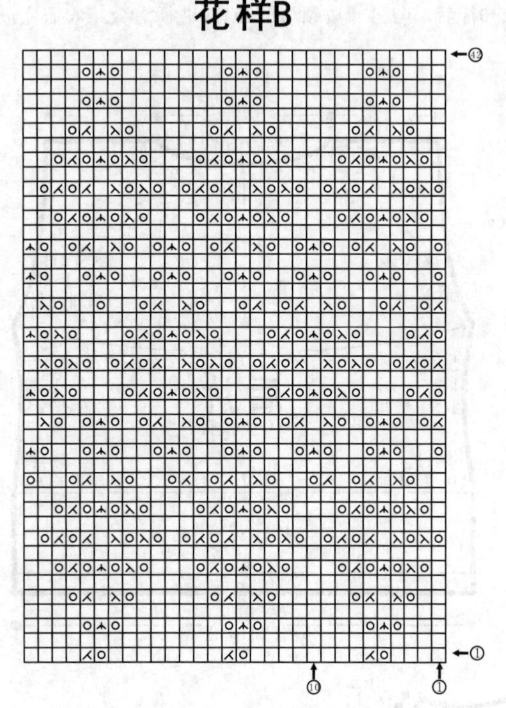

花样C 花样D

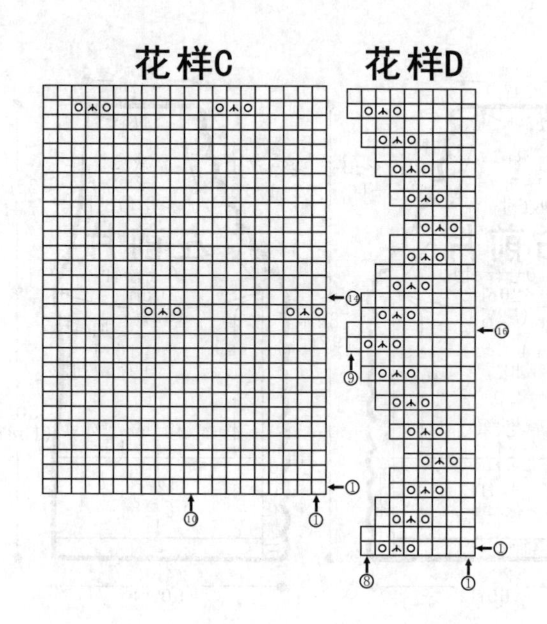

温暖气质披肩

【成品规格】 披肩长44cm

【工　　具】 8号棒针

【编织密度】 10cm²=19针×21行

【材　　料】 淡粉色圆棉线550g

编织要点：

1.棒针编织法，由披肩1片及领襟1片组成，由上往下编织。
2.披肩的编织，一片织成；下针起针法，起40针，8组花样A起织，两侧同时加针，2-1-44，加44针，织88行，不加减针编织2行高度，两侧加针各组成1组花样A编织；中间8组花样A花样加针，织90行，加成352针，收针断线。
3.领襟的编织，一片织成；用2.5mm钩针在披肩左右两侧起20针沿边钩花样B，沿上侧边缘挑针钩10行花样B，披肩完成。

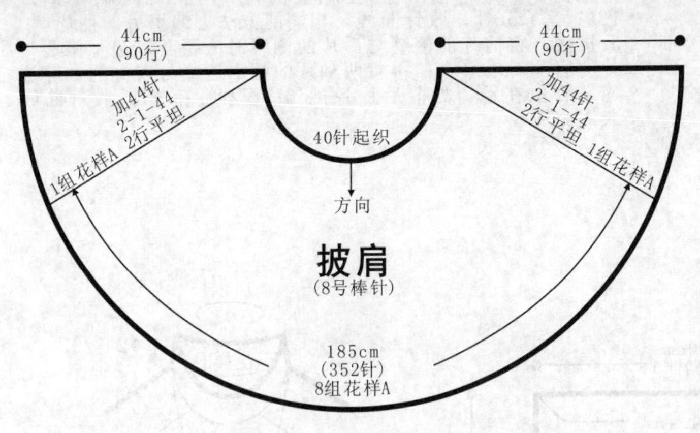

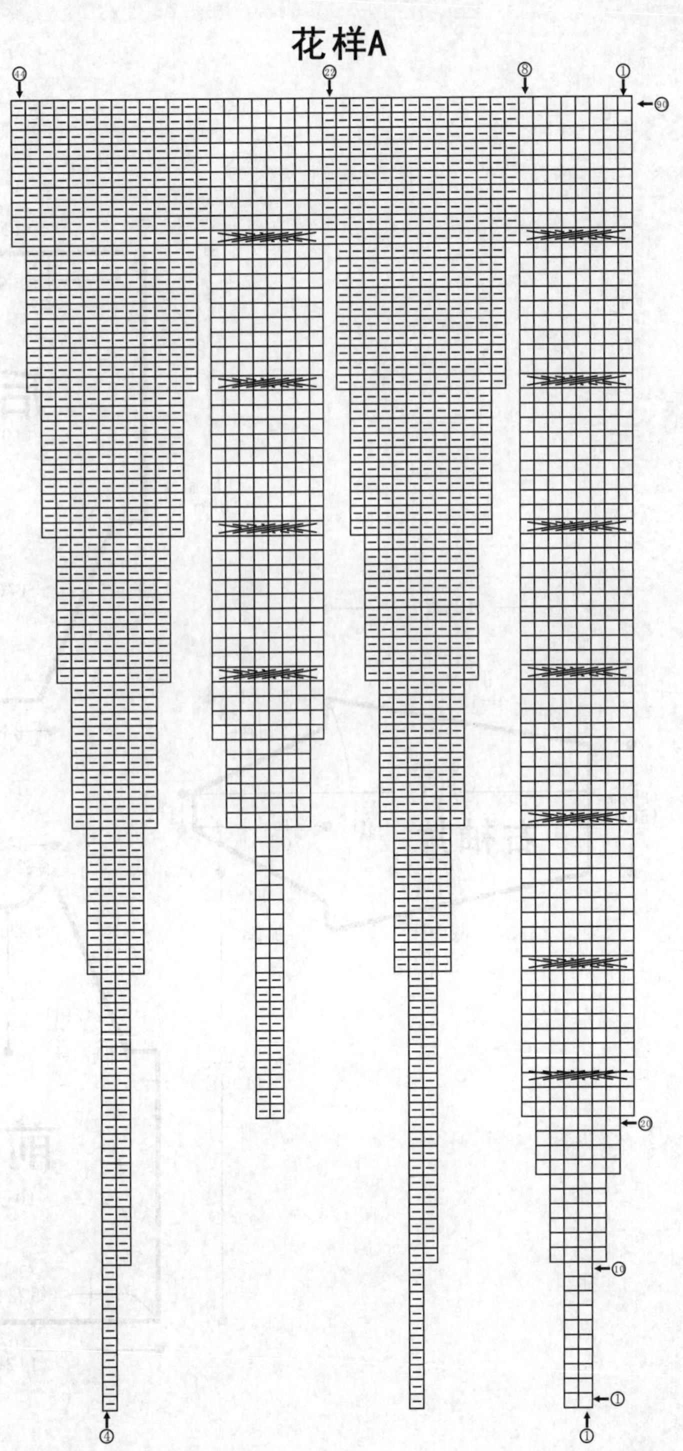

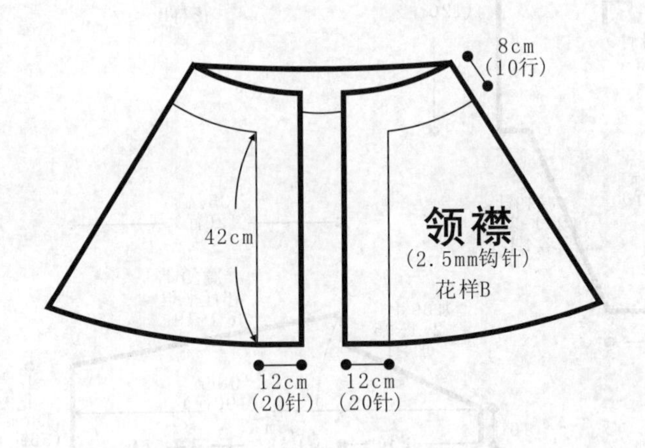

符号说明：

⊟　上针

□=⊡　下针

4-1-2　行-针-次

↑　编织方向

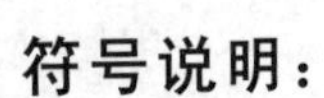 左上4针与右下4针交叉

成熟长袖衫

【成品规格】衣长58cm，胸宽40cm，肩宽12cm

【工　　具】10号棒针

【编织密度】10cm²=28针×33行

【材　　料】深紫色丝光棉线400g

编织要点：

1.棒针编织法，由前片1片、后片1片、袖片2片组成。前后片从下往上织起，袖片从领口织起。
2.前片的编织。
(1)起针，下针起针法，起112针，编织花样A　不加减针，织120行的高度，至袖窿。
(2)袖窿以上的编织。左侧减针，减39针，方法为平收4针，减针2-1-35。织54行后平收18针后，领口两侧减针，2-1-8。收针断线。
3.后片的编织。起针，下针起针法，起112针，编织花样A　不加减针，织120行的高度，至袖窿。然后袖窿起减针，方法与前片相同。当织成袖窿算起70行时，收针断线。
4.袖片的编织。袖片从领口起织，下针起针法，起16针，起织花样A　两侧各加39针，方法为2-1-35，往上织70行的高度，至袖山。并进行袖山各减19针，方法为6-1-19，6行平坦，织120行，余56针，收针断线。相同的方法去编织另一袖片。
5.拼接，将前片的侧缝与后片的侧缝对应缝合。选一侧边与后片的肩部对应缝合；再将两袖片的袖山边线与衣身的袖窿边对应缝合。在领口处前后片各挑56针织24行花样B，收针断线。衣服完成。

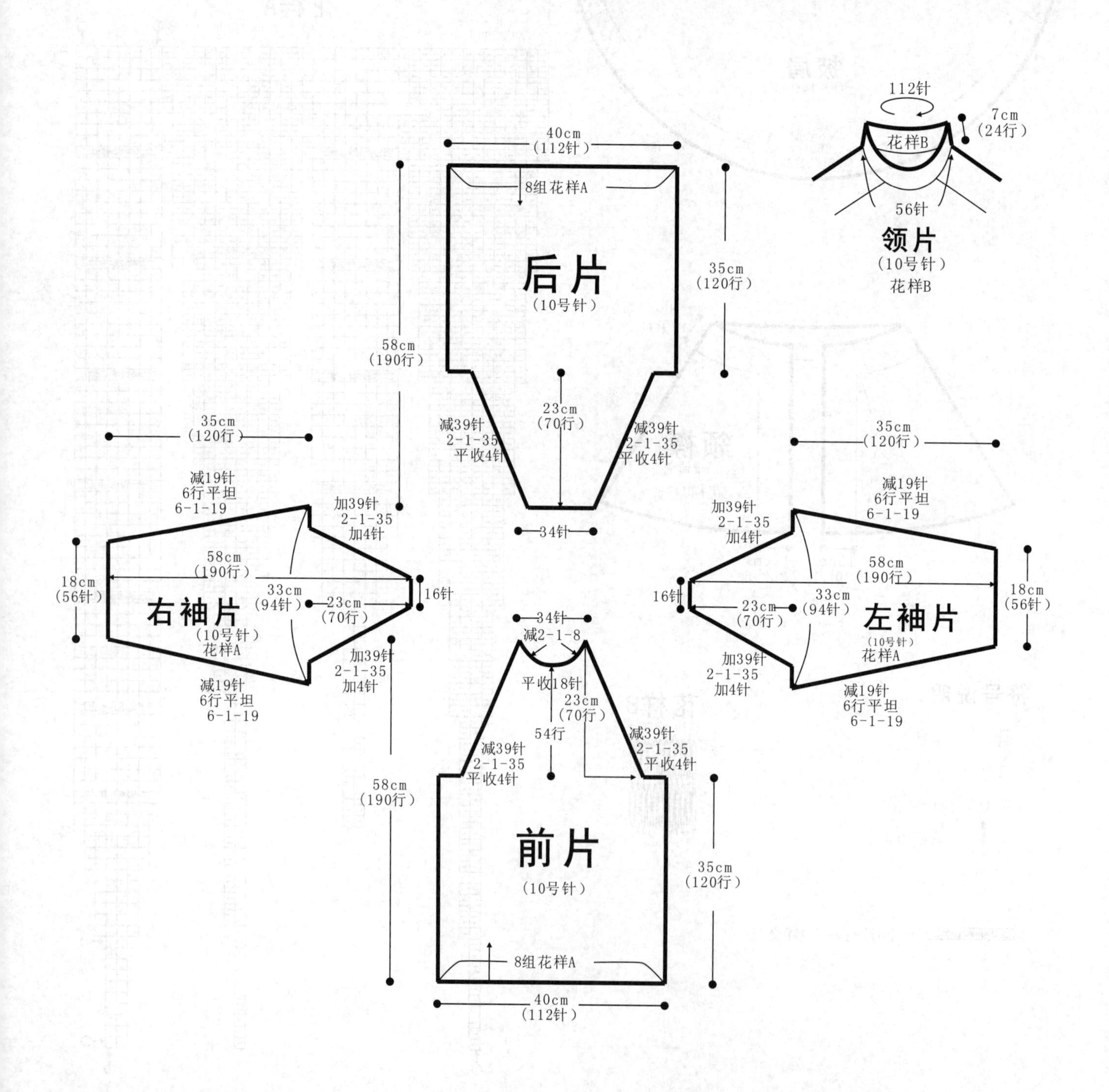

符号说明：

⊟ 上针

□=⊡ 下针

2-1-3 行-针-次

↑ 编织方向

⧅ 右并针

⧄ 左并针

⊡ 镂空针

⊠ 2针交叉

左上3针与右下3针交叉

花样A

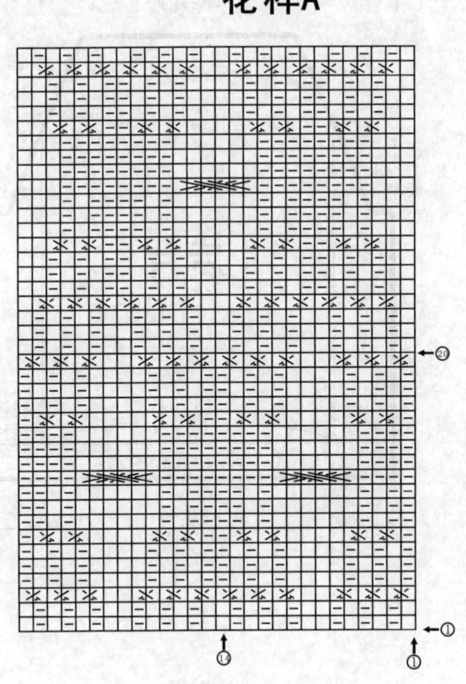

花样B（双罗纹）

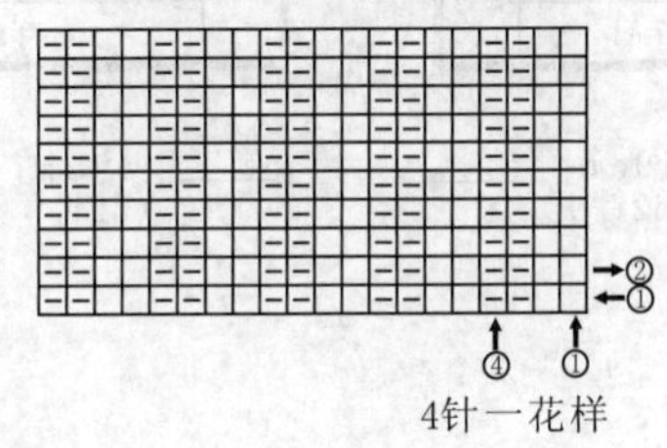

玫红扭花披肩

【成品规格】衣长39cm，胸宽38cm，肩宽20cm

【工　　具】10号棒针

【编织密度】10cm²=33针×36行

【材　　料】玫红色丝光棉线400g

编织要点：

1.棒针编织法，由前片2片、后片1片、袖片2片组成。从下往上织起。

2.前片的编织。由右前片和左前片组成，以右前片为例。

(1)起针，下针起针法，起62针，编织花样A 不加减针，织12行后改织52针花样B+10针花样A。织72行的高度，至袖窿。

(2)袖窿以上的编织。左侧减针，减32针，方法为平收4针，减针2-1-28。织10行及24行各留一个扣眼。织40行后右侧平收10针后减28针，方法为2-2-4 2-4-2 2-6-2.余下1针。然后沿右侧边与后片肩部进行缝合。收针断线。

(3)相同的方法，相反的方向去编织左前片，注意左前片不用留扣眼。

3.后片的编织。下起针法，起128针，编织花样A 不加减针，织12行后改织14针上针+5组花a(100针)+14针上针。织72行的高度。至袖窿，然后袖窿起减针，方法与前片相同。当织成袖窿算起56行时，收针断线。

4.袖片的编织。袖片从袖口起织，下针起针法，起88针，起织花样A 不加减针，织12行后改织14针上针+3组花a(60针)+14针上针，往上织62行的高度，至袖山。并进行袖山减32针，方法为平收4针，2-1-28 织余24行，收针断线。相同的方法去编织另一袖片。

5.拼接，将前片的侧缝与后片的侧缝对应缝合，将前后片加织高的48行的宽度，选一侧边与后片的肩部对应缝合；再将两袖片的袖山边线与衣身的袖窿边对应缝合。在领口处左、右前片各挑42针，后片挑88针，织16行花样A 收针断线。衣服完成。

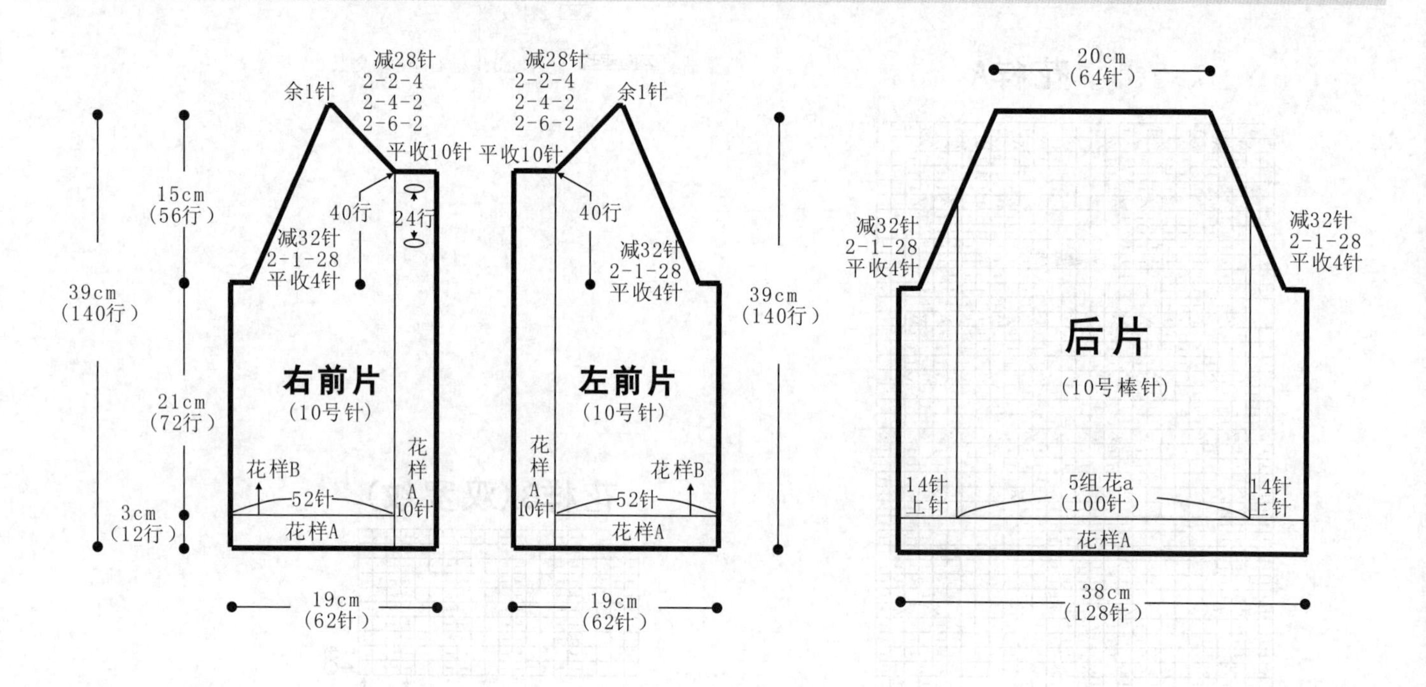

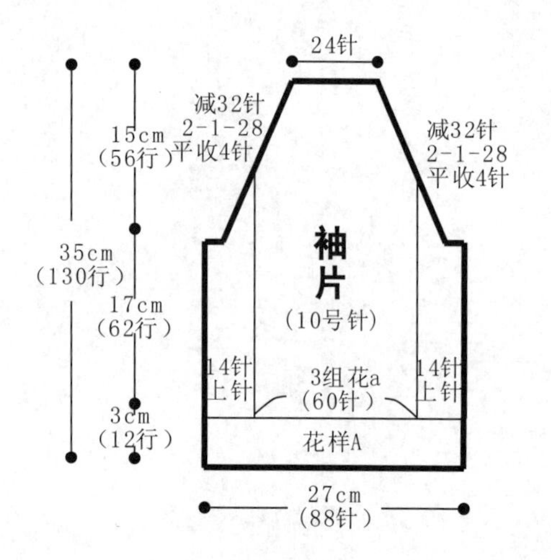

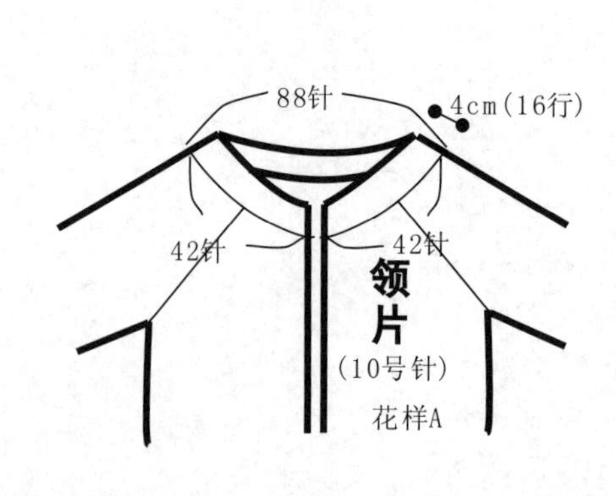

花样A(搓板针)

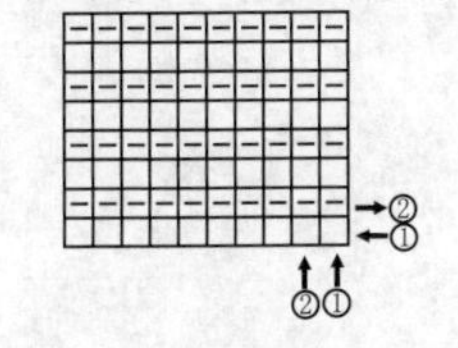

花样B

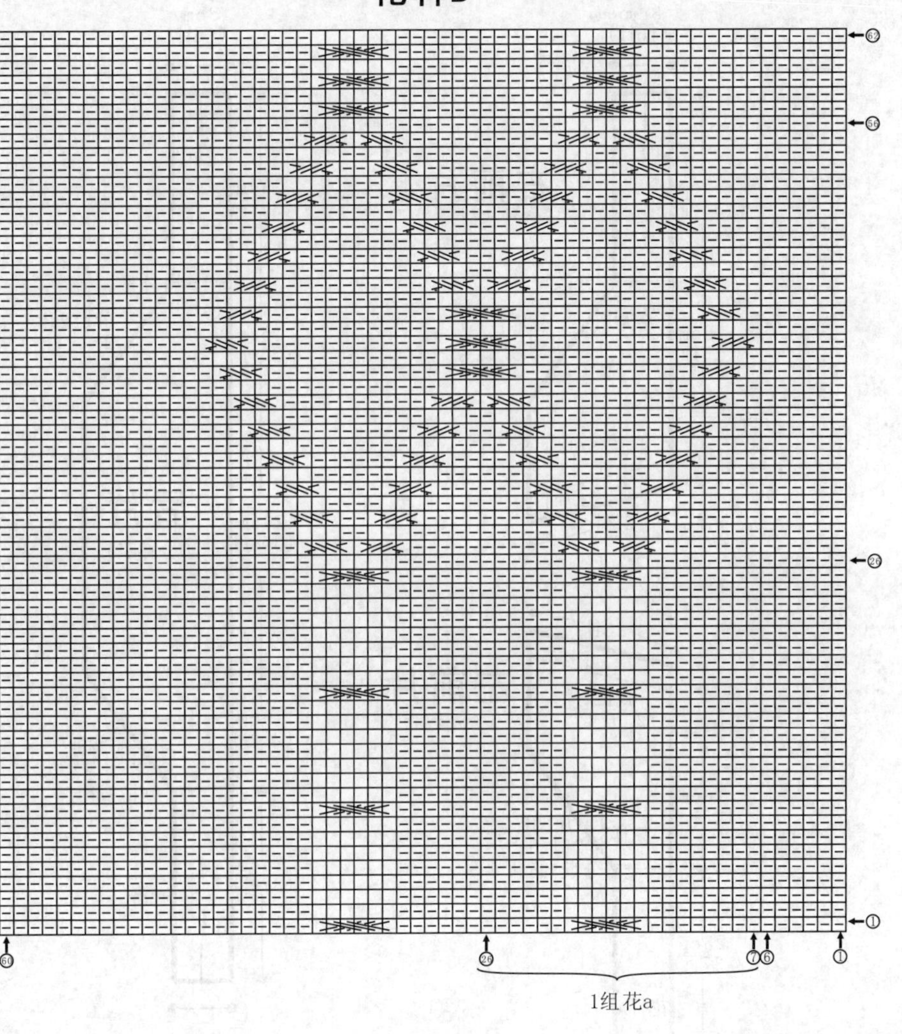

符号说明：

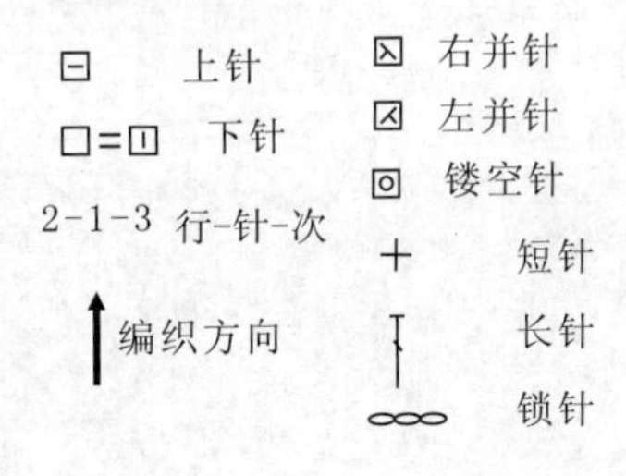

素雅休闲小外套

【成品规格】衣长23cm，领宽24cm，胸宽35cm，袖长42cm

【工　　具】8号棒针

【编织密度】10cm²=20针×15行

【材　　料】白色粗毛线400g

编织要点：

1.棒针编织法，由前片2片、后片1片组成。
2.前片的编织。
(1)以左前片为例。起针，单罗纹起针法，起16针，编织花样A不加减针，织37行的高度，分散加8针，织3针花样A+花样B　并在右侧加12针，2-1-12。织24行后改逐渐改织花样A6行后，开始左侧减针，2-9-4.收针断线。
(2)右前片方法同左前片，方向相反。
3.后片的编织。
(1)起针，单罗纹起针法，起16针，编织花样A，不加减针，织37行的高度，分散加8针，织3针花样A+花样B，并在右侧加12针，2-1-12.织35行，减针2-1-12，织25行后分散减5针。改织花样A37行，收针断线。
(2)袖窿以上的编织。织成22行，各余下10针，这是至肩部的宽度，收针断线。
4.拼接，将前片的侧缝与后片的侧缝对应缝合，选一侧边与后片的肩部对应缝合。挑下衣襟。左前片、后前片各挑32针，后片挑64针，织花样A15行，收针断线。衣服完成。

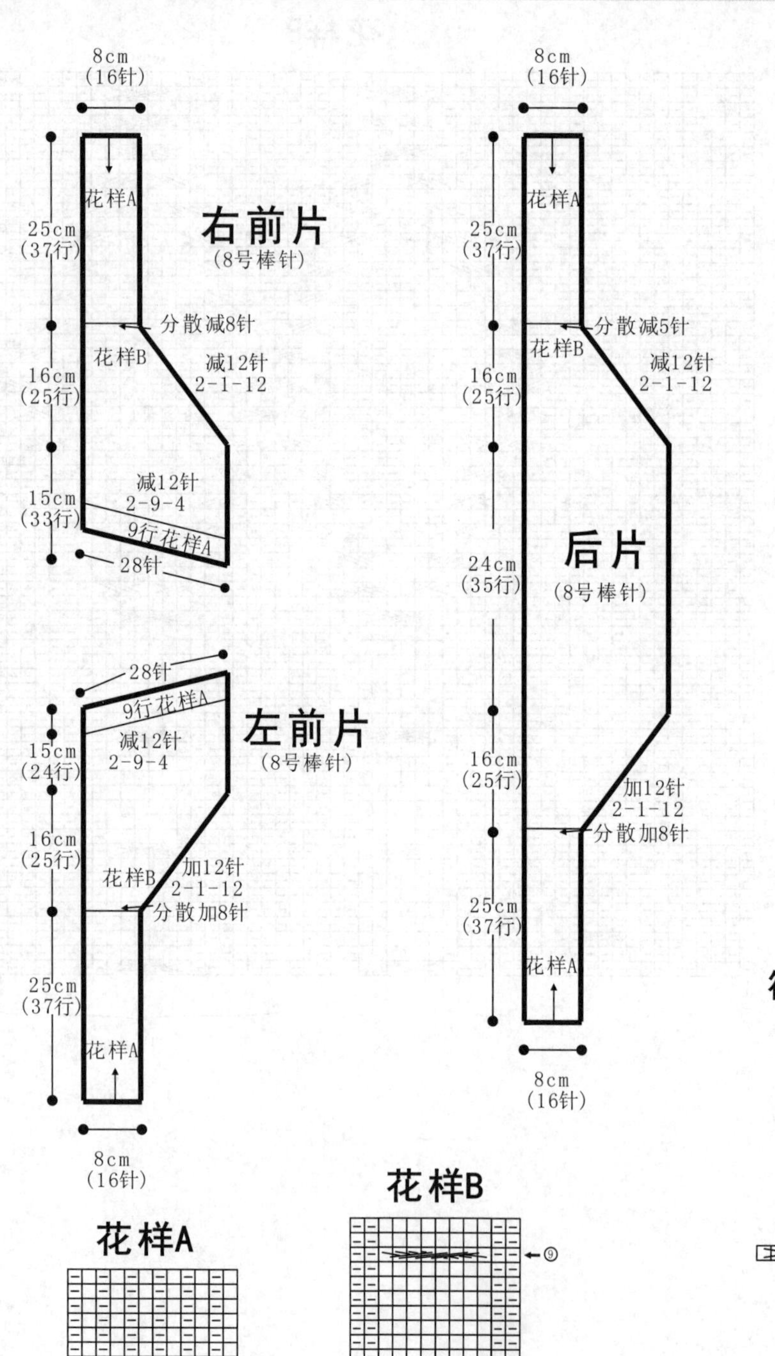

符号说明：

⊟　上针

□=⊡　下针

2-1-3　行-针-次

↑ 编织方向

左上4针与右下4针交叉

秀雅长开衫

【成品规格】 衣长50cm，衣宽48cm，袖长18cm

【工　　具】 8号棒针

【编织密度】 10cm²=14针×20行

【材　　料】 灰色粗腈纶毛线600g

编织要点：

1.棒针编织法。由左右前片、后片、袖片和下摆片组成。

2.前片的编织。以右前片为例。下针起针法，起30针，起织花样A搓板针　织6行。下一行右侧分配6针编织花样A搓板针，左侧24针依照花样B分配。当织成14行的高度时　制作袋口。右侧织成6针后，再织18针花样B，接下来的3针编织花样A，余下的左侧3针不织，暂停留针。在第18针的位置上减针，2-1-9，花样照排列编织，织成18行后。暂停编织右侧织片。将原来余下的3针挑出编织，再往内3针花样A上挑3针编织，仍然依照花样B的花样排列顺序进行编织。并在内侧袋口上加针编织。2-1-9，加针织成18行后，将两片的3针花样A并为1片　将织片连成一片继续编织。在编织右前片的过程中。起织花样B时，左侧侧缝上需进行加减针编织，先是减针，6-1-4，织成24行后，不加减针织8行后，进行加针，6-1-4，织成24行后至袖窿。下一行袖窿起减针，左侧袖窿减针，2-1-18，织成22行花样B后，余下的针数全织花样A，共织14行。余下12针，收针断线。相同的方法去编织左前片。

3.后片的编织。下针起针法，起66针，起织6针花样A　下一行起　依照花样C分配编织，并在侧缝上进行加减针编织，先减针，6-1-4，织成24行后，不加减针再织8行，然后加针，6-1-4，织成24行后，至袖窿。下一行起袖窿减针，2-1-18，织成22行花样C后，余下的花样全织花样A，再织14行后，余下30针，收针断线。将前后片的侧缝进行缝合。

4.袖片的编织。袖口起织，下针起针法，起28针，起织花样E，并在袖山上两侧往内算起第3针的位置上进行减针，4-1-9，织成22行花样E后，余下全织花样A，减针并行，再织14行后，余下10针，收针断线。相同的方法去编织另一袖片。再将袖山边线与衣身的袖窿边线进行缝合。

5.下摆片的编织。下针起针法，起126针，起织花样A搓板针，不加减针，织成16行后，在一侧上起10针，起织花样D再与花样A拼接这侧。边织花样D边与花样A拼接编织。织成192行后，完成下摆片的编织。收针断线。将下摆片与衣身的下摆边缘进行缝合。衣服完成。

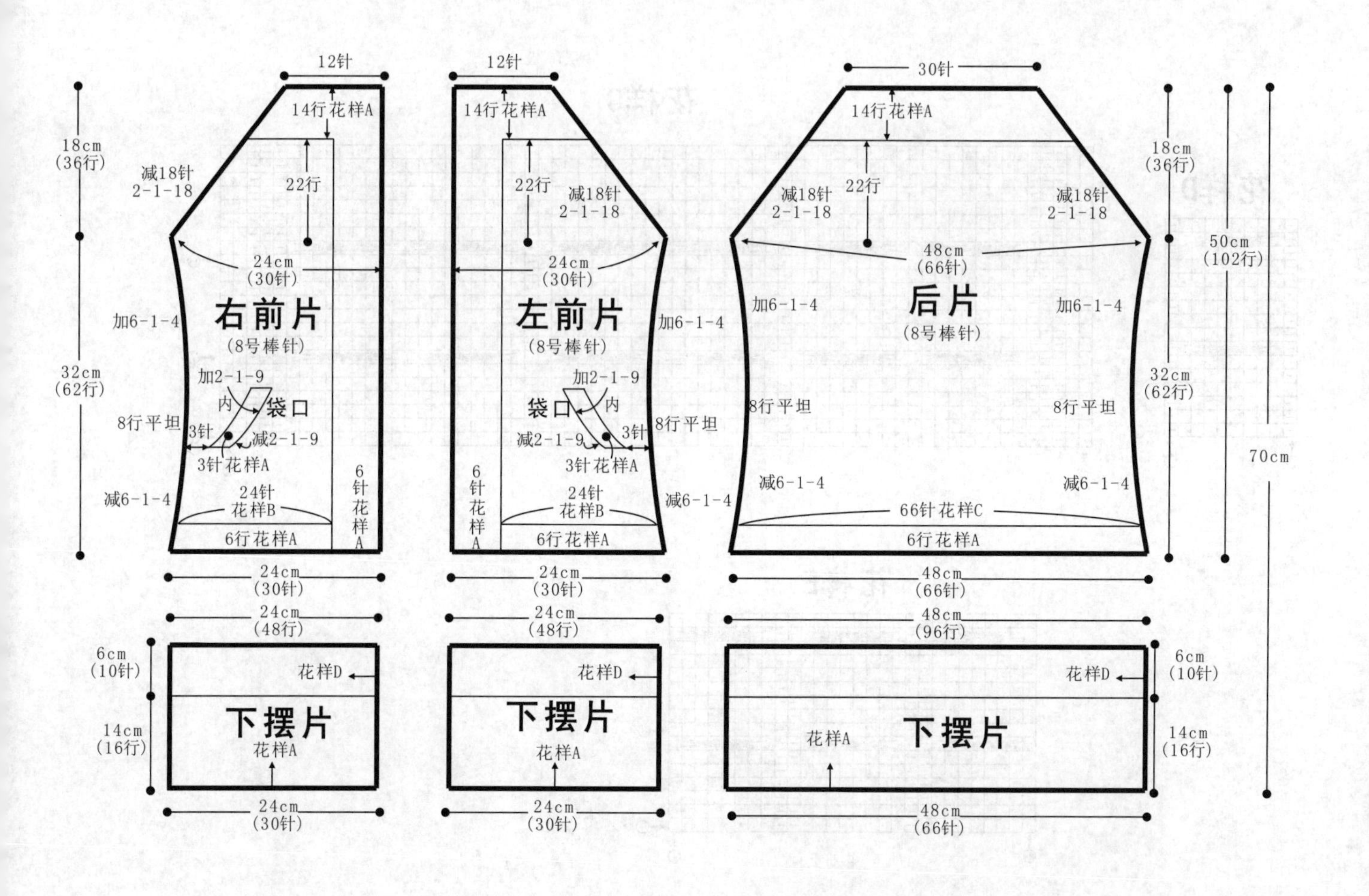

袖片

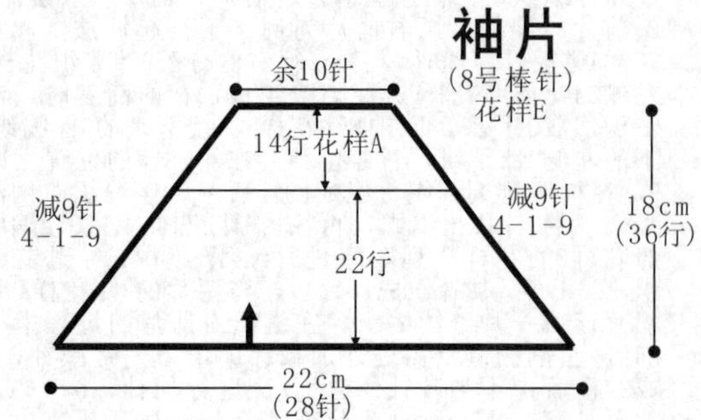
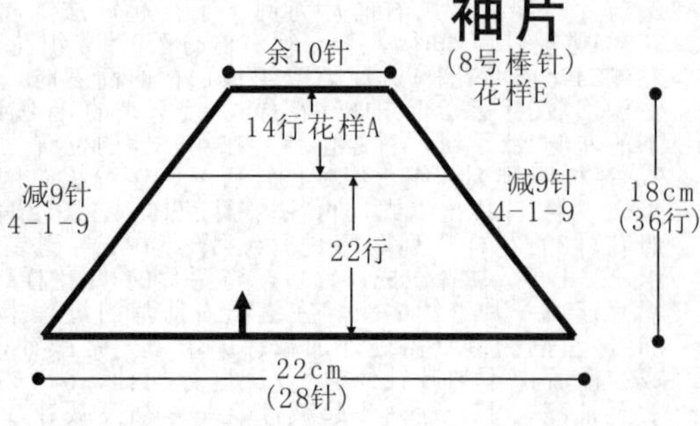

符号说明:

⊟ 上针

□=⊡ 下针

2-1-3 行-针-次

↑ 编织方向

4针与5针交叉

左上4针与右下4针交叉

花样A(搓板针)

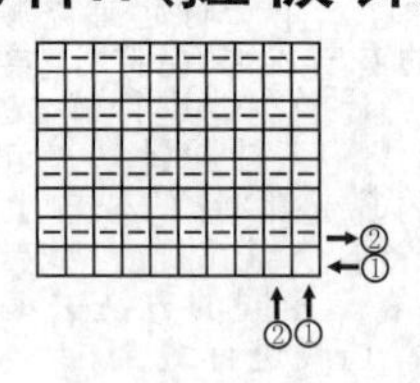

花样B

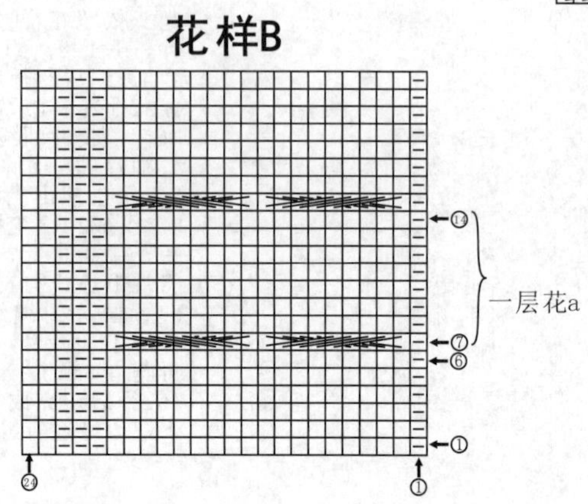

花样C

⑭

一层
花a

⑦

⑥

①

66

①

花样D

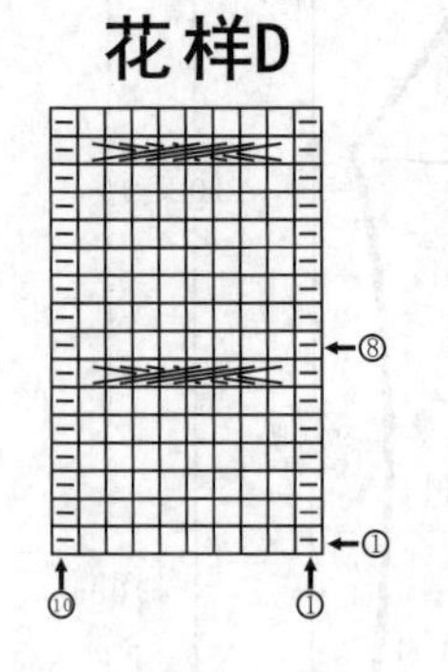

花样E

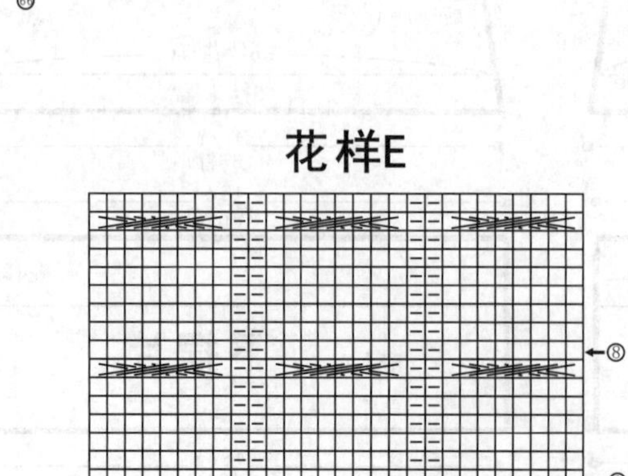

圆领配色针织衫

【成品规格】衣长54cm，衣宽27cm，袖长50cm

【工　　具】12号棒针，1.50mm钩针

【编织密度】10cm²=39针×40行

【材　　料】黄绿色段染腈纶毛线800g

编织要点：

1.棒针编织法。
2.下摆起织，环织，下针起针法，一圈起312针，起织花样A。一圈分成12组花样A编织。不加减针，织52行后，下一行里，在每一组花样B的上针位置并针，分成12组花样B编织。一圈的针数共288针，起织花样B，不加减针，织36行。相同的方法，在下一行里，每组花样上进行上针减针，每组各减2针，每组共20针，不加减针，再织58行后，改织花样D，这次是加针。每组加2针，一圈共264针，不加减针，织成36行后。至袖窿。下一行起，袖窿分片。分成前片与后片。每一半各132针，先织前片。两侧袖窿减针，2-1-23，当织成袖窿算起36行的高度时，下一行的中间收针76针，两边减针，2-1-5，各减少5针，两侧各余下1针，收针断线。后片的编织，两侧袖窿减针与前片相同，织成46行后，余下86针，收针断线。
3.袖片的编织。袖口起织，下针起针法，起100针，起织花样E，不加减针，织6行后，将针数分成5组花样C，不加减针，织60行后，下一行分成5组花样D，每一组加针，各加2针，织片针数加成110针，不加减针，往上编织86行后，至袖山，袖山起减针，两侧2-1-23，织成46行，余下64针，收针断线。相同的方法去编织另一袖片。再将袖片与衣身的袖窿边对应缝合。
4.最后沿着前后衣领边，挑针钩织花样F。完成后收针断线。衣服完成。

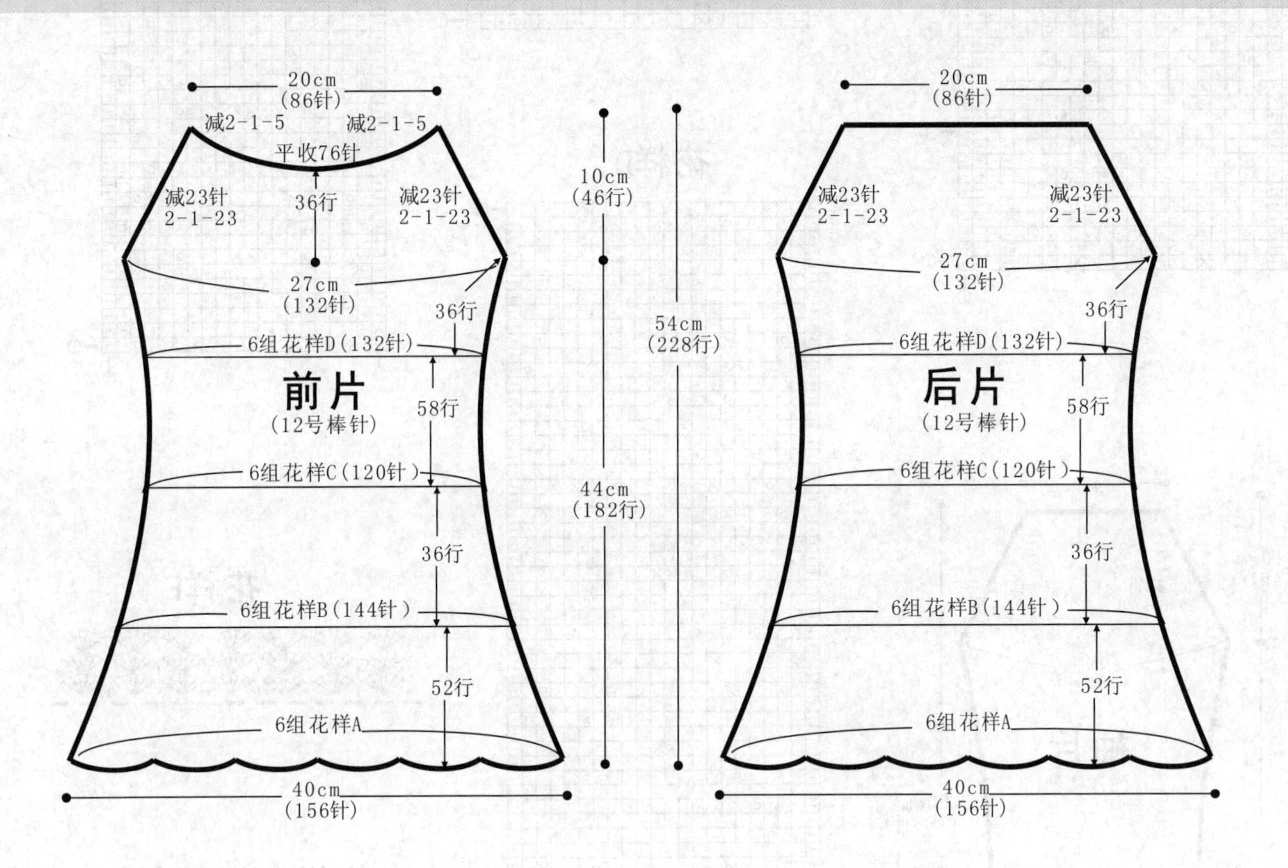

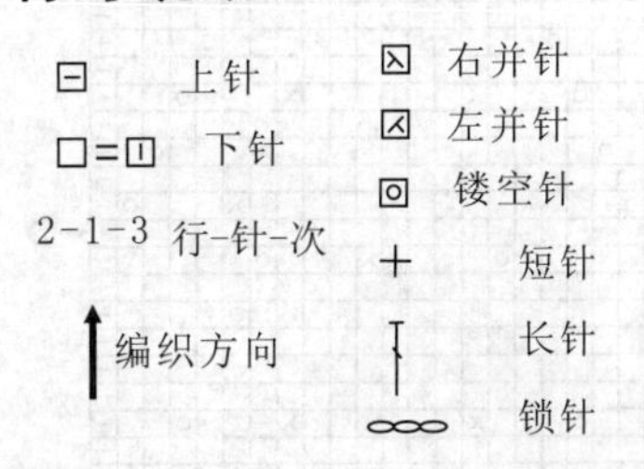

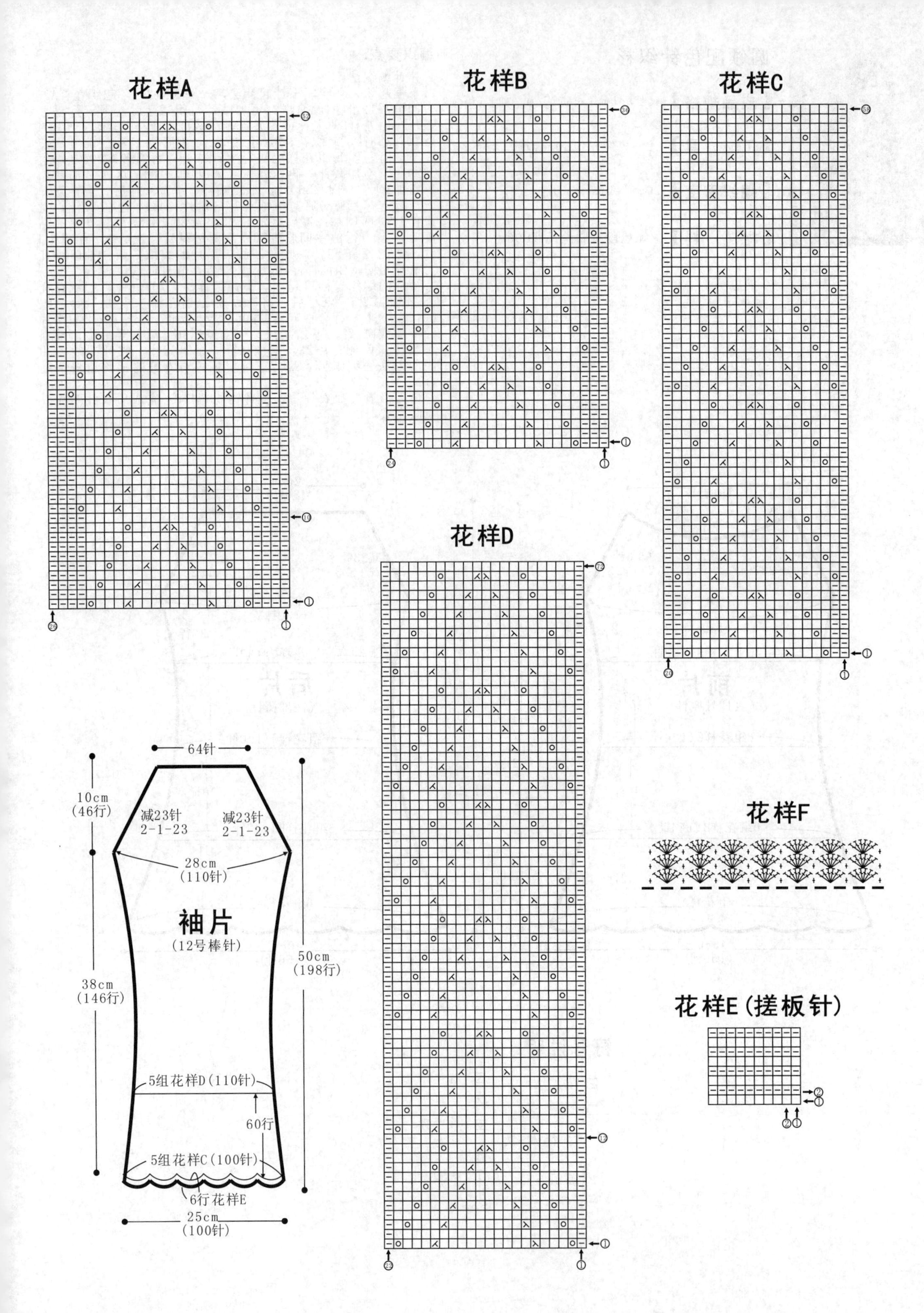

花样A
花样B
花样C
花样D
花样F
花样E (搓板针)
64针
10cm
(46行)
减23针
2-1-23
减23针
2-1-23
28cm
(110针)
袖片
(12号棒针)
38cm
(146行)
50cm
(198行)
5组花样D(110针)
60行
5组花样C(100针)
6行花样E
25cm
(100针)

配色太阳花外套

【成品规格】 衣长60cm，胸围80cm　袖长44cm

【工　　具】 10号棒针，1.5mm钩针

【编织密度】 10cm²=21针×20行

【材　　料】 羊毛线450g，纽扣4颗

编织要点：

五角拼花衣：起160针每花32针织五角花，按图解织30行后最后10针用线穿起收紧，一个五角花完成。

从1的一条边挑起32针，再起出128针圈织2；从1、2两条相邻的边各挑出32针，再起出96针织3，依此类推；共织出11个五角花。10和13是袖子。

袖：沿6、7、9、11相邻的边挑出128针，另起出32针织袖，此时不再按图解收针，而是按袖的常规织法在袖底端收针；另一侧同。

边缘：在10、11、12、13的红色线段各挑出32针，并连接1、9的黄色线段，织边缘50行，缝上纽扣，完成。

此款可上下变换穿着，韵味各有不同。

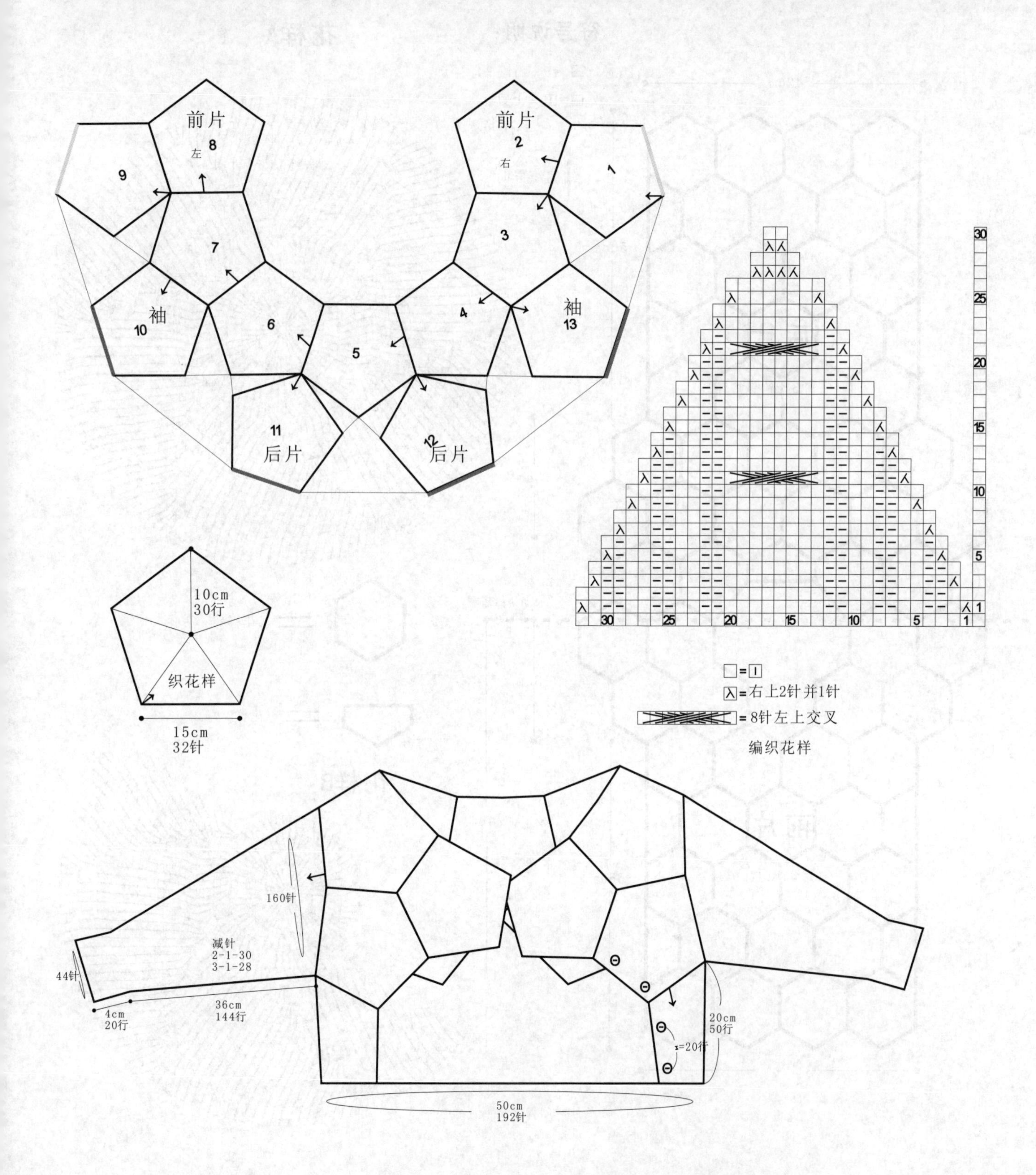

甜美风车花样衫

【成品规格】 衣长74cm，衣宽42cm

【工　　具】 1.5mm钩针

【材　　料】 白色丝光棉线800g

编织要点：

1.钩针编织法。由多层多个单元花组成。

2.从下摆起排列，前后片一圈由8个单元花花样A拼接而成。依照图解一层一层往上拼接叠加。注意肩部的拼接方法。后领边有一个花样图解参照花样B。

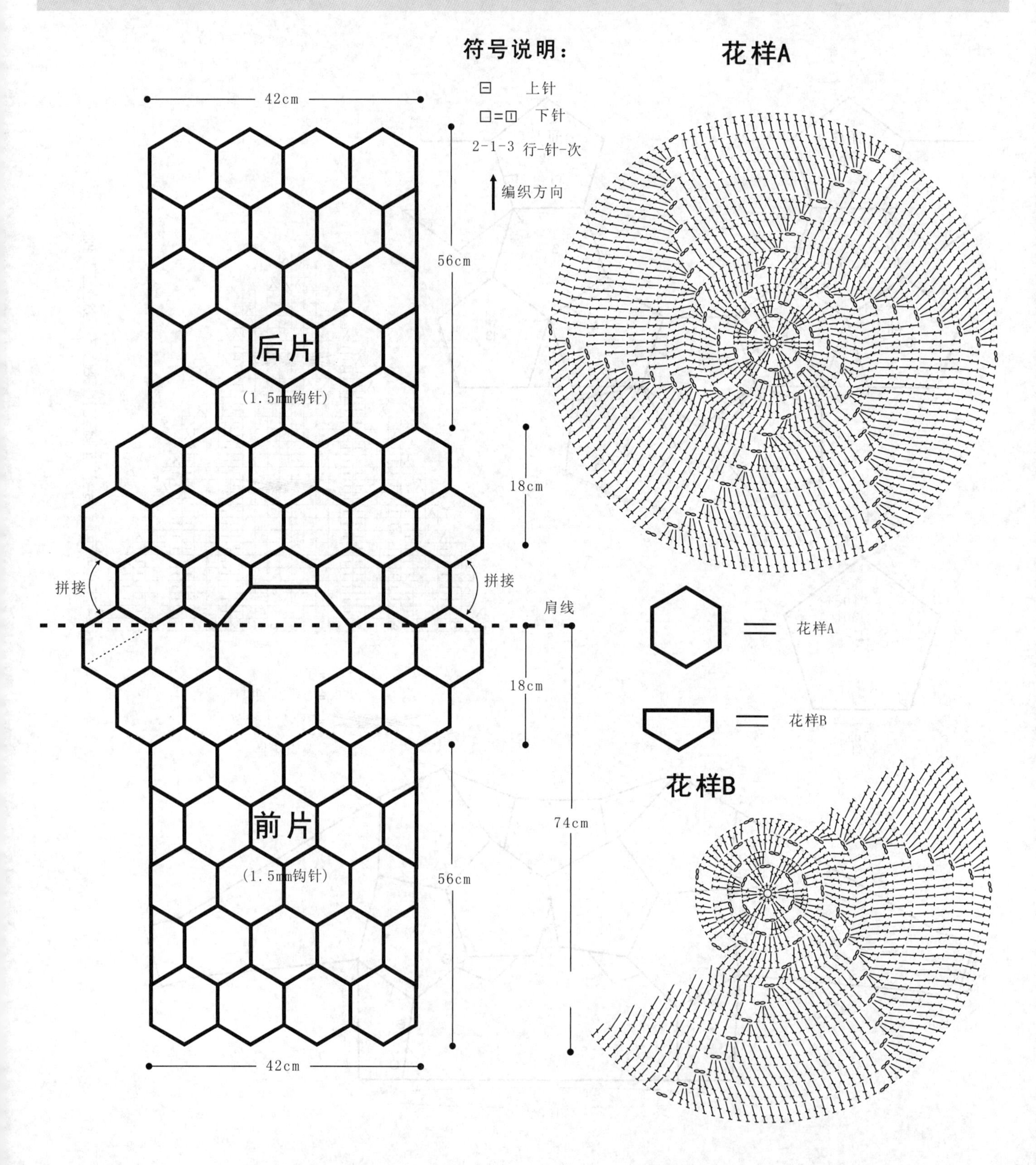

紫色雅致小外套

【成品规格】见图

【工　　具】10号棒针

【编织密度】10cm²=24针×26行

【材　　料】紫色羊毛线350g

编织要点：

起121针，织往返针，第一组和第二组都是4针，其他全部为第三组；每2行一往返；第一个2行全织，第二个2行第一组不织，第三个2行织第三组。依此类推。

织44行后开始织袖洞，将下面的60针用别线穿起；袖口边缘平加8针织全平针；织88行；收掉加的8针，把下面的60针连起来继续织后片；织112行后开另一个袖口，方法同上，至完成。

沿领口挑122针织10行单罗纹；另起52针织全平针244行，与单罗纹缝合；从边缘挑144针织双罗纹20行，侧边与底边缝合，完成。

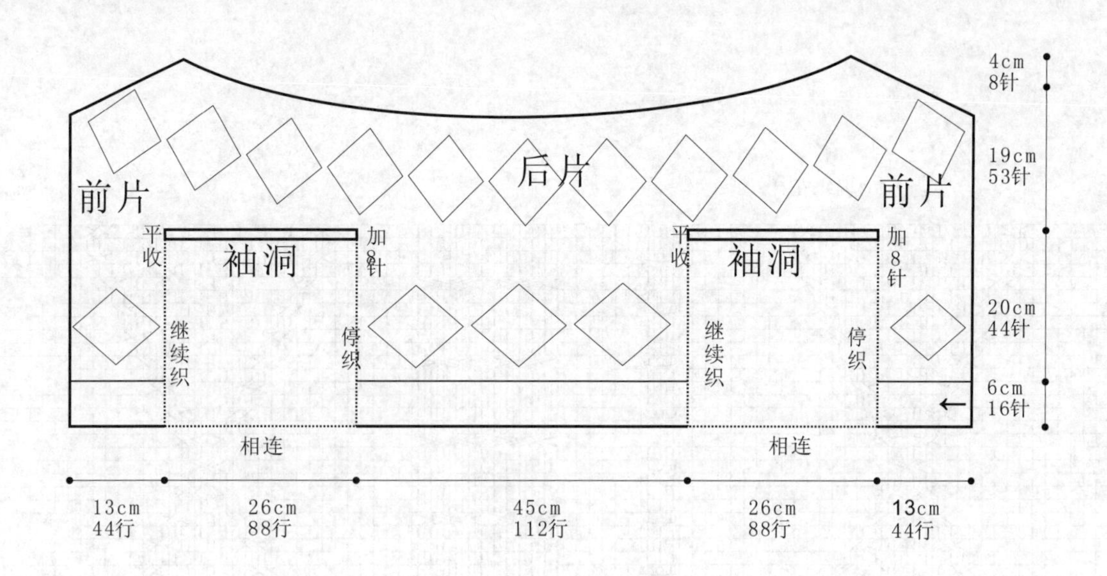

领、门襟

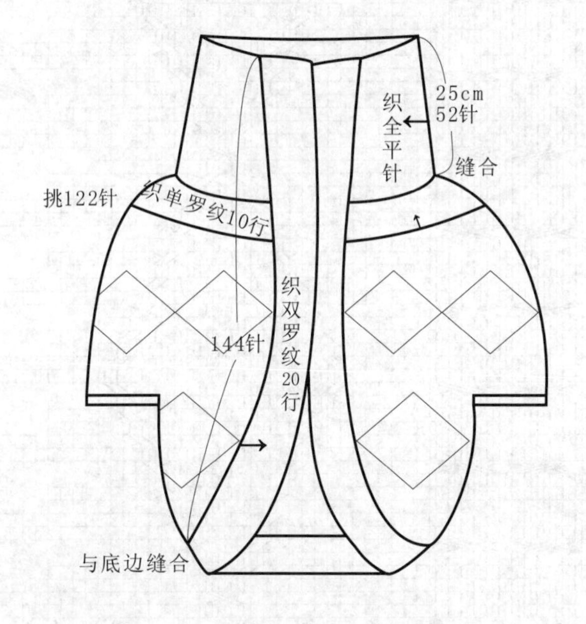

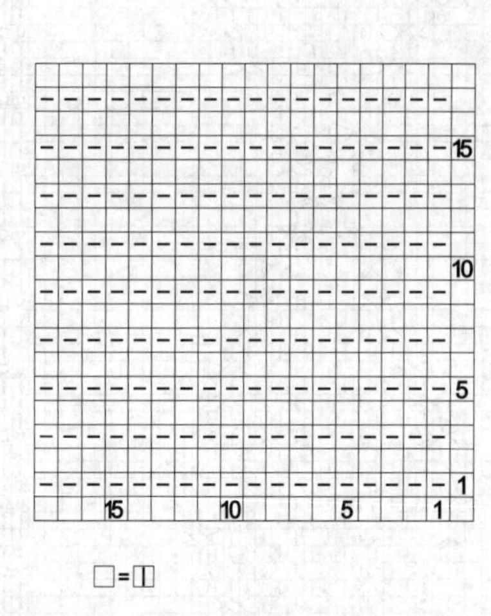

全平针

□=⊟

= 3针左上交叉

= 4针左上交叉

= 6针左上交叉

= 把第三针盖过前面的2针，1针下针，加1针，1针下针

编织花样

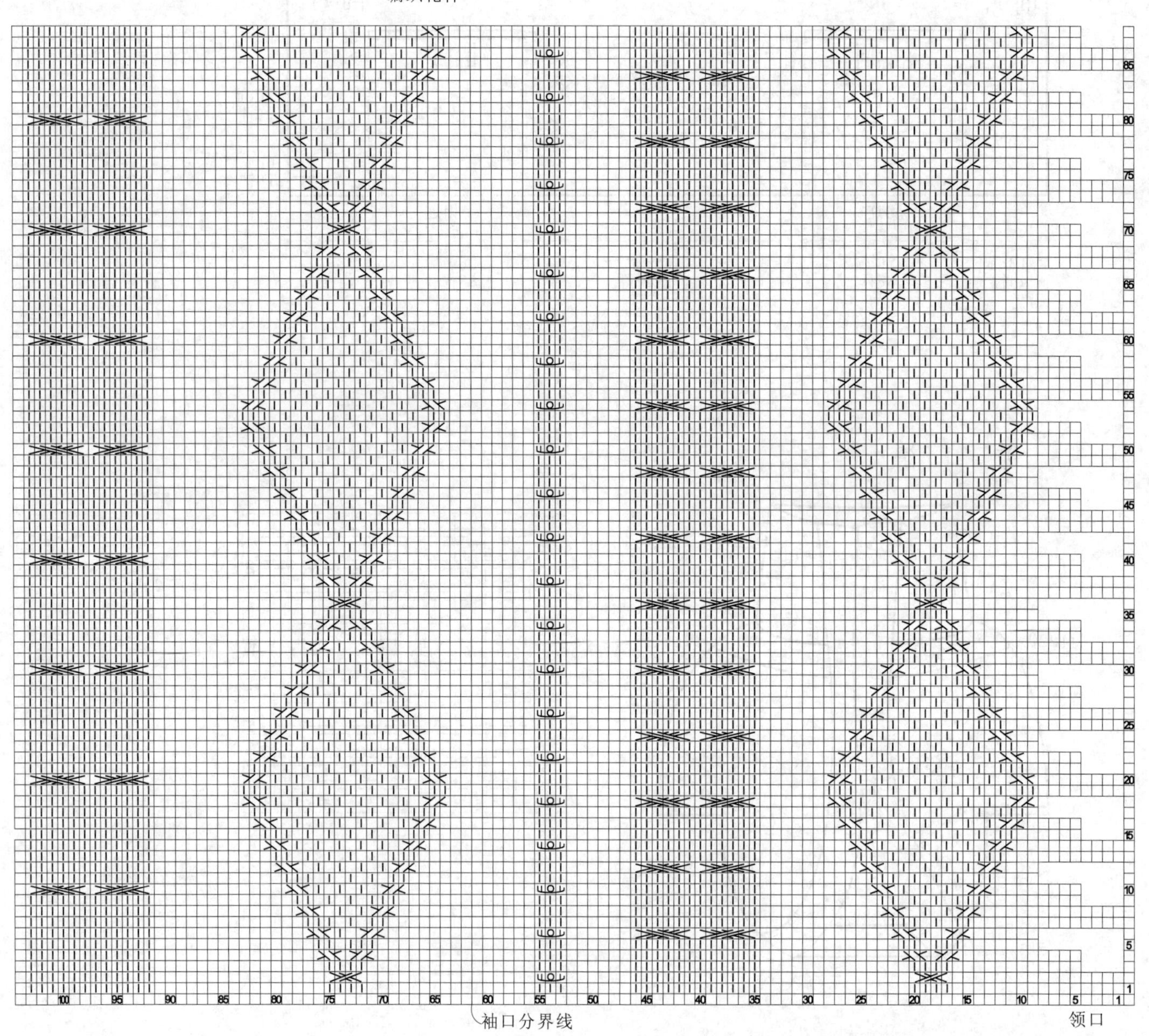

别致复古套头衫

【成品规格】 衣长50cm，胸宽36cm，袖长50cm

【工　　具】 12号棒针，1.5mm钩针

【编织密度】 10cm²=46针×56行

【材　　料】 橘红色丝光棉线800g

编织要点:

1.钩针编织法与棒针编织法结合。先用棒针编织衣身，再钩织单元花补上衣身加减针形成的孔。

2.前片的编织。下摆起织，16针起织，往左加针，2-10-21，加出210针，织成42行，右侧缝在编织完30行后，开始制作花样A孔。先收针6针，2-2-10，2-1-24，减掉60针，然后不加减针，织4行后开始加针，2-1-24，加出24针，然后往上继续减针，减6针，10-1-6，织成60行，再织8行至袖窿。左侧缝织法，先减针编织，10-1-10，然后不加减针，织70行至袖窿。此时织片余下164针，下一行两侧收针，各收8针，然后将织片分成两半各自编织，每一半各74针，衣领和袖窿同时减针。袖窿减针方法：2-1-34，衣领减针方法：2-2-6，2-1-28，直至余下1针，收针断线。相同的方法去编织另一边。

3.后片的编织。后片的袖窿以下织法，与前片相同，但是方向相反，后片是从左侧用16针起织，往右加针，花样A挖的孔是在左侧。织至袖窿后，袖窿起减针，两侧同时收针8针，然后2-1-34，织成68行后，余下80针，收针断线。将前后片的侧缝对应缝合。再沿着下摆边缘，钩织4行短针锁边。

4.袖片的编织。两个袖片需要挖的花样B和花样C的位置不同，先织左袖片。从袖口起织，起118针，全织下针，两侧缝减针，6-1-10，织成60行后，开始挖花样B孔边缘，先减针，2-1-24，不加减织14行后，开始加针，4-1-12，此时织片余下74针，两侧缝继续加针，10-1-10，织成100行，至袖山，针数为94针，下一行袖山减针，两侧收针8针，2-1-34，织成68行后，余下10针，收针断线。再织右袖片。起118针，侧缝减针，6-1-10，不加减针，再织110行后，再加针，加10针，10-1-10，至袖山，在这个右袖片加针后，选个位置挖花样C孔，方法为，两边相同方法加减针，中间收针12针，然后两边各自减针加针，先减针，2-1-10，不加减针织6行后，再加针，2-1-10，下一行再用单起针法，起12针，完成孔的编织。袖片袖山起减针，两侧收针8针，2-1-34，织成68行，余下10针，收针断线。将两个袖片与衣身的袖窿边缘对应缝合，再将袖侧缝缝合。

5.最后将花样A、花样B、花样C用短针缝合于各自的位置上。最后根据领片结构图，钩织花样D，根据个数、位置，缝合于领片边缘。衣服完成。

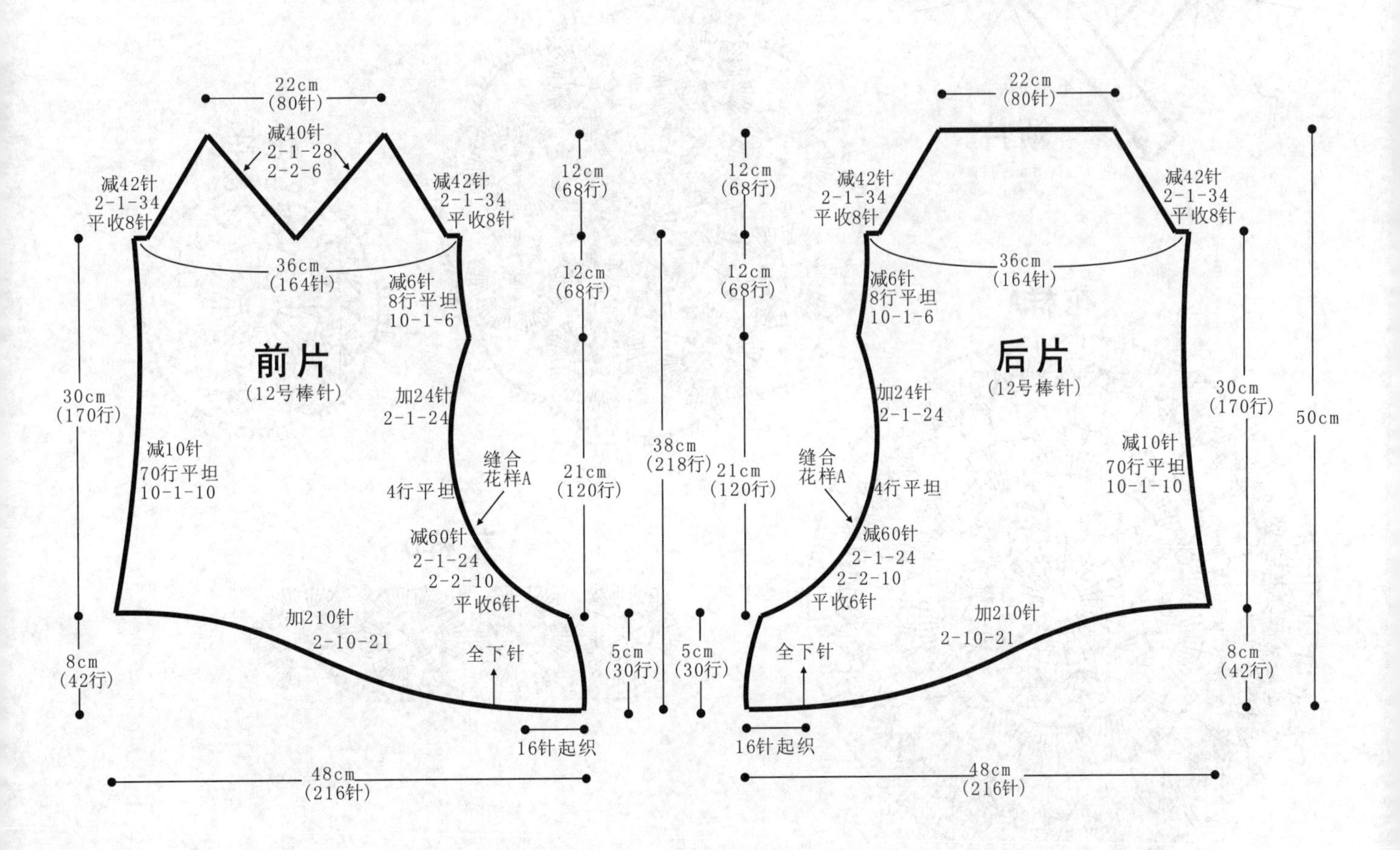

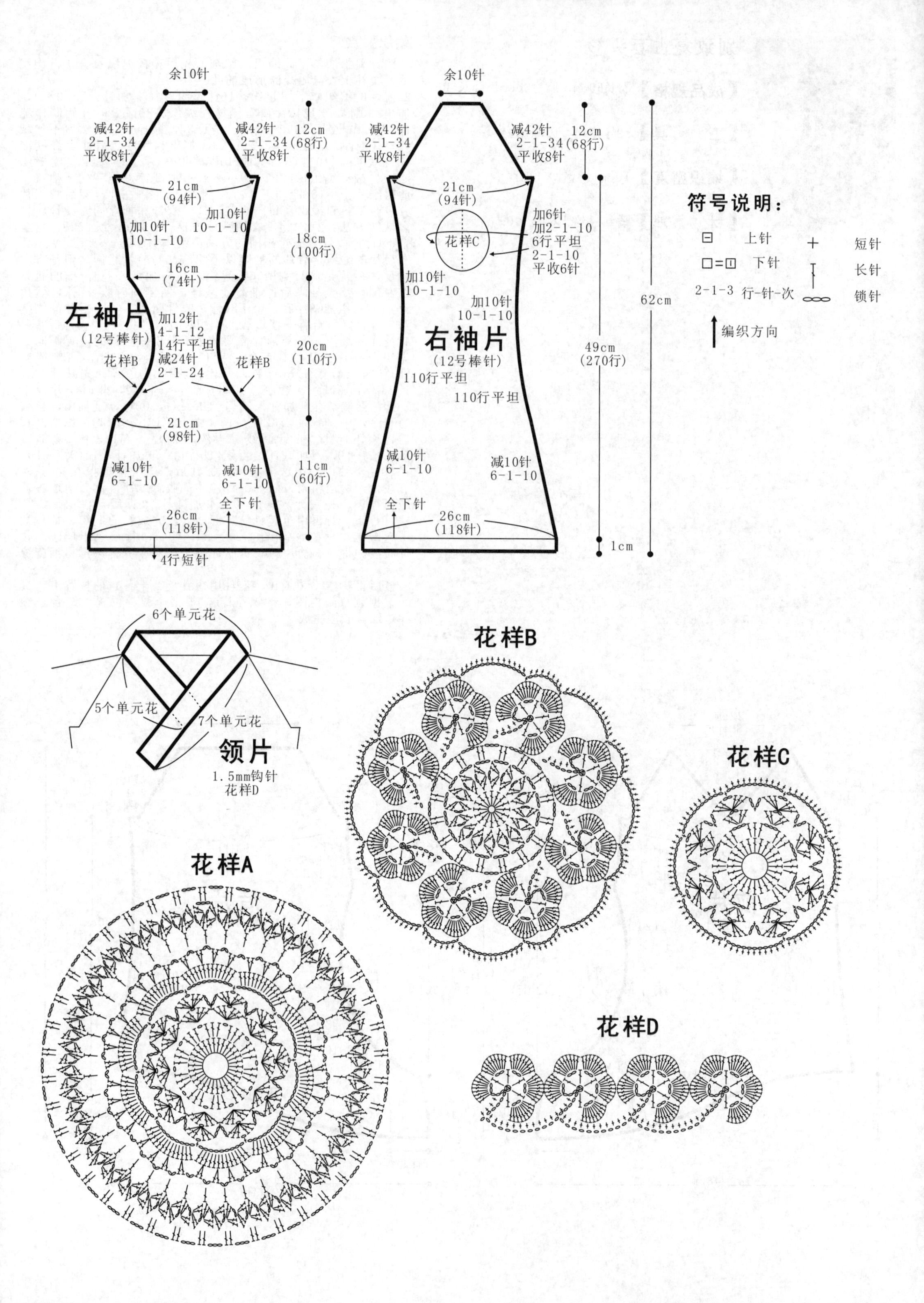

余10针
减42针
2-1-34
平收8针
12cm
(68行)
21cm
(94针)
加10针
10-1-10
18cm
(100行)
16cm
(74针)
左袖片
(12号棒针)
加12针
4-1-12
14行平坦
减24针
2-1-24
花样B
20cm
(110行)
21cm
(98针)
减10针
6-1-10
11cm
(60行)
全下针
26cm
(118针)
4行短针
花样C
加6针
加2-1-10
6行平坦
2-1-10
平收6针
右袖片
(12号棒针)
110行平坦
62cm
49cm
(270行)
1cm
符号说明:
上针
下针
2-1-3 行-针-次
编织方向
短针
长针
锁针
6个单元花
5个单元花
7个单元花
领片
1.5mm钩针
花样D
花样B
花样C
花样A
花样D

清新V领无袖装

【成品规格】 衣长42cm，胸宽35cm

【工　　具】 9号棒针

【编织密度】 10cm²=19针×29行

【材　　料】 淡粉色圆棉线400g

编织要点：

1.棒针编织法，袖窿以下环织，分成前后片；袖窿以上分成前片和后片各自编织。

2.袖窿以下的编织，先编织前后片。

(1)下针起针法，起132针，首尾连接，环织。前片起织12针花样A+6针花样B+9针花样C+12针花样D+9针花样C+6针花样B+12针花样A，前后片花样排列相同，不加减针，织74行至袖窿；下一行起，分成前后片分别编织，各66针；以前片为例，分片的同时，前片从中分成左前片、右前片分别编织，各33针，不加减针，织46行，收针断线。

(2)后片的编织除在袖窿分片后继续编织30行再从中分片编织外，其他编织方法与前片一样。

3.拼接，将前后片对应缝合；衣服完成。

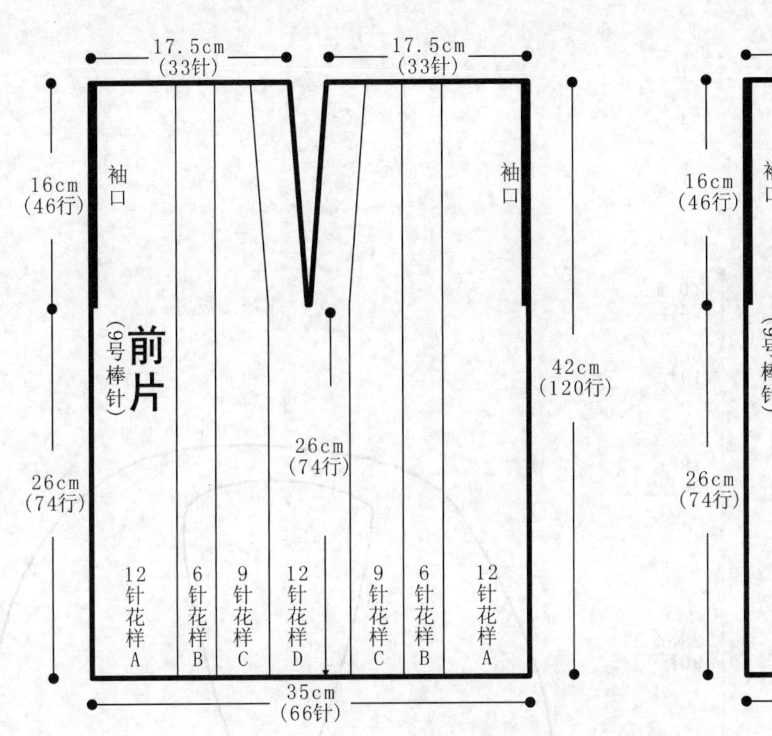

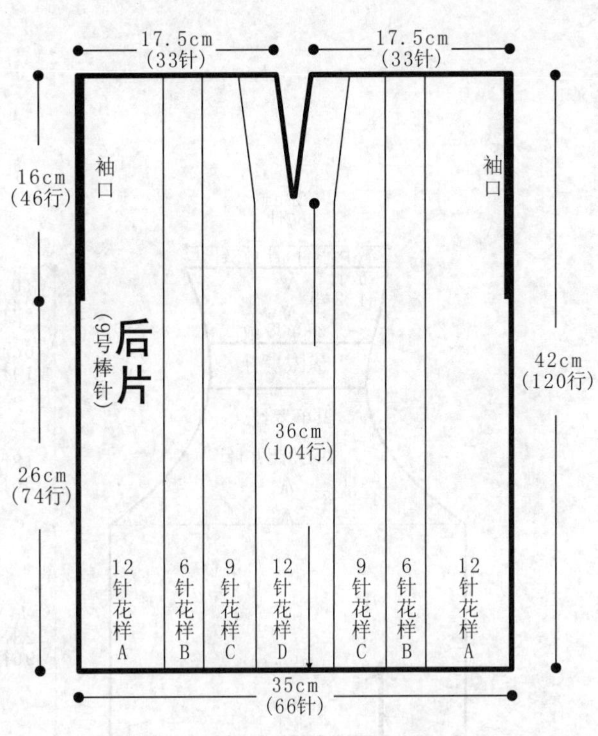

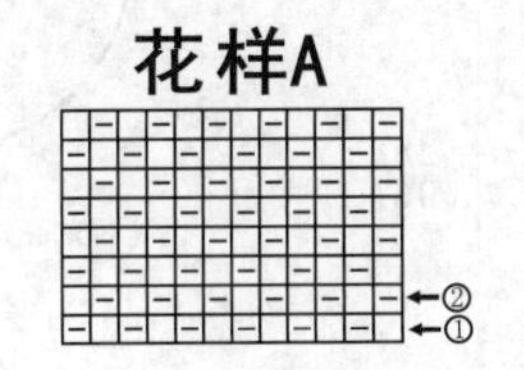

符号说明：

符号	说明	符号	说明
⊟	上针	⧅	右并针
□=⊡	下针	⧄	左并针
2-1-32	行-针-次	⧆	中上3针并1针
↑	编织方向		右上3针与左下3针交叉
			左上3针与右下3针交叉
		5 =	1针编出5针的加针

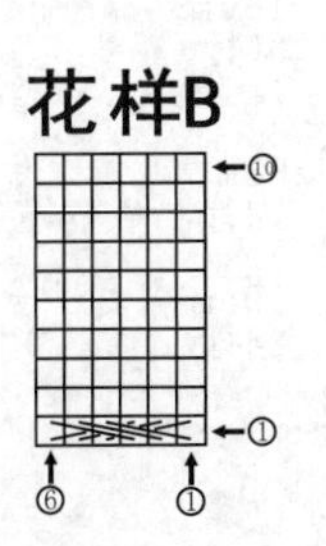

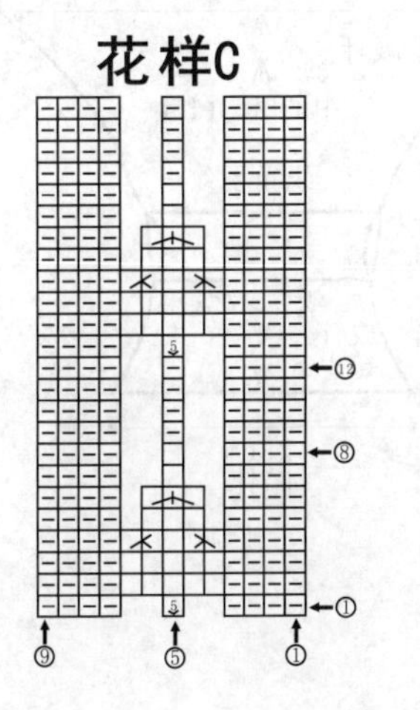

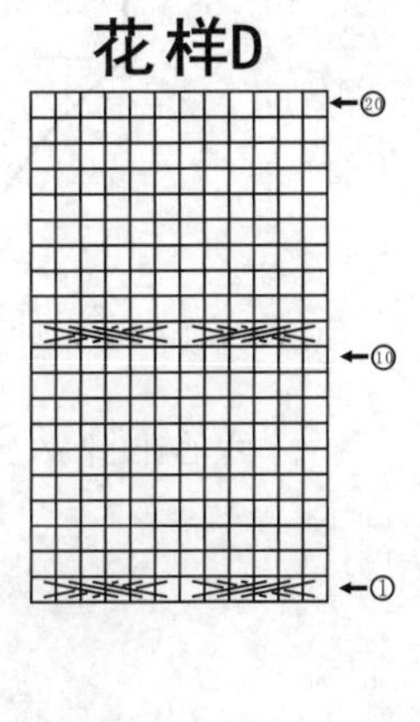

黑色两穿披肩

【成品规格】见图

【工　　具】10号棒针

【编织密度】$10cm^2$=15针×34行

【材　　料】黑色棉绒或丝光棉线250g

编织要点：

用别色线起73针织花样，织96行后开始织蝴蝶结：织单罗纹，中心针每4行3针并1针织8次；再织14行空心针，双层针织完又织单罗纹24行，中心针每4行1针放3针织5次，一侧完成。

拆掉别色线同另一方对称织；在蝴蝶结的织法稍有不同：在织双层针的位置，将单罗纹的上针和下针分别穿在两根针上，各织14行；然后再回到一根针上，织单罗纹，与另一边同，完成。

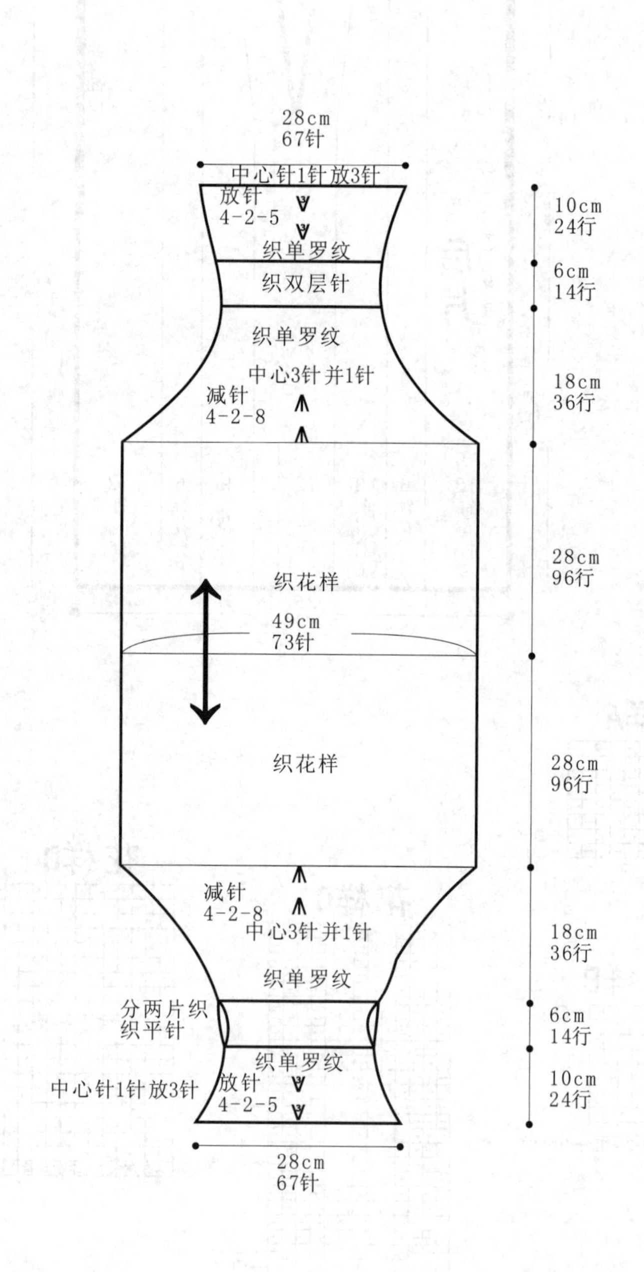

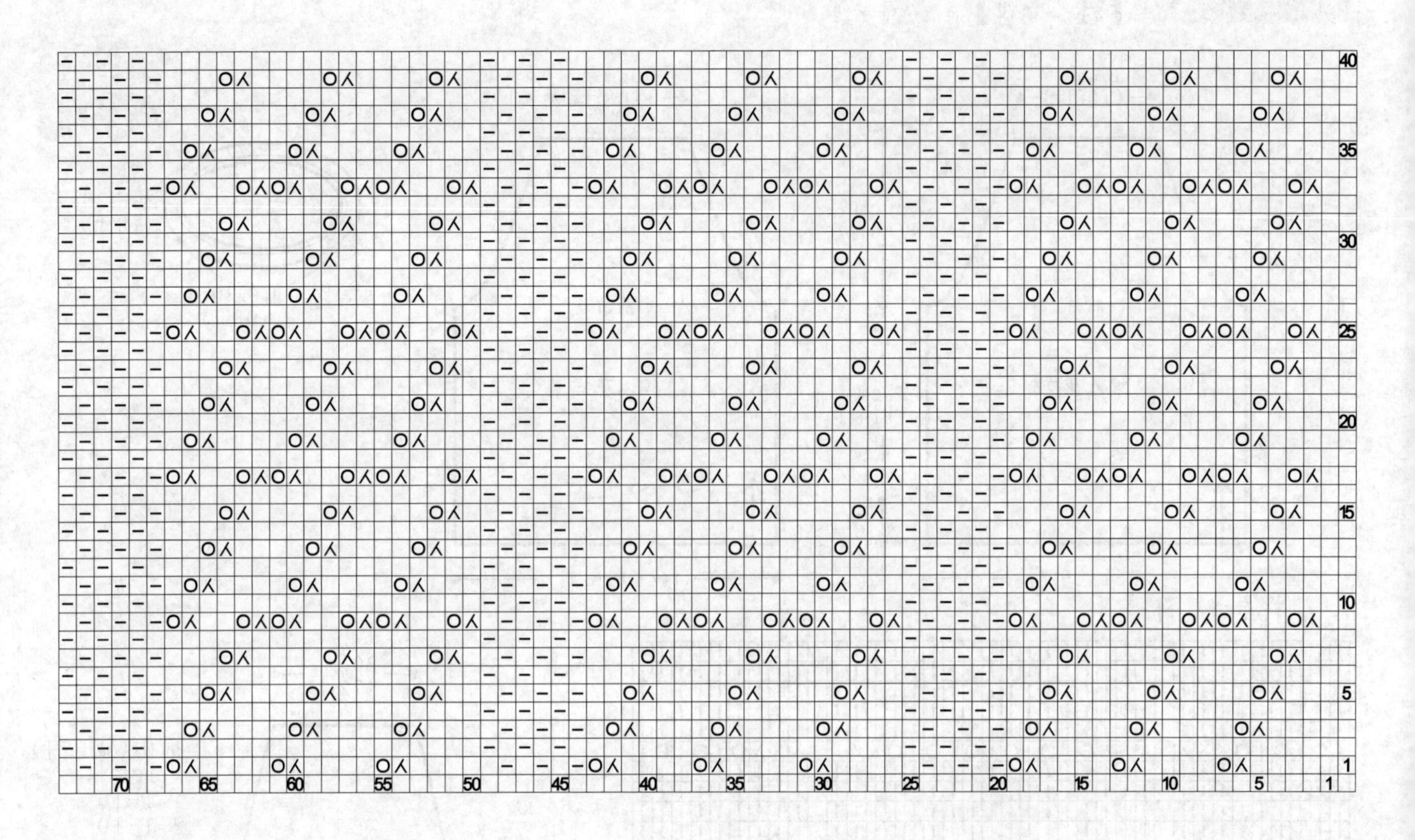

编织花样

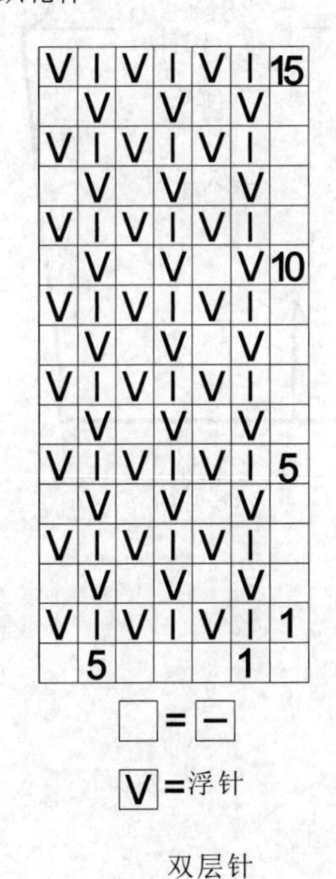

□=□
O=加针
⋏=左上2针并1针

□=—
V=浮针

双层针

简约蓝色长袖

【成品规格】胸围88cm，衣长58cm，肩袖长62cm

【工　　具】2.75mm棒针

【编织密度】10cm²=36针×42行

【材　　料】天蓝色细毛线600g

编织要点：

1.由前、后片及左右袖片组成。前片、后片、袖片均是按结构图从下往上编织。

2.各单元片织好后，合在一起往上织衣领4cm下针作为衣领。让其形成自然卷曲的状态。

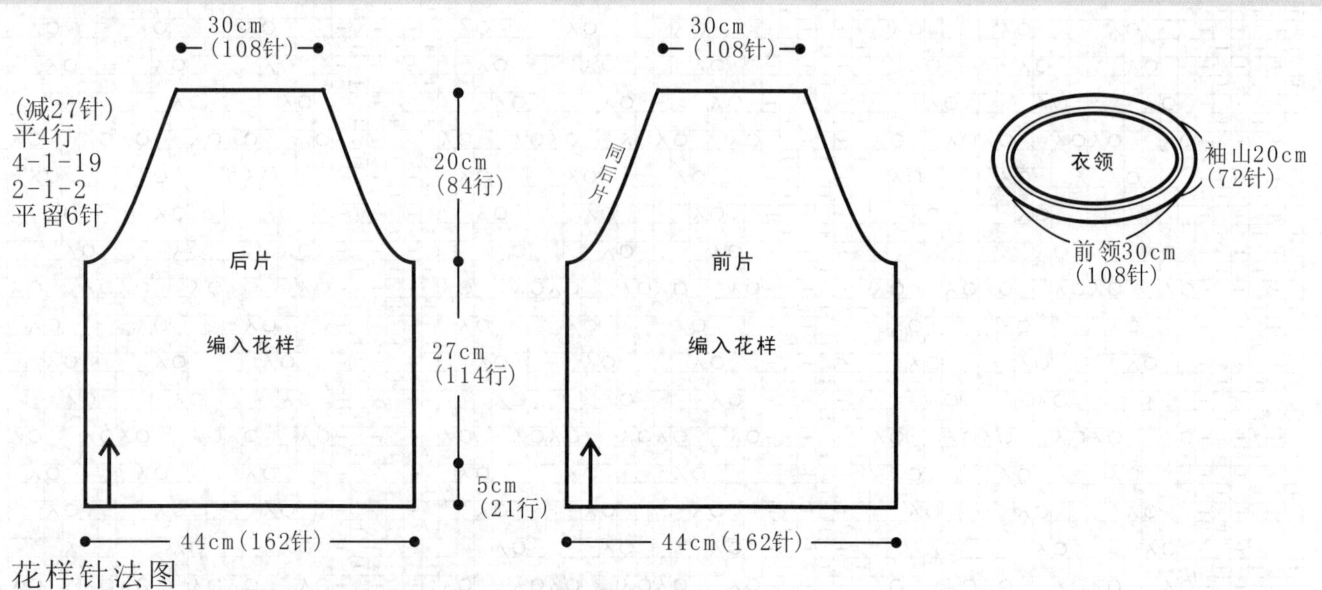

花样针法图

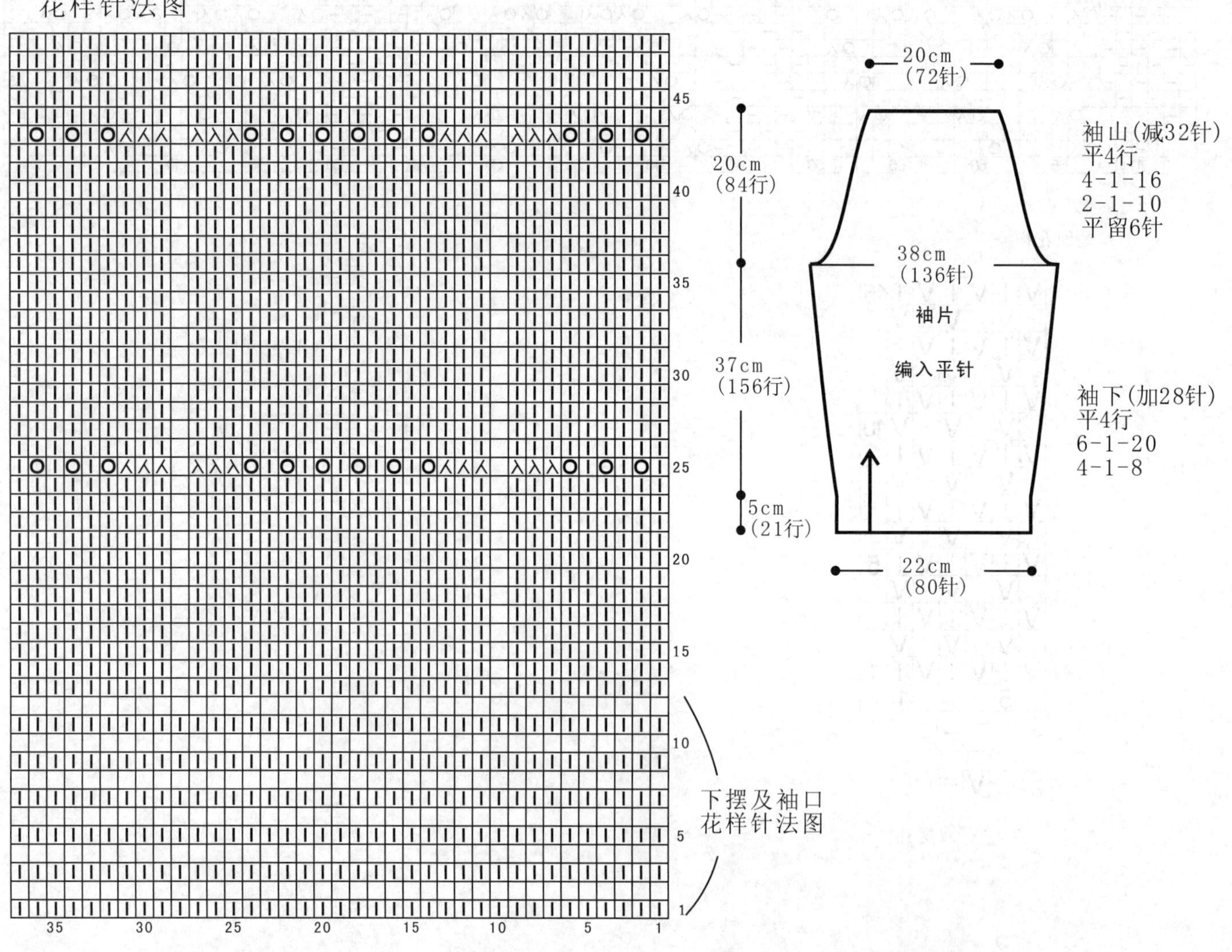

可爱樱桃短外套

【成品规格】胸围84cm，衣长44cm，肩袖长68cm

【工　　具】7.5mm棒针

【编织密度】10cm²=12针×16行

【材　　料】黑色极粗毛线600g

编织要点：

1.由前、后片及左右袖片组成。前片、后片、袖片均是按结构图从下往上编织。

2.前片要注意下摆底边圆弧形的编织部分按图示加针。下摆及门襟在编织完成后的前、后衣片的周围编织5cm双罗纹针。最后在前片适当位置上按相关针法图绣制花样并缝上红色木珠点缀。

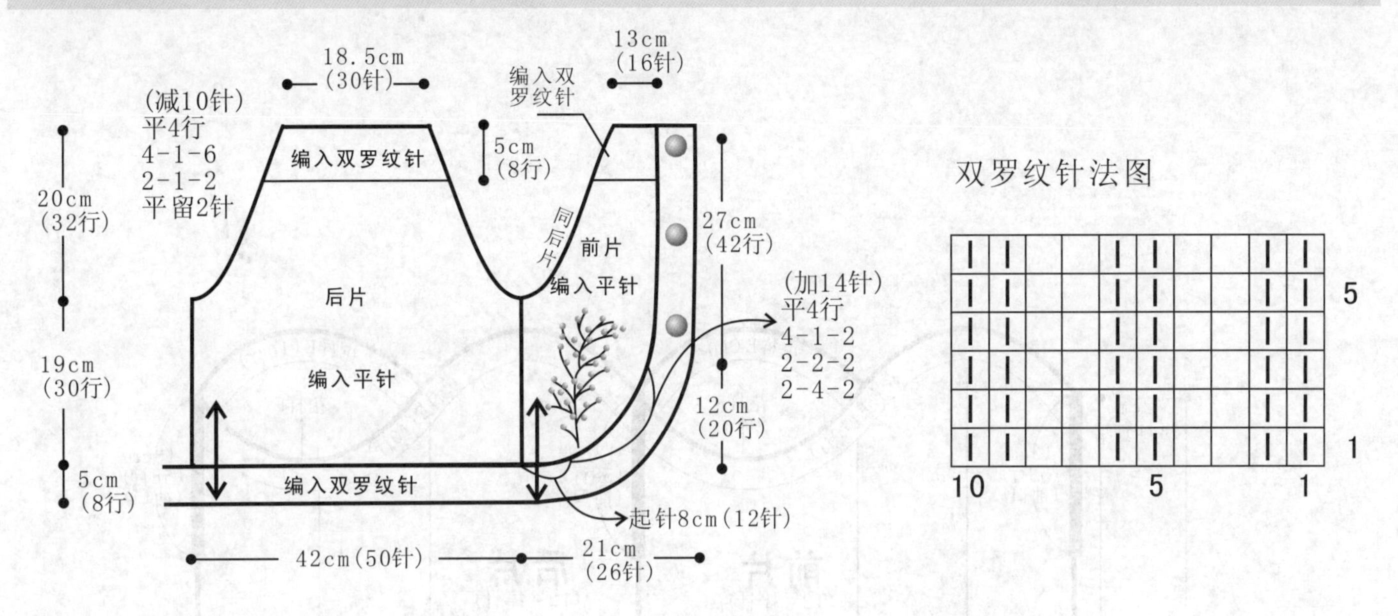

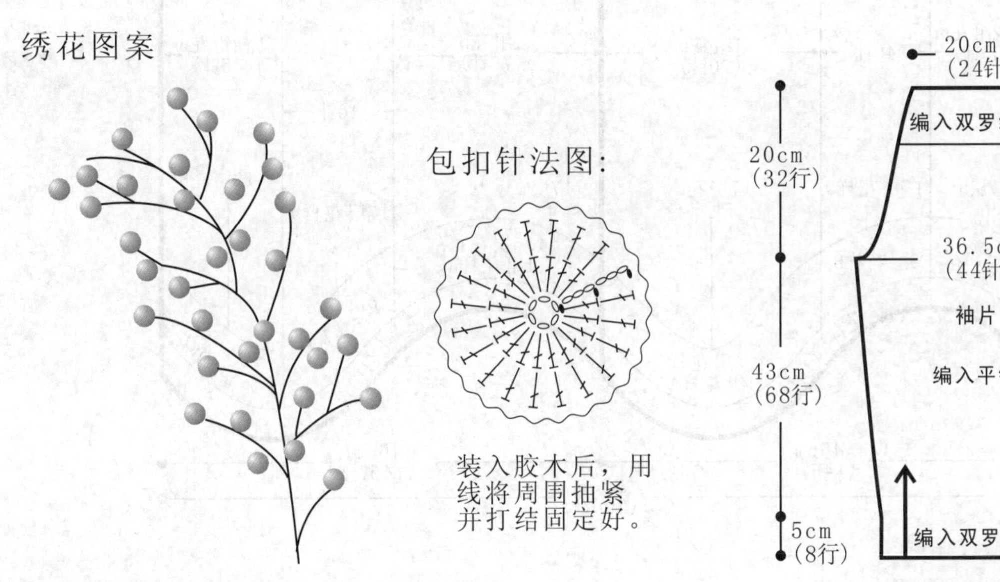

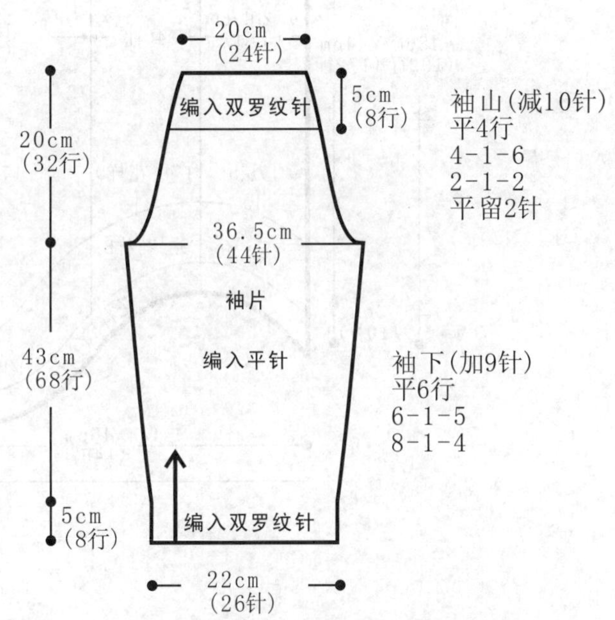

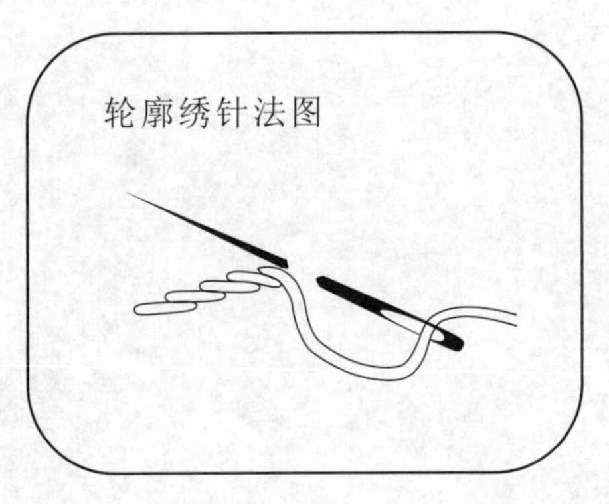

优雅百变针织衫

【成品规格】 衣长48cm，胸宽46cm

【工　　具】 12号棒针

【编织密度】 10cm²=32针×40行

【材　　料】 淡粉色棉线500g

编织要点：

1.棒针编织法，前后片一片织成，再进行拼接。

2.前后片的编织，下针起针法，起290针，花样E起织，不加减针，织10行；下一行起，依照结构图分配花样编织，由三组花样A并间隔花样B组成，花样B40针，织成9层花样B的高度后，将花a改织花b，花样B改织花样D，不加减针，织成114行的高度时，将织片分成前片和后片两片各自编织。继续花样编织，织成58行的高度后，改织花样E，织10行后收针断线。相同的方法去编织后片，另外单独编织花样F，织成后再织10行花样E收边。织两片，依照结构图的位置进行缝合。再将两侧斜边线进行缝合，作肩部。衣服完成。

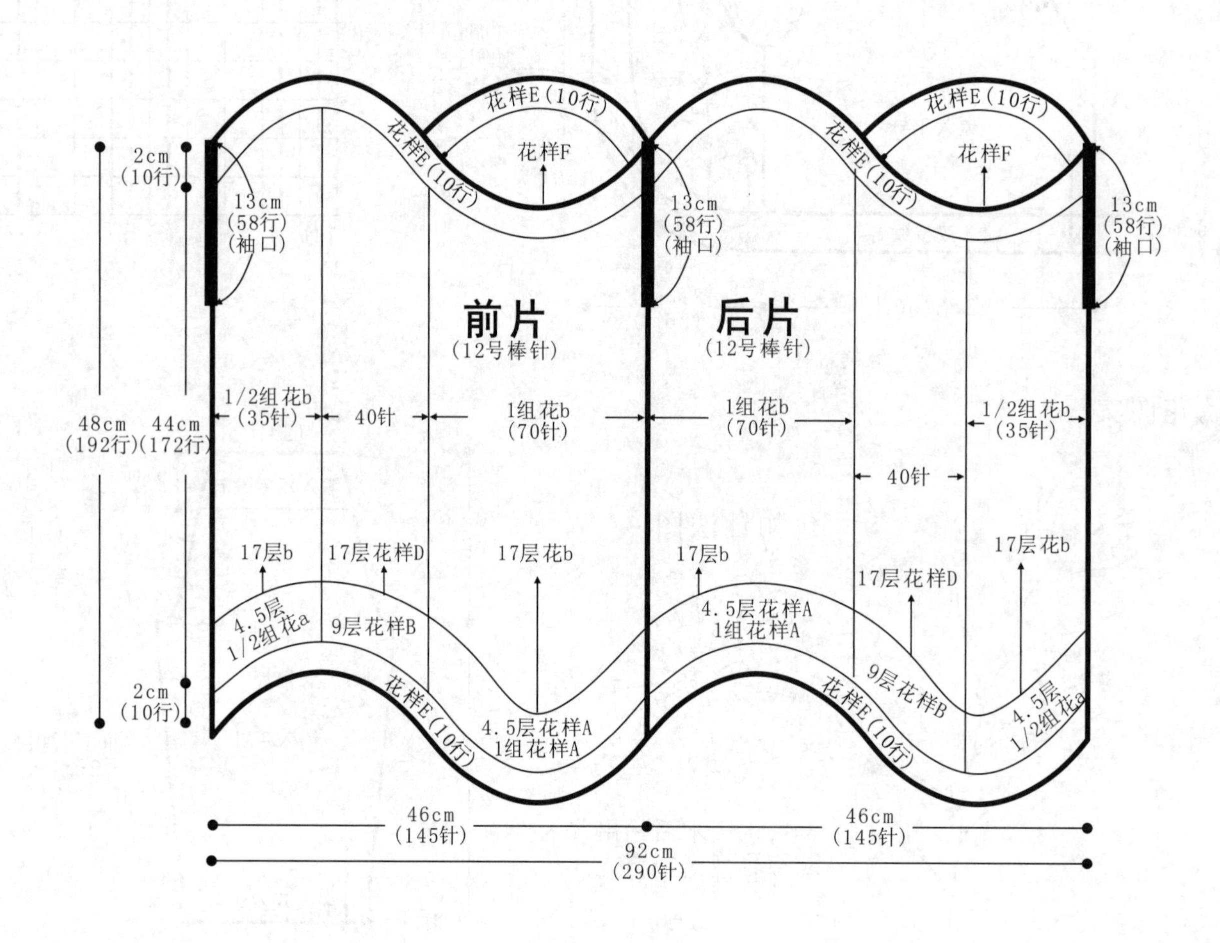

符号说明：

⊟ 上针

□=⊡ 下针

↑ 编织方向

2-1-3 行-针-次

⧅ 右并针

⧄ 左并针

◎ 镂空针

花样A

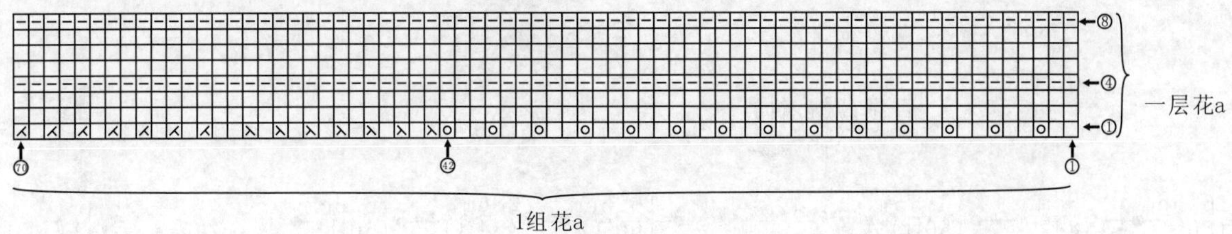

花样C

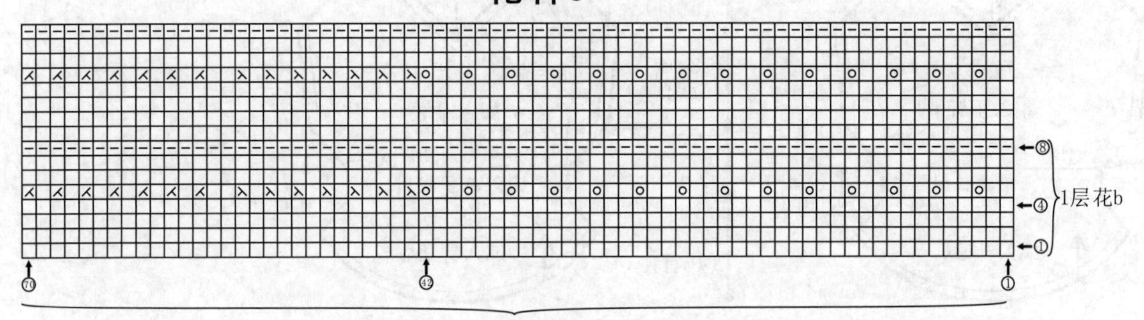

花样F

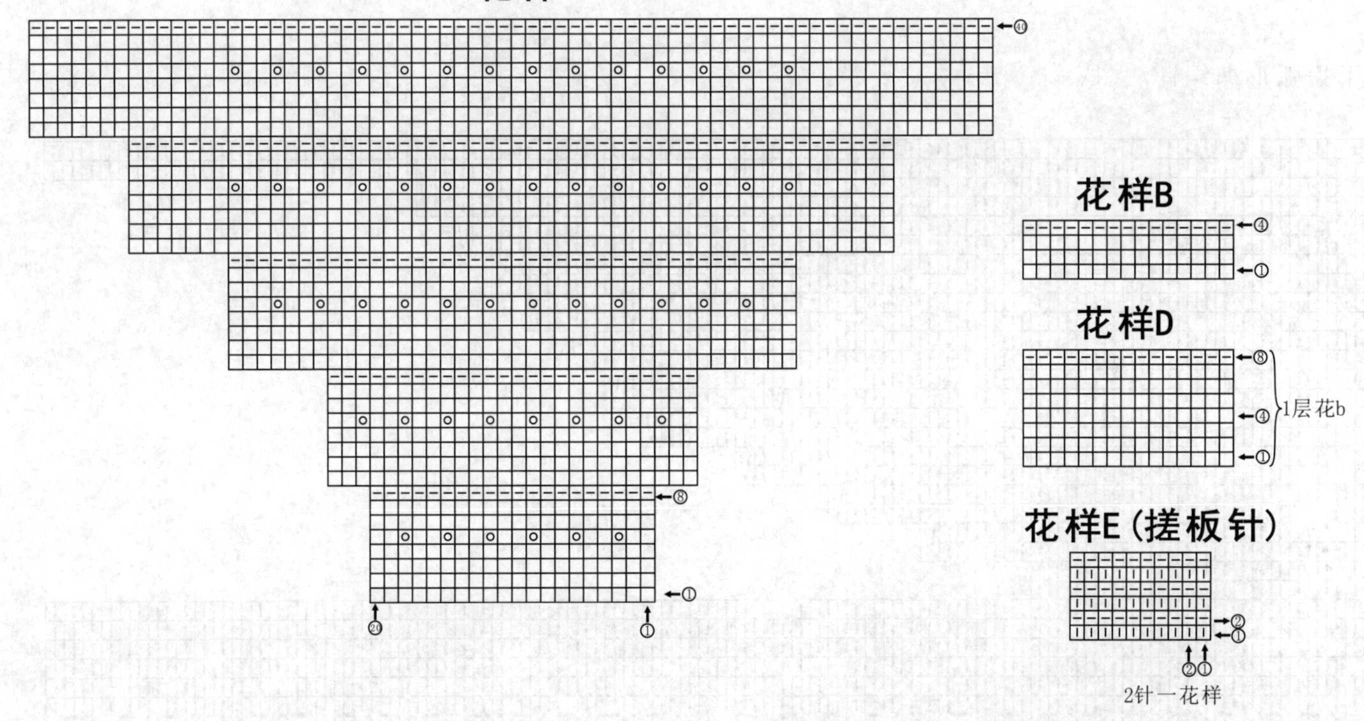

V领蝙蝠衫

【成品规格】胸围96cm，衣长58cm，肩袖长18cm

【工　　具】2.75mm棒针

【编织密度】$10cm^2$=30针×42行

【材　　料】蓝色丝光棉线480g

编织要点：

衣服从下摆起针按结构图往上编织。前后片起针后均按针法图A编织成弧形下摆，到腰部合适位置织7cm单针罗纹针。袖下加20针，袖口处不加不减平织18cm，然后收斜肩线，注意后开领的落差为2cm。下摆沿对折线向上对折成双层并用手缝针固定好。衣领和袖口均采用同样的方法进行操作。

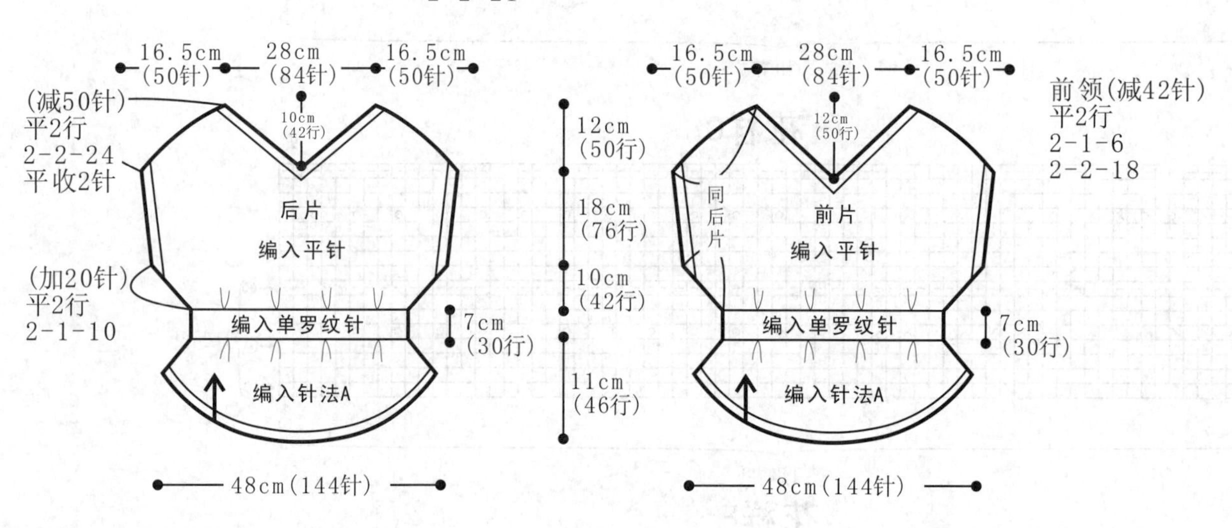

下摆弧形编织针法图A

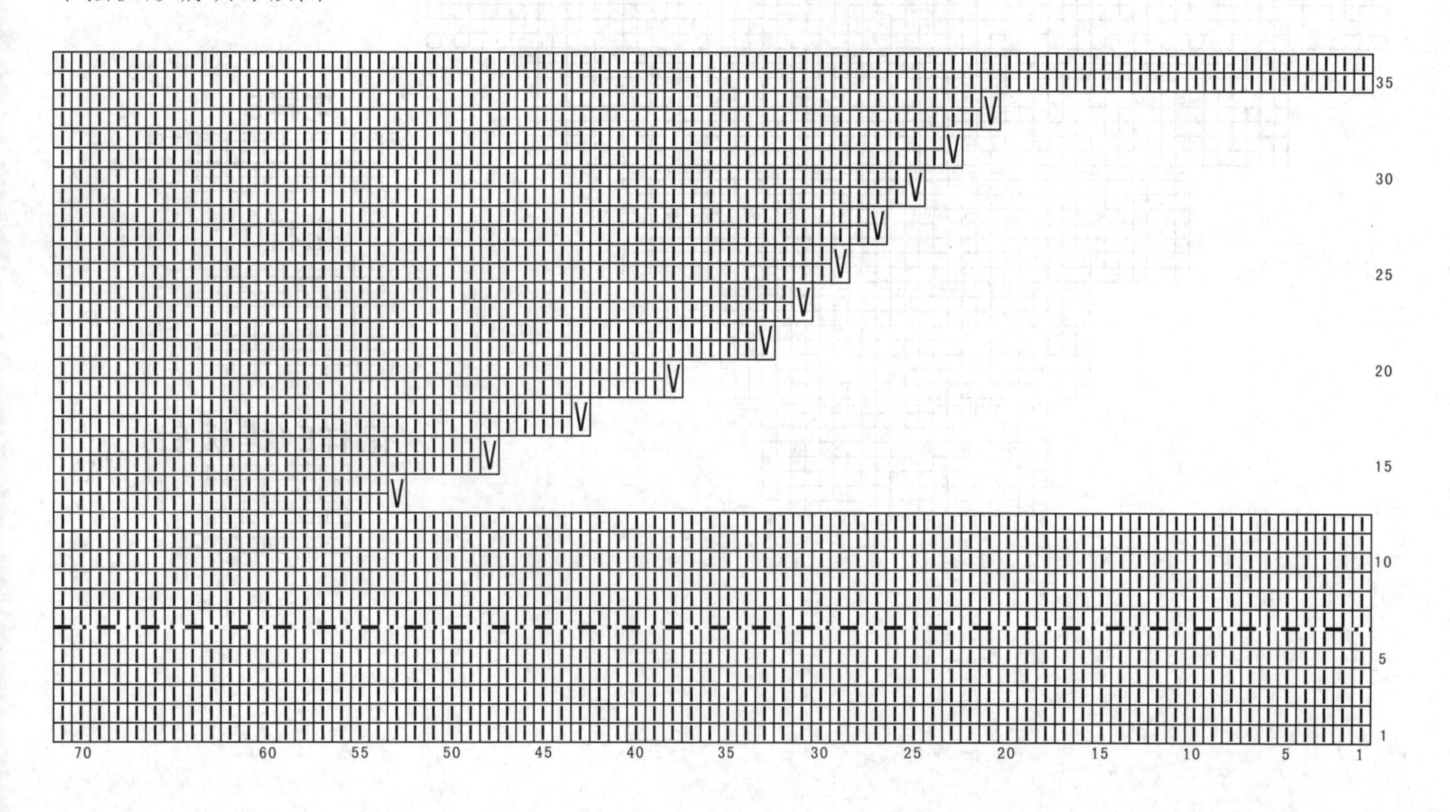

灯笼袖外套

【成品规格】衣长50cm，胸宽42cm，袖长54cm

【工　　具】6号棒针

【编织密度】10cm²=19针×20行

【材　　料】灰色花线800g，扣子1个

编织要点:

1.棒针编织法，由前片2片、后片1片组成，再编织袖片及领片及衣襟，最后缝合完成。
2. 前片的编织。分成左前片和右前片，以右前片为例。编织顺序和加减针方法相同，但方向相反。下针起针法，起41针，起织花样A　不加减针，织12行；下一行起，改织花样B　左侧减针，4-1-7，12行平坦，减7针，织40行，余34针；下一行起，改织花样C　左侧加针，4-1-4，4行平坦，加4针，织20行，余38针，至袖窿。下一行起，左侧袖窿减针，2-2-16.减32针，织32行，其中织到20行时，下一行起，右侧同时减针，2-1-6，织12行，余1针，收针断线；用相同方法及相反方向编织左前片。
3.后片的编织，下针起针法，起83针，花样A起织，不加减针，织12行；下一行起，改织花样B，两边同时减针，4-1-7，12行平坦，减7针，织40行，余71针；下一行起，改织花样C两边同时加针，4-1-4，加4针，织20行，织成79针；下一行起，两边袖窿同时减针，2-2-16，减32针，织32行，余15针，收针断线。
4.袖片的编织，单罗纹起针法，起32针，花样C起织，织4行;下一行起，改织花样B，在第1行分散加针28针，加成60针，两边同时减针，2-1-10，16行平坦，减10针，织36行，余40针；下一行起，改织花样C，两边同时加针，6-1-6，加6针，织36行，织成52针；下一行起，袖山两边同时减针，2-1-20，减20针，织32行，余12针，收针断线，用相同方法编织另一袖片。
5.衣襟的编织，单罗纹起针法，起84针，花样A起织，不加减针，织12行，右侧平收48针，下一行起，右侧减针，2-1-8，减8针，织16行，余28针，收针断线。
6.拼接，将前后片与袖片对应缝合，将前片与衣襟对应缝合。
7.领片的编织，从左右前片各挑24针，后片挑27针，共75针，花样C起织，不加减针，织20行，收针断线，衣服完成。

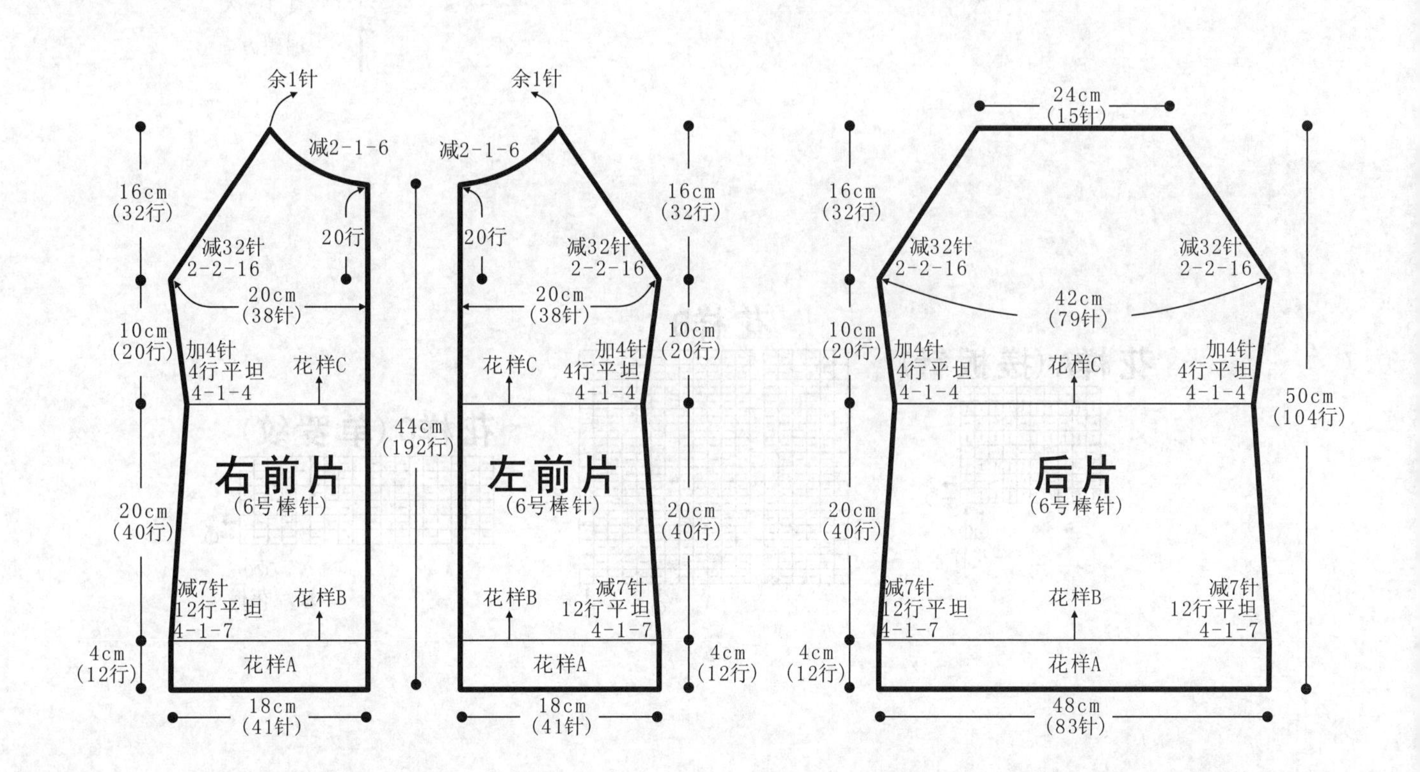

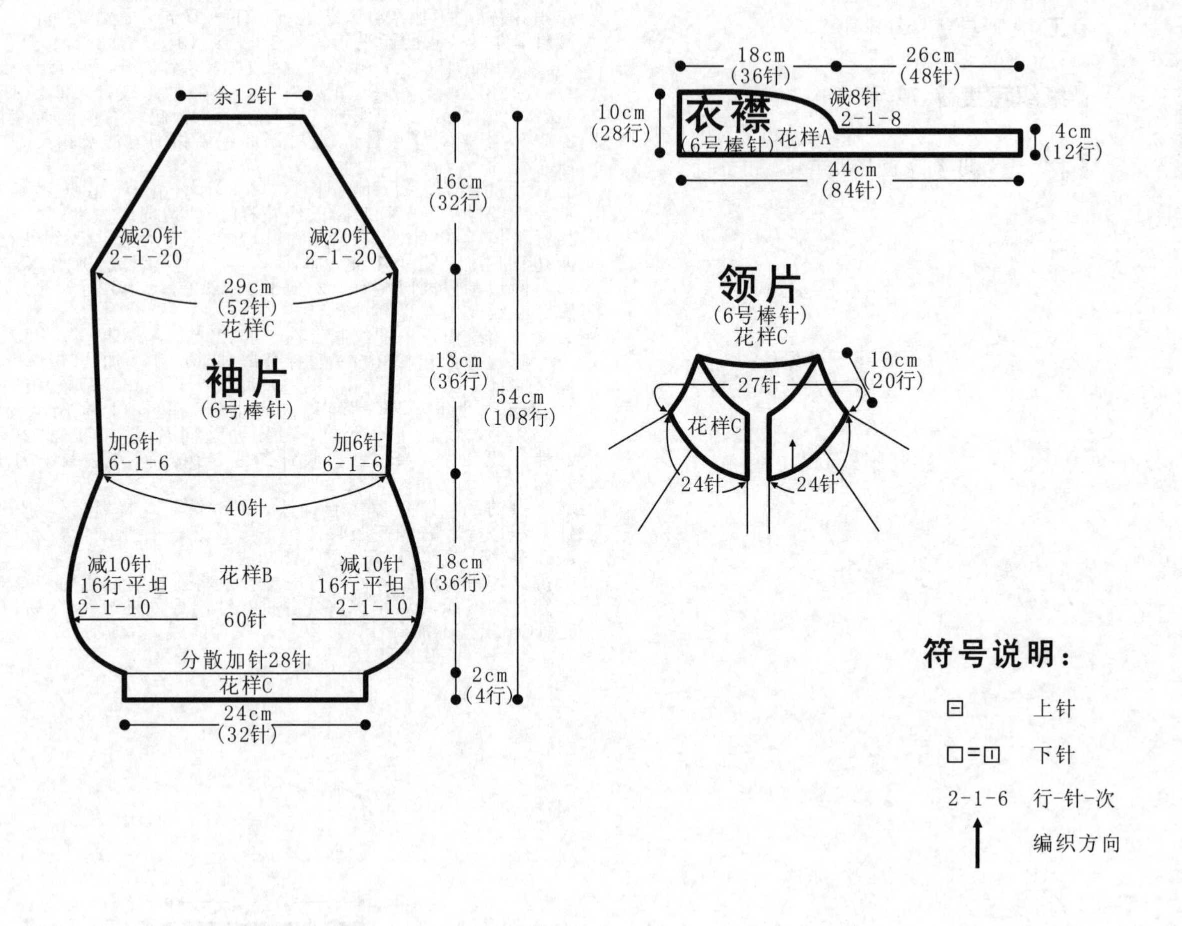
余12针
16cm
(32行)
减20针
2-1-20
减20针
2-1-20
29cm
(52针)
花样C
18cm
(36行)
54cm
(108行)
袖片
(6号棒针)
加6针
6-1-6
加6针
6-1-6
40针
减10针
16行平坦
2-1-10
花样B
减10针
16行平坦
2-1-10
18cm
(36行)
60针
分散加针28针
花样C
2cm
(4行)
24cm
(32针)
18cm
(36针)
26cm
(48针)
10cm
(28行)
衣襟
减8针
2-1-8
(6号棒针)
花样A
4cm
(12行)
44cm
(84针)
领片
(6号棒针)
花样C
10cm
(20行)
27针
花样C
24针
24针
符号说明:
上针
下针
2-1-6
行-针-次
编织方向

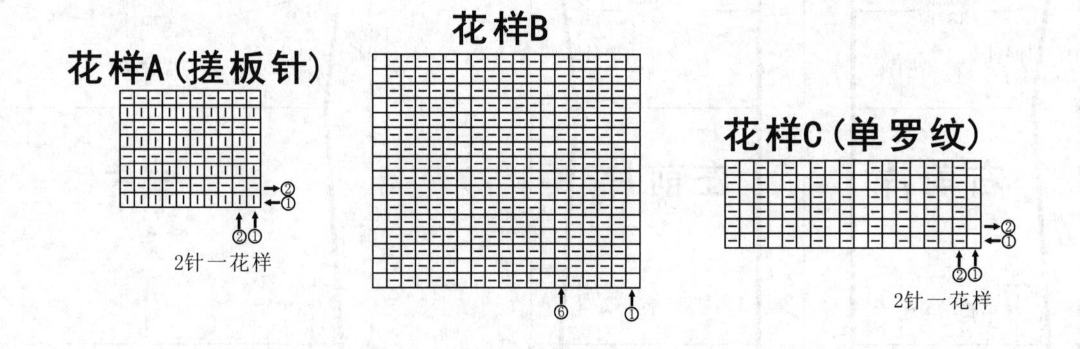
花样A(搓板针)
2针一花样
花样B
花样C(单罗纹)
2针一花样

泡泡袖短款毛衣

【成品规格】 胸围68cm，衣长64cm，肩袖长31cm

【工　　具】 12号棒针

【编织密度】 10cm²=38针×48行

【材　　料】 白色羊毛线580g

编织要点：

1.由前后片及左右袖组成。前后片按结构图从上端领部起针分别往下编织。

2.开始起针就按花样针法图往下端编织前后片时，要注意加针位置。衣袖为横向编织，然后在两侧肩线部位按图示打褶并和前、后片对位合并好，最后将衣领沿对折线合并成双层并和衣服缝合好。

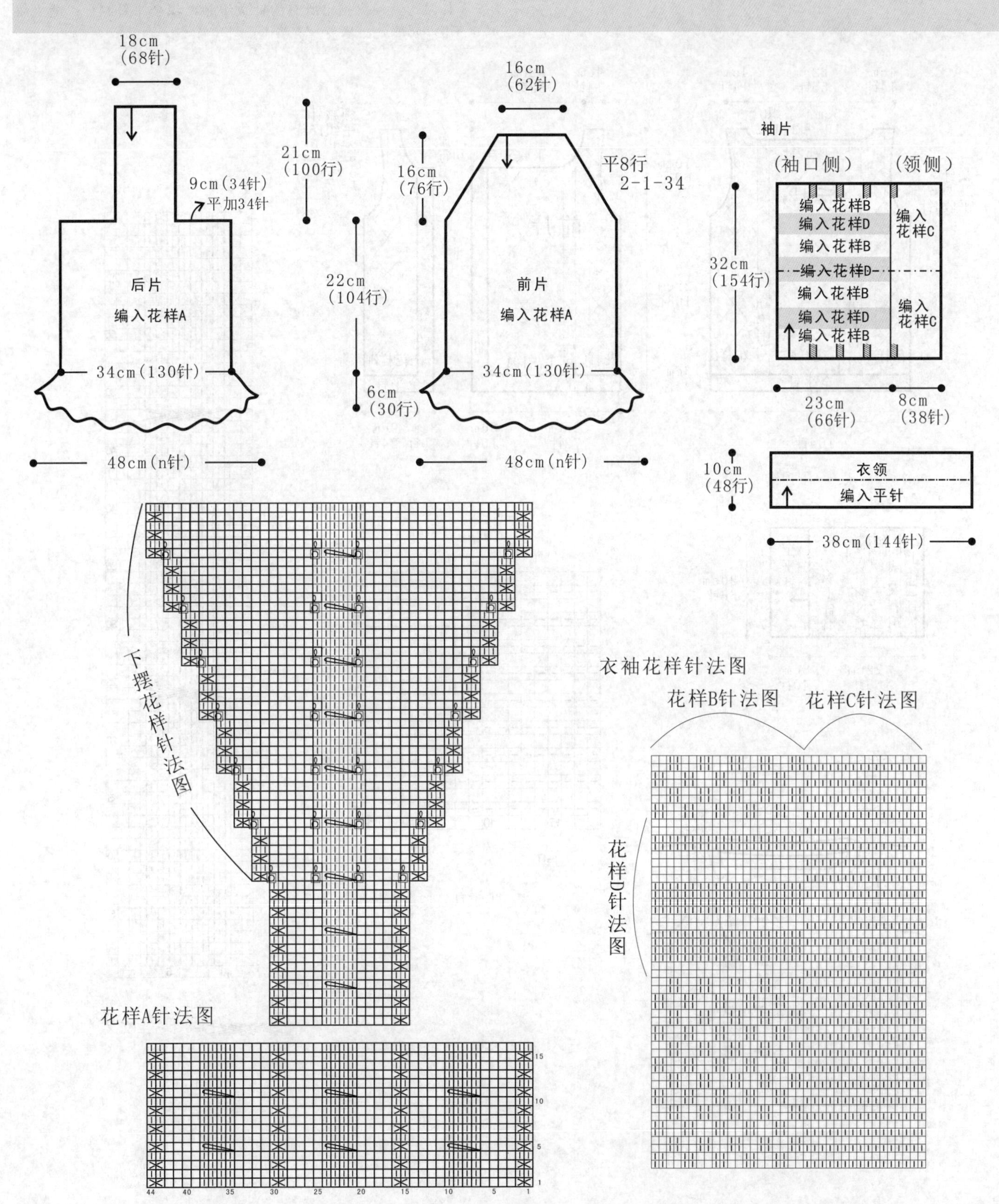

复古修身中袖针织衫

【成品规格】衣长48cm，胸围80cm　袖长30cm

【工　　具】11号棒针

【编织密度】10cm²=26针×35行

【材　　料】橘色羊毛线450g，纽扣5颗

编织要点：

1.后片：起104针织24行全平针后按图示布花织组合花样，织108行开挂，平收4针每2行各收1针收6次；后领窝平收中间的52针再每2行收1针收2次后平织6行。

2.前片：不对称织两片。左片：起82针织全平针24行后开始布花，门襟的10针织全平针随前片同织，开挂同后片，领平收50针后，再2行收3针一次，2针2次，1针1次，再平织16行，完成；右片：起34针，织法同左片。

3.袖：织平袖，横向织，起65针按图示分布花样，中间以上针间隔，织20cm平收；从袖口的一端挑出66针织全平针40行后平收。

4.领：沿领窝挑出所有的针数织领，织全平针24行；缝上纽扣，完成。

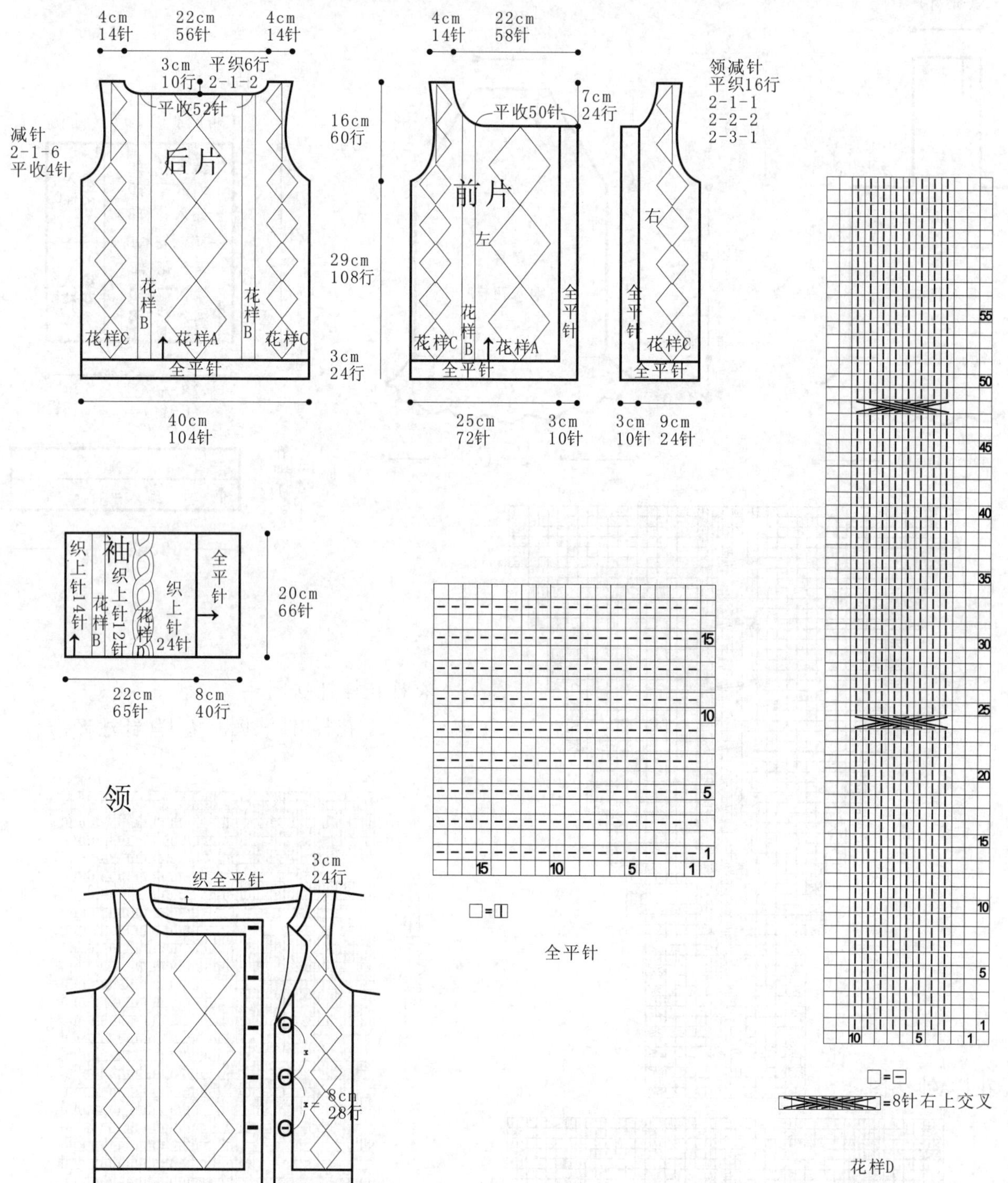

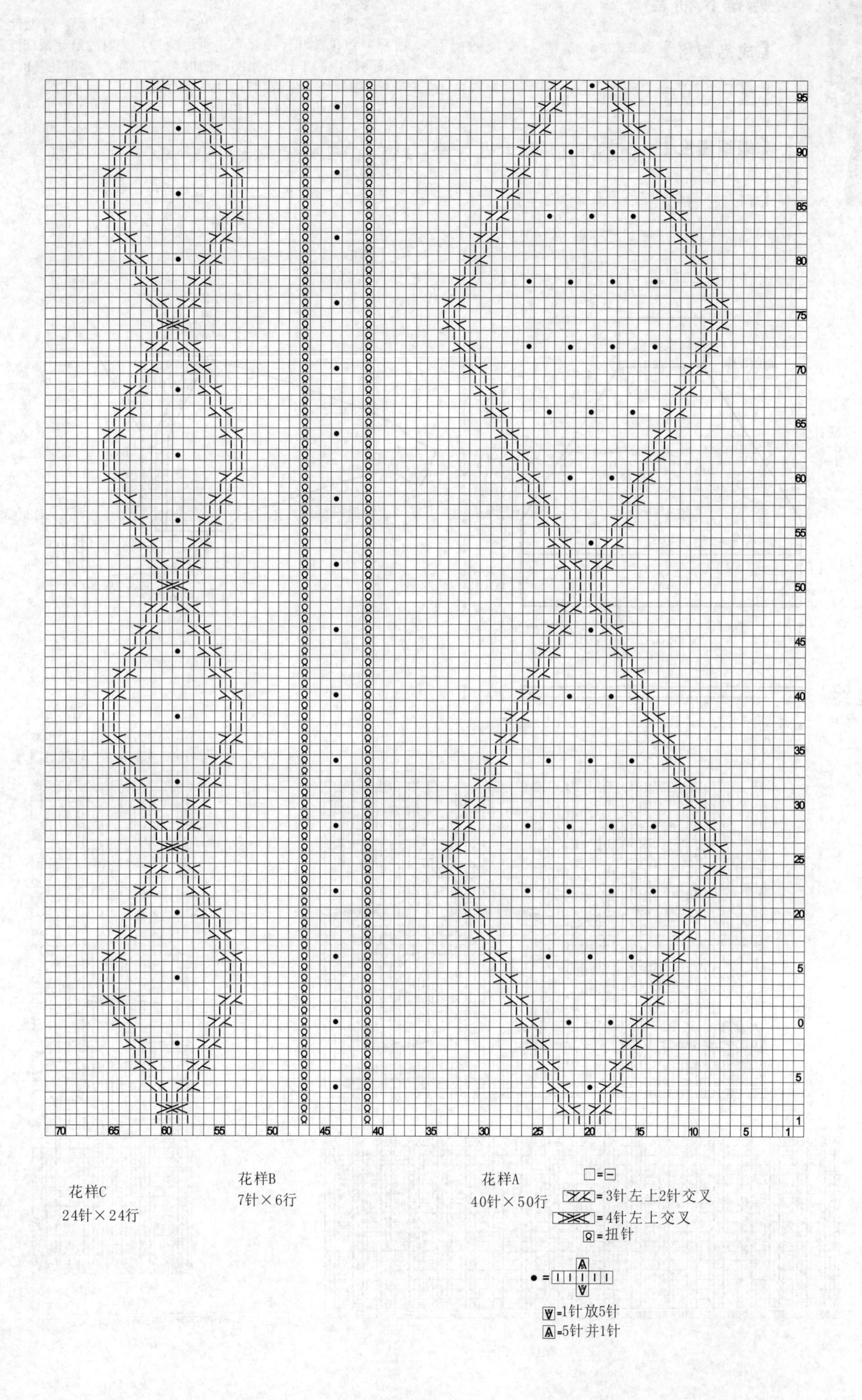

95
90
85
80
75
70
65
60
55
50
45
40
35
30
25
20
5
0
5
1
70
65
60
55
50
45
40
35
30
25
20
15
10
5
1
花样C
24针×24行
花样B
7针×6行
花样A
40针×50行
□=⊟
=3针左上2针交叉
=4针左上交叉
=扭针
=1针放5针
=5针并1针

蝙蝠长袖装

【成品规格】 衣长60cm，胸围84cm 袖长62cm

【工　　具】 14号棒针

【编织密度】 10cm²=35针×45行

【材　　料】 细纯羊毛线450g

编织要点：

1.本款整体由两片构成:起296针织花样A40行后，将上针全部收掉，织平针28行；开始在两边减针：先2行减1针减10针后再每3行减1针；平针织到15cm的时候，中间织一组花样B；袖口每3针减1针织双罗纹44行平收；织两片。

2.边缘：起16针织花样C308行。

3.缝合：将织好的梯形对折先缝合底边，这时袖和身片就形成了；将边缘长方形缝合在起始处；然后留出领位置，将下端连起来。

4.下摆：沿边缘挑272针织双罗纹44行，完成。

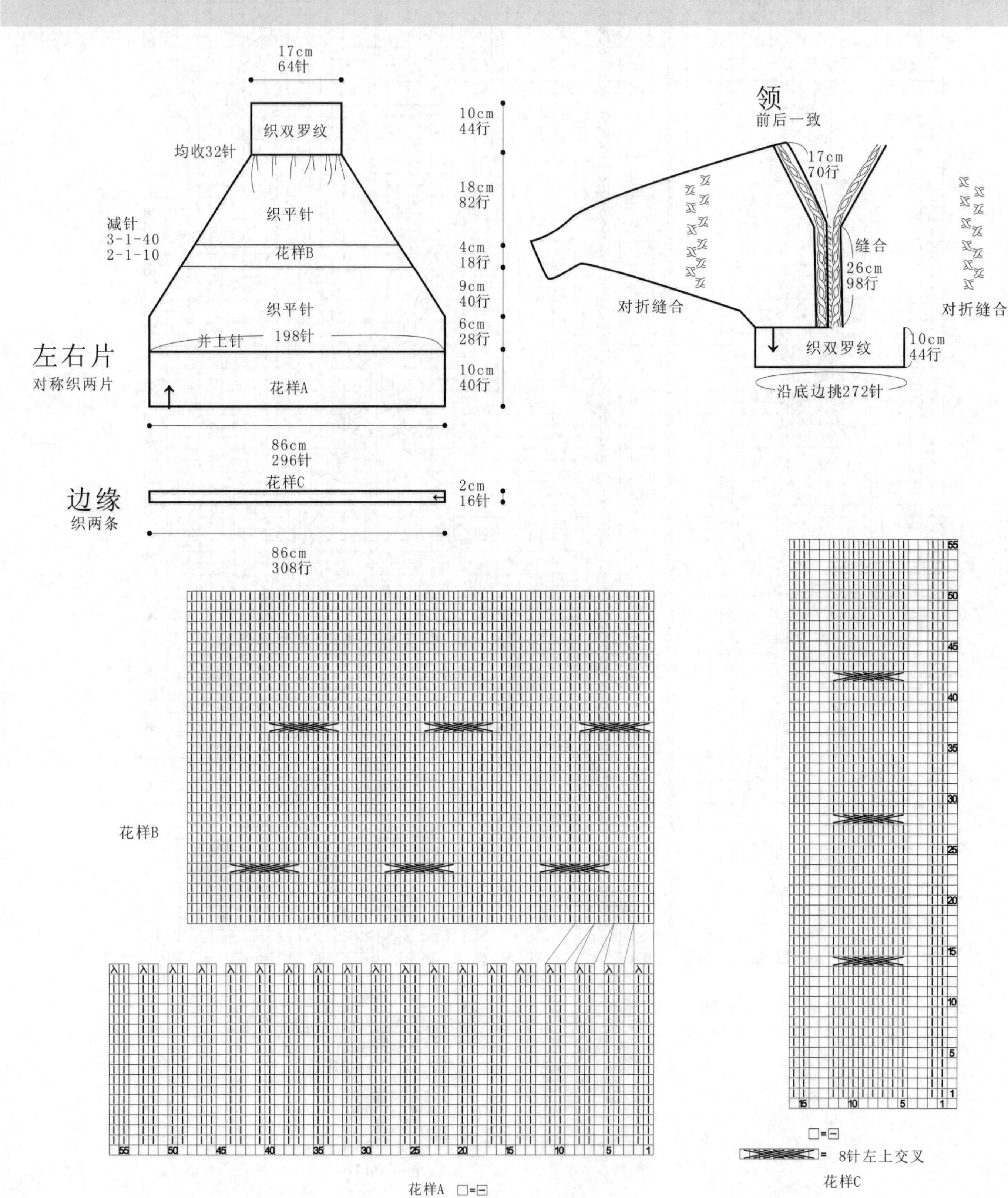

水绿色温暖开衫

【成品规格】胸围84cm，衣长50cm，肩袖长21cm

【工　　具】12号棒针

【编织密度】10cm² =16针×28行

【材　　料】淡蓝色丝光棉线580g

编织要点：

衣服从下摆起针按结构图往上编织。前后片均按花样针法图编织，袖子从袖口起针往上编织。衣领将各单元片剩下的针编织单罗纹5cm。

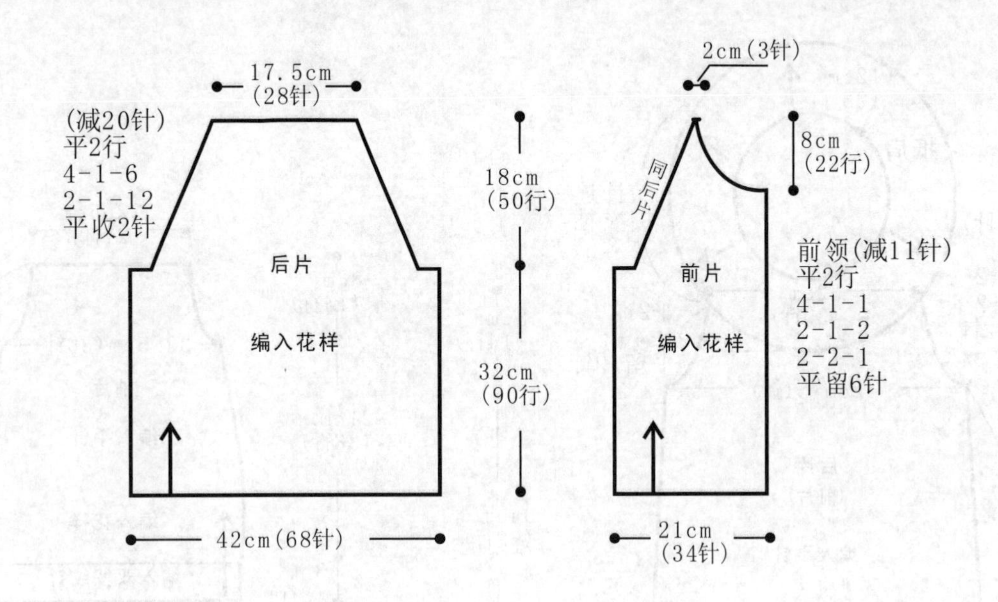

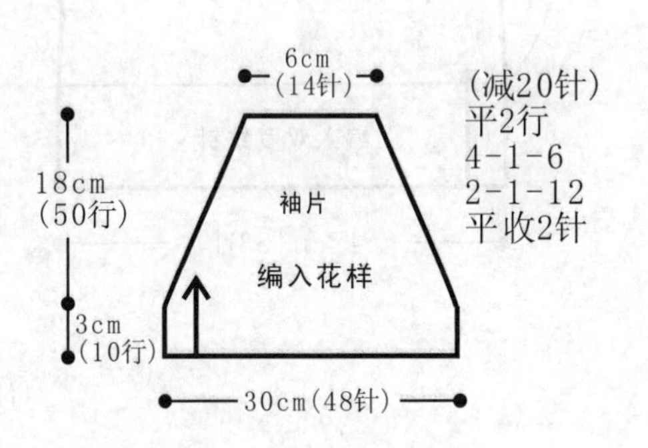

花样针法图

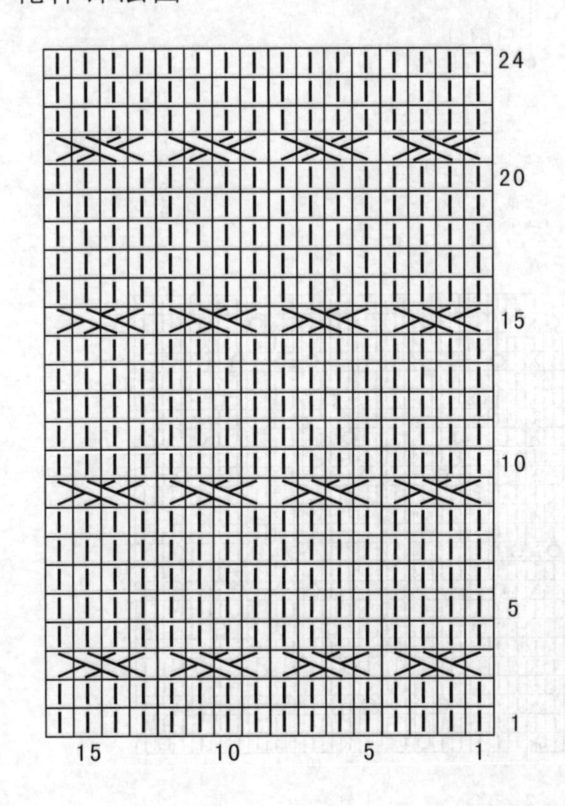

单罗纹针法图

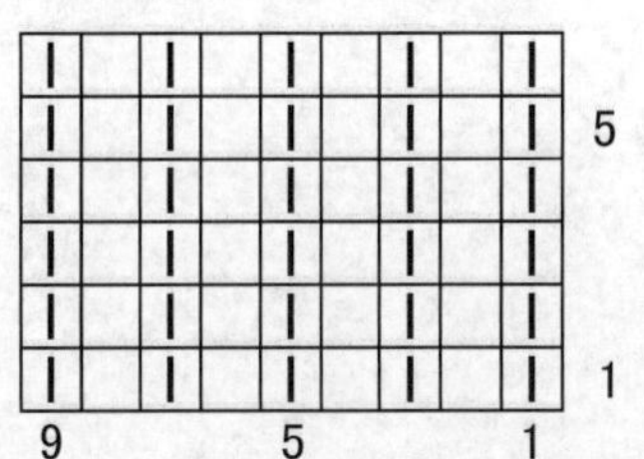

长袖套头毛衣

【成品规格】胸围84cm，衣长50cm，肩袖长32cm

【工　　具】14号棒针

【编织密度】10cm²=12针×18行

【材　　料】极粗毛线580g

编织要点：

由抵肩及前后片、左右袖片组成。前片、后片、袖片均是按结构图从下往上编织。抵肩从衣领处起90针往下编织，最后分别和前后片及左右袖片采取无缝拼接的方式来完成 。

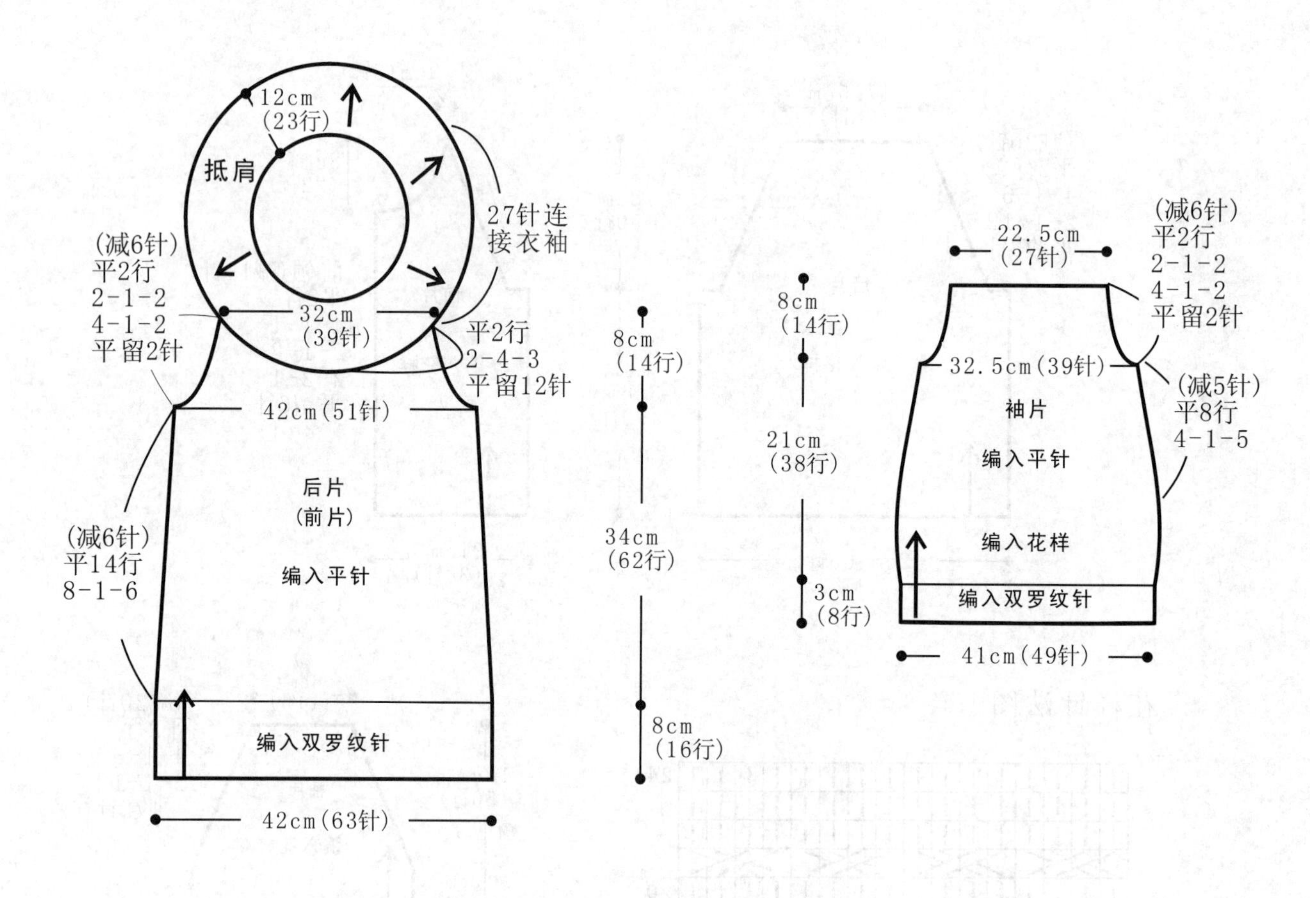

花样针法图

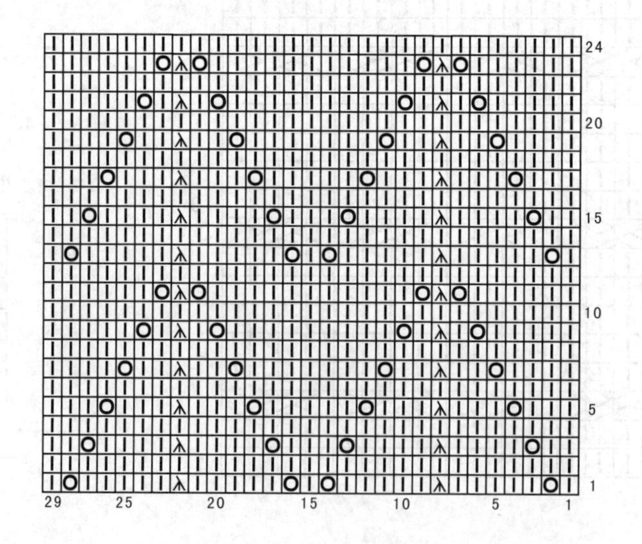

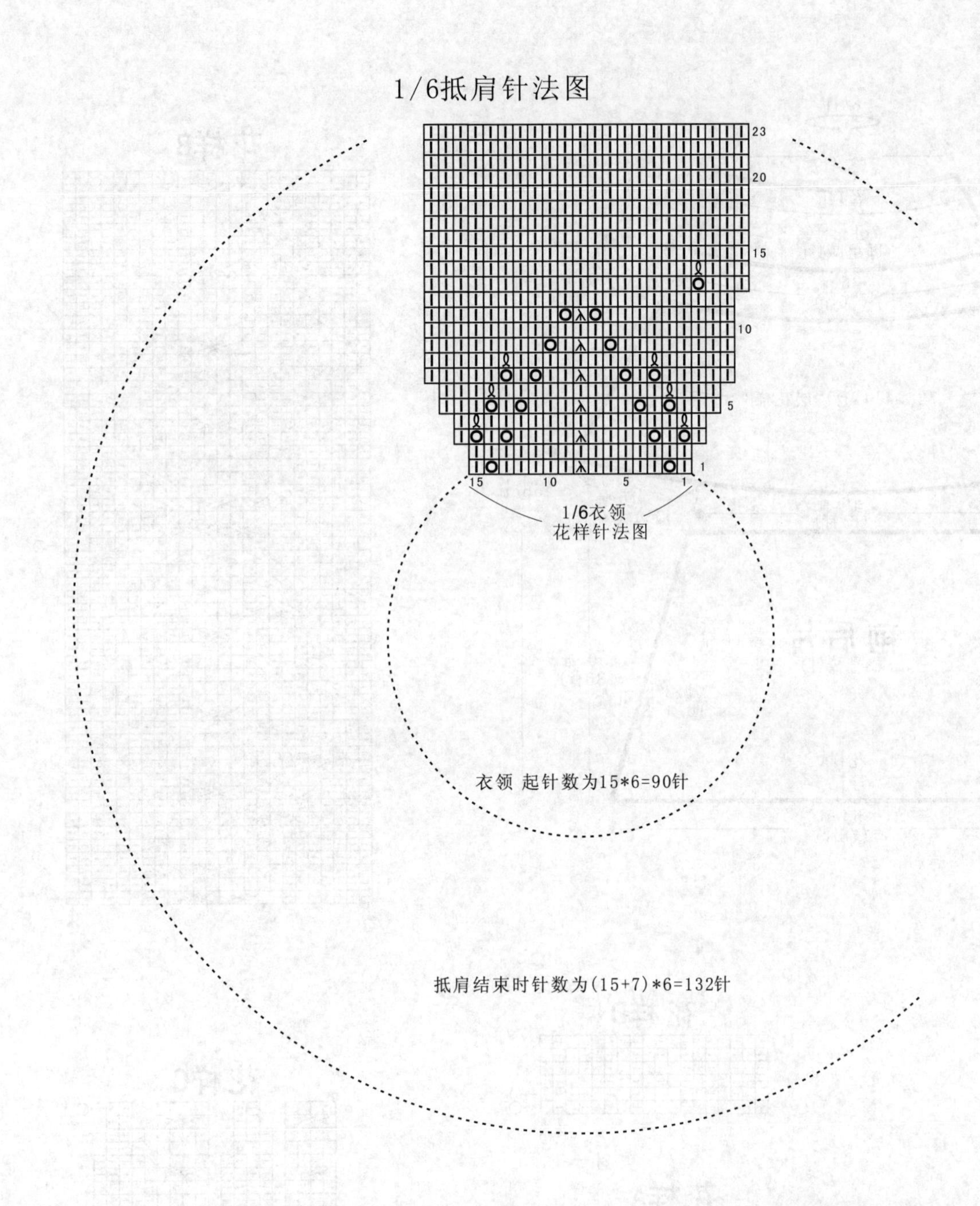
1/6抵肩针法图
23
20
15
10
5
1
15
10
5
1
1/6衣领
花样针法图
衣领 起针数为15*6=90针
抵肩结束时针数为(15+7)*6=132针

宝蓝色中长款毛衣

【成品规格】衣长56cm，胸宽40cm

【工　　具】8号棒针

【编织密度】10cm²=15针×27行

【材　　料】宝蓝色羊毛线550g

编织要点：

1.棒针编织法，由前后片共3片、领片1片组成。从下往上织起。
2.前后片的编织，一片织成，前后片编织方法一样，以前片为例：下针起针法，起78针，花样A起织，两边同时减针，10-1-8，减8针，织80行，余下62针，收针断线；用相同方法编织后片;下针起针法，起24针，花样B起织，不加减针，织112行共4层花样B　收针断线。
3.拼接，将前后片3片对应缝合。
4.领片的编织，一片织成；于衣领部位挑针共70针，7组花样C起织，花样减针，每组减4针，织10行；下一行起，改织花样D　不加减针，织6行，余下42针，收针断线。

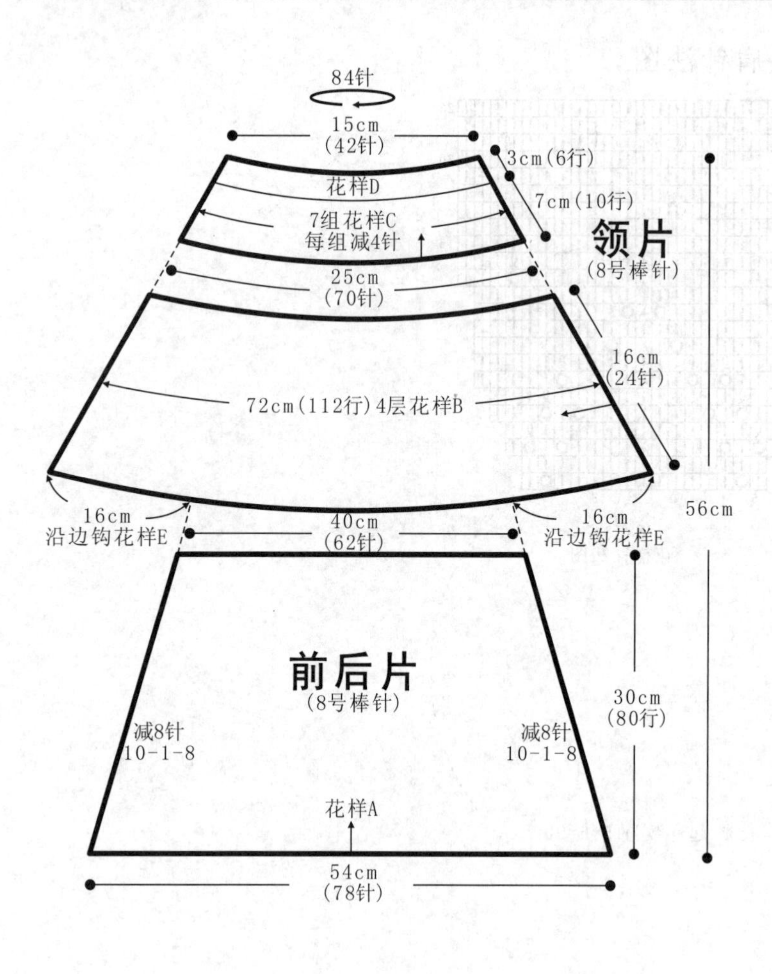

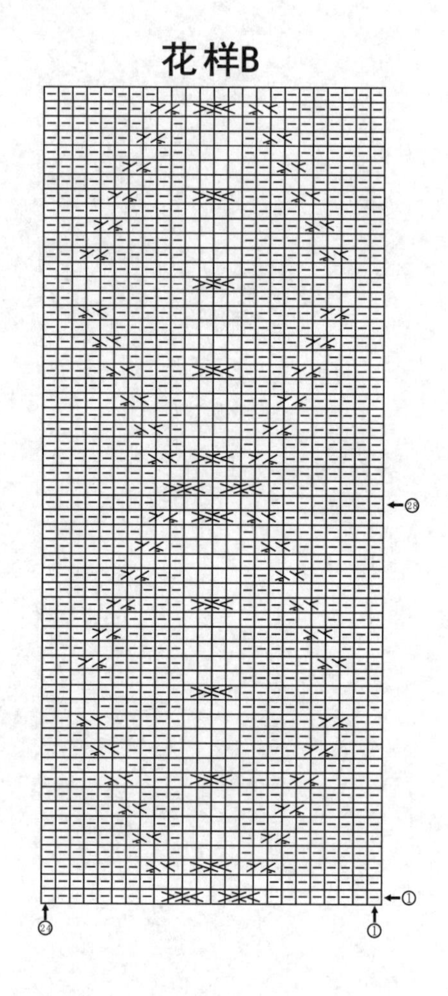

符号说明：

⊟ 上针

□=⊡ 下针

4-1-2 行-针-次

↑ 编织方向

左上2针与右下2针交叉

右上2针与左下1针交叉

+ 短针

锁针

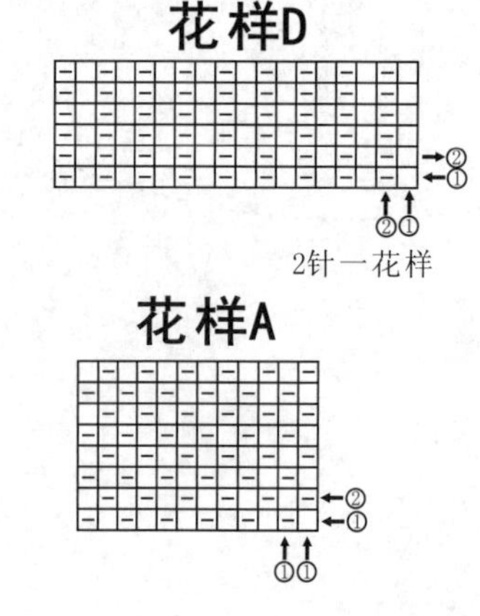

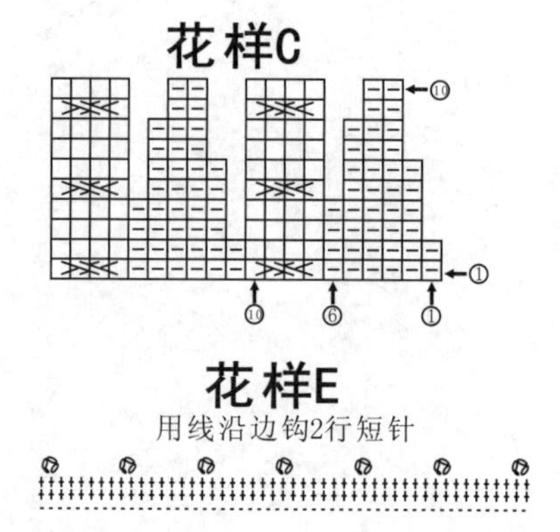

温婉长袖针织衫

【成品规格】 衣长50cm，肩宽37cm，袖长60cm，袖宽15.5cm

【工　　具】 12号棒针

【编织密度】 10cm²=36针×37行

【材　　料】 灰色羊毛线550g

编织要点:

1.棒针编织法，由前片2片、后片1片、袖片2片组成。从下往上织起。

2.前片的编织，分为左前片和右前片分别编织，编织方法一样，但方向相反。以右前片为例，下针起针法，起78针，花样A起织，不加减针，织128行至袖窿；下一行两侧同时进行减针，左侧平收4针，然后2-1-8，减12针，织56行；右侧平收12针，然后2-2-11，减34针，织22行，不加减针编织34行高度，余下32针，收针断线；用相同方法及相反方向编织左前片。

3.后片的编织，一片织成;下针起针法，起154针，7组花样A起织，不加减针，织128行至袖窿；下一行两侧同时进行减针，平收4针，然后2-1-8，减12针，织56行;其中自织成袖窿算起编织48行高度，下一行进行衣领减针，平收34针，两侧相反方向减针，2-2-2，2-1-2，减16针，织8行，余下32针，收针断线。

4.袖片的编织，一片织成；下针起针法，起78针，花样A起织，两侧同时加针，10-1-16，加16针，织160行；下一行起，两侧同时减针，平收4针，2-1-32，减36针，织64行，余下38针，收针断线。

5.拼接，将左前片及右前片与后片侧缝对应缝合；将袖片侧缝与衣身侧缝对应缝合。

6.领襟的编织，从左右前片领片位置挑针38针，衣襟侧位左右各挑106针，下端左右各挑78针，后片挑针68针，花样B起织，织一组花样B　收针断线。

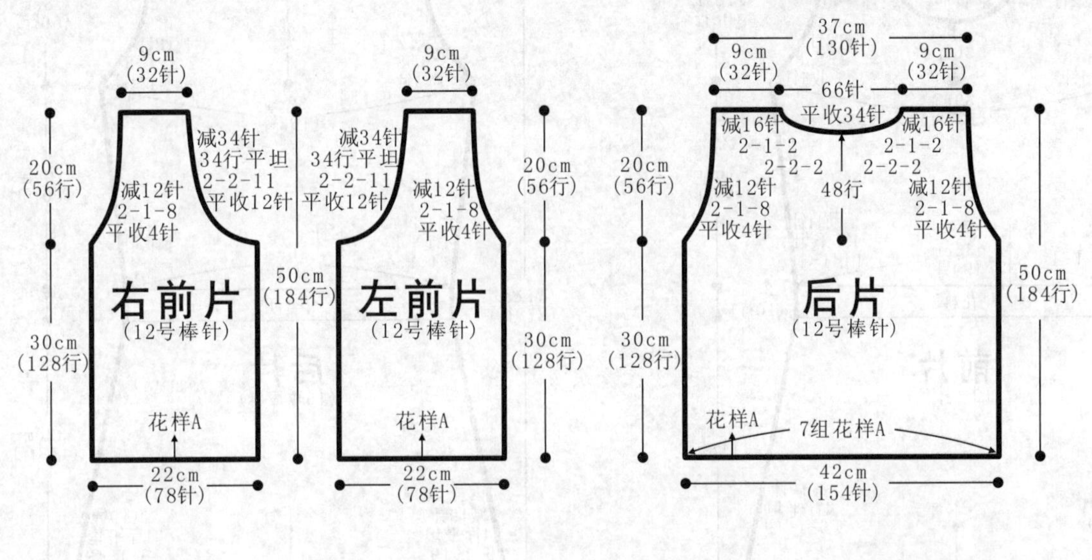

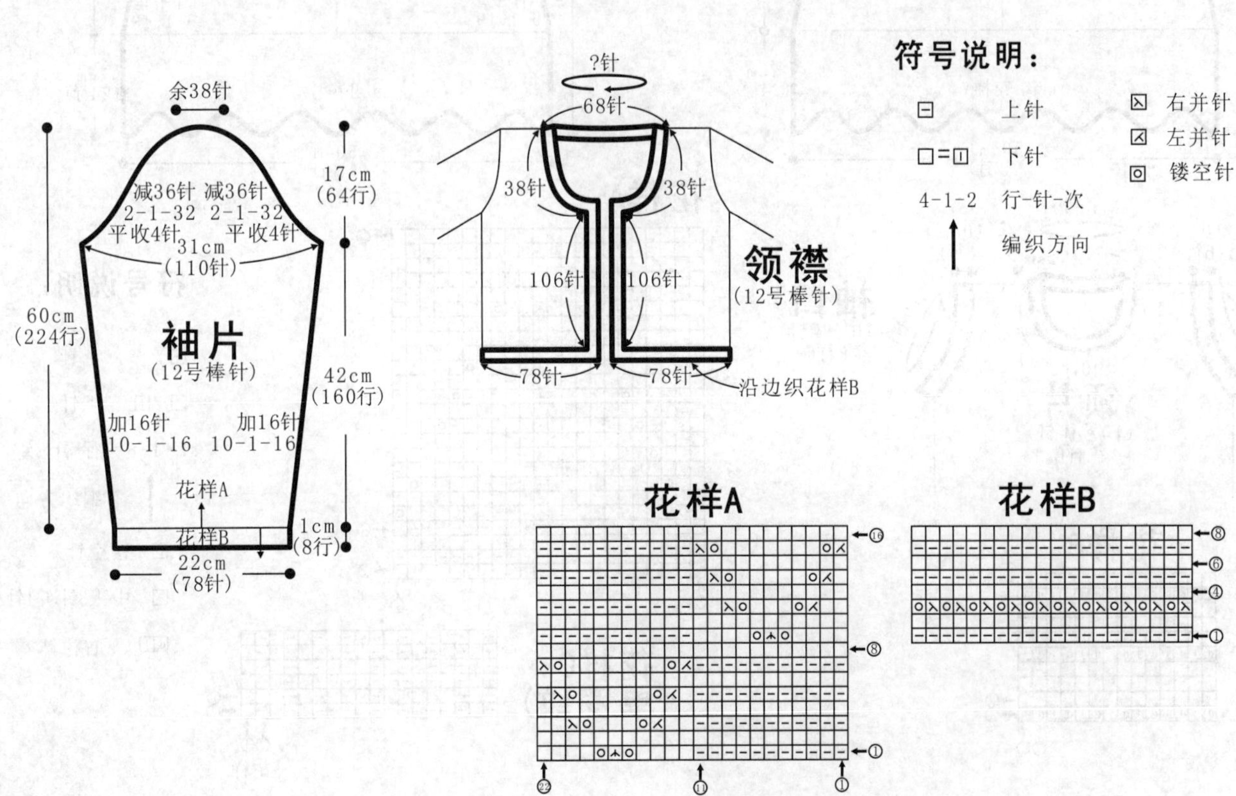

修身长款无袖衫

【成品规格】衣长76m，胸宽39cm，肩宽29cm

【工　　具】10号棒针

【编织密度】$10cm^2$=26针×37行

【材　　料】灰色羊毛线800g

编织要点：

1.棒针编织法，袖窿以下环织；袖窿以上分成前片和后片各自编织，再编织领片和2个袖口。

2.袖窿以下的编织，先编织前后片。下针起针法，起264针，首尾连接，环织。起织12组花样A，不加减针，编织24行后改织下针，下一行起两边侧缝同时减针，6-1-19，减少19针，不加减针，再织4行，织成118行后，余188针；下一行起改织花样B 不加减针，编织10行；下一行起，改织下针，两边侧缝同时加针，14-1-4，4行平坦，加4针，织60行后至袖窿；余204针，下一行起，分成前片和后片各自编织，各102针，以前片为例，袖窿两边同时减针，平收6针，2-1-8，减12针，编织成袖窿算起30行时，下一行从中间收针12针，两边同时减针，2-2-7，织成14行，不加减针，再织22行后，至肩部，余19针，收针断线。

3.后片的编织在袖窿处起织，袖窿减针与前片相同，当织成52行后，下一行起从中平收28针后，两边同时减针，2-2-2，2-1-2，6行平坦，减少6针，至肩部余下19针，收针断线。

4.领片的编织，从前片挑90针，后片挑72针，起织花样C单罗纹针，织10行后收针断线。

5.袖口的编织，从前后片共挑104针，起织花样C单罗纹针，织10行后收针断线，衣服完成。

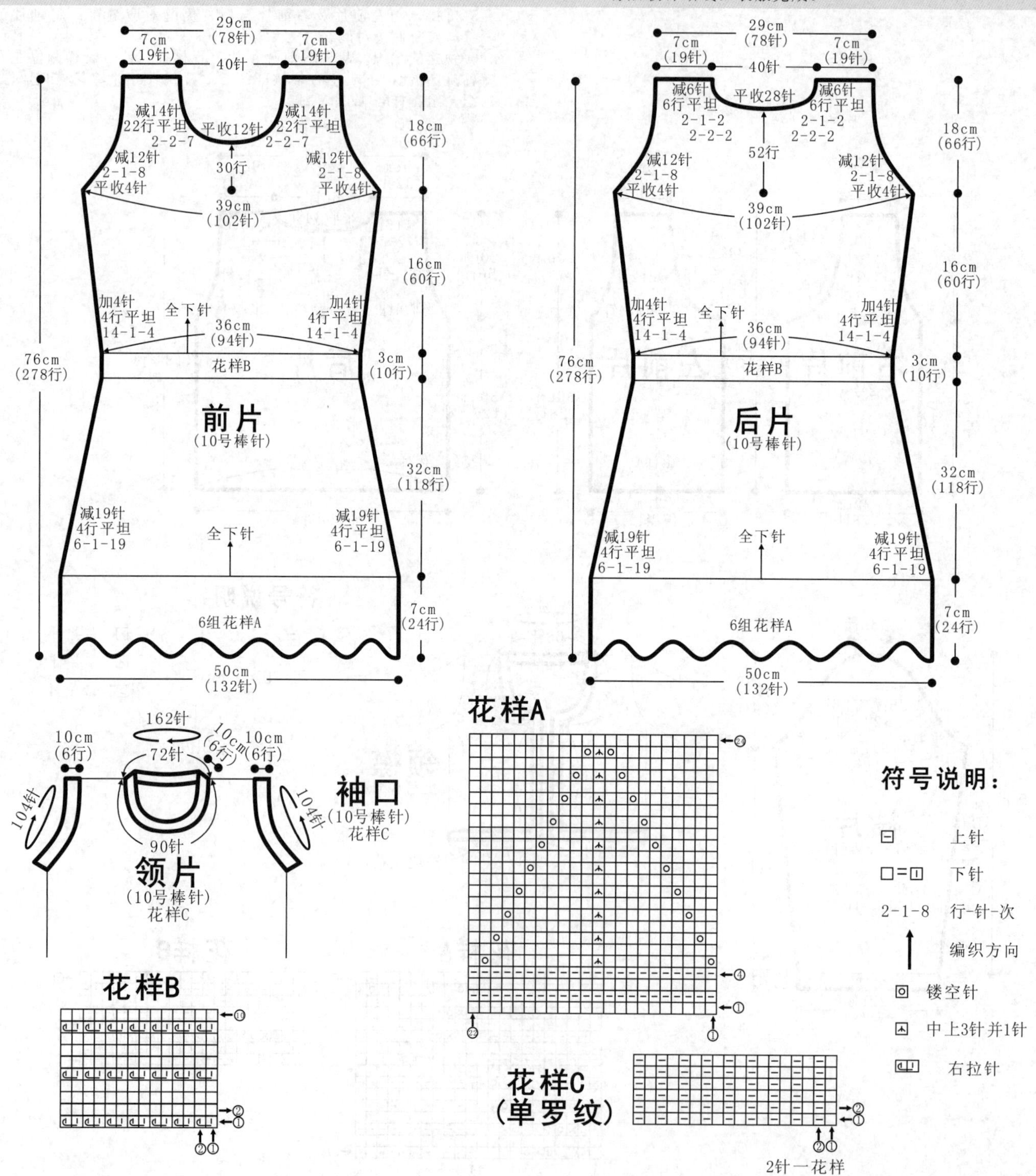

编织必读 knit stitch

本书作品使用针法

|=下针(又称为正针、低针或平针)

①
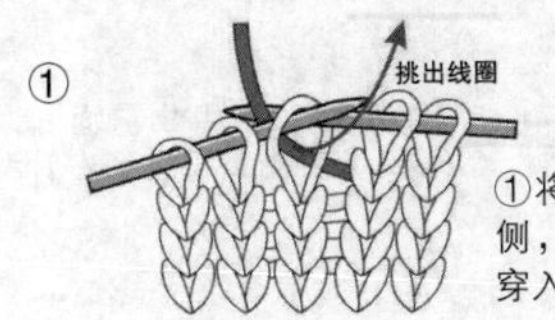

①将毛线放在织物外侧，右针尖端由前面穿入活结。

②
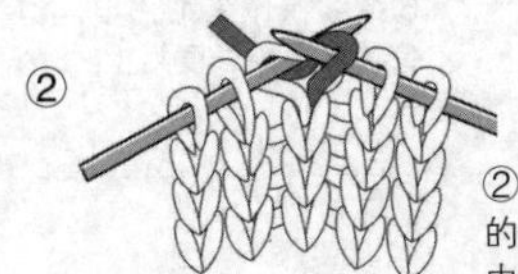

②挑出挂在右针尖上的线圈，同时此活结由左针滑脱。

□或—=上针(又称为反针或高针)

①
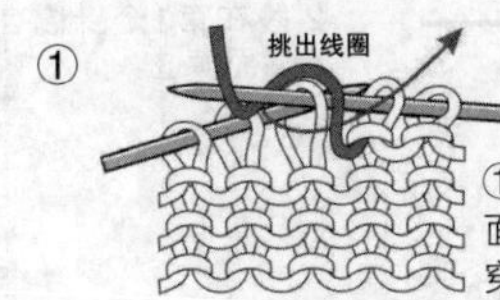

①将毛线放在织物前面，右针尖端由后面穿入活结。

②

②挂上毛线并挑出挂在右针尖上的线圈，同时此活结由左针滑脱。上针完成。

O=空针(又称为加针或挂针)

①
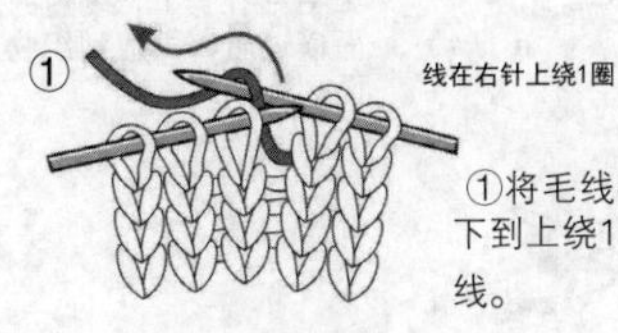

①将毛线在右针上从下到上绕1次，并带紧线。

②
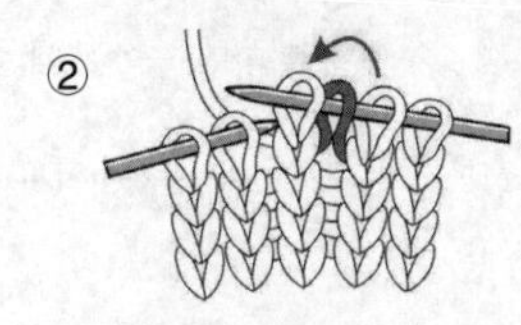

②继续编织下一个针圈。到次行时与其它针圈同样织。实际意义是增加了1针，所以又称为加针。

=扭针

①
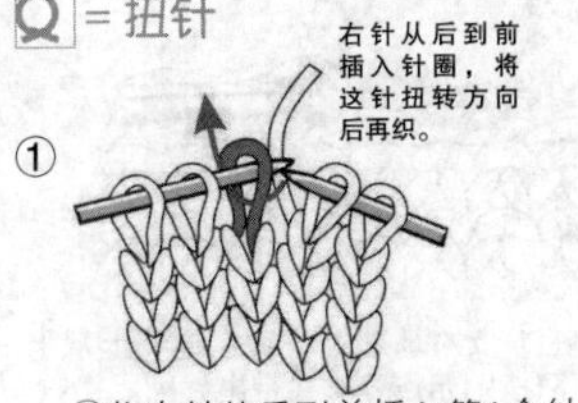

①将右针从后到前插入第1个针圈(将待织的这1针扭转)

②
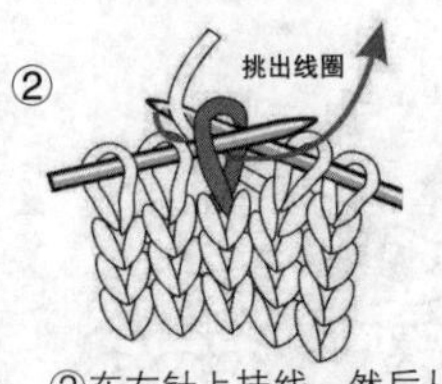

②在右针上挂线，然后从针圈中将线挑出来，同时此活结由左针滑脱。

③
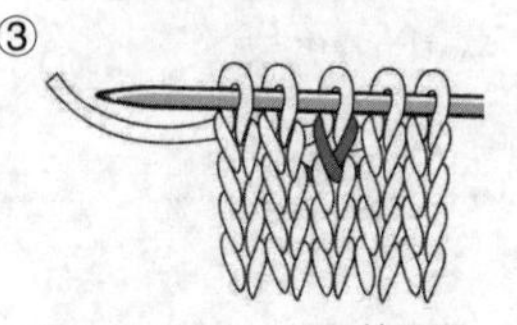

③继续往下织，这是效果图。

=上针扭针

①

①将右针按图示方向插入第1个针圈(将待织的这1针扭转)

②
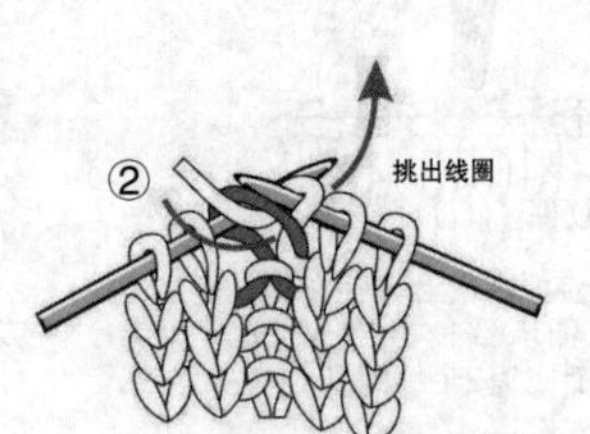

②在右针上挂线，然后从针圈中将线挑出来。

=下针绕3圈

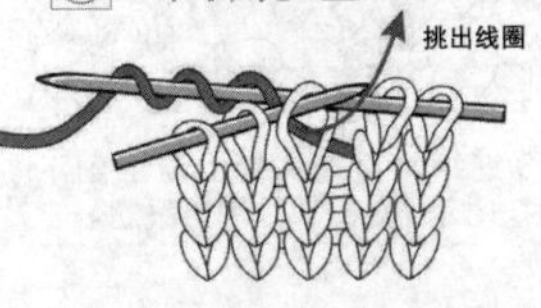

在正常织下针时，将毛线在右针上绕3圈后从针圈中带出，使线圈拉长。

=下针绕2圈

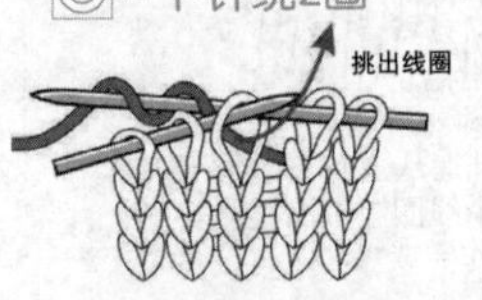

在正常织下针时，将毛线在右针上绕2圈后从针圈中带出，使线圈拉长。

∩=滑针

①
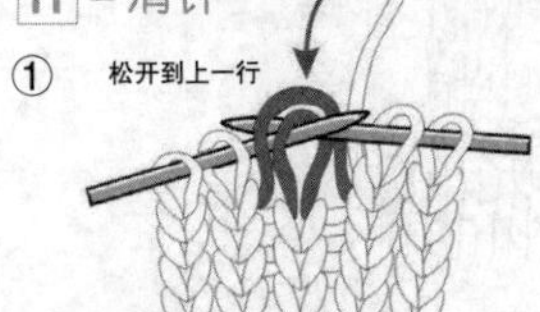

①将左针上第1个针圈退出并松开并滑到上一行(根据花型的需要也可以滑出多行)，退出的针圈和松开的上一行毛线用右针挑起。

②

②右针从退出的针圈和松开的上一行毛线中挑出毛线使这形成1个针圈。

③
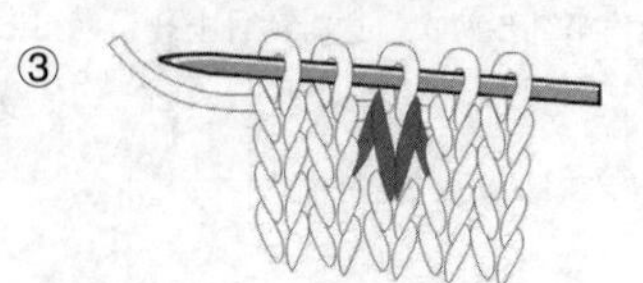

③继续编织下一个针圈。

=左加针

①
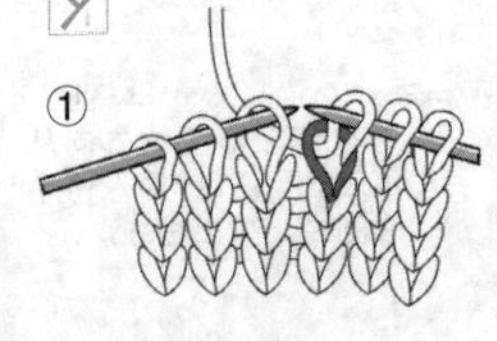

①左针第1针正常织。

②
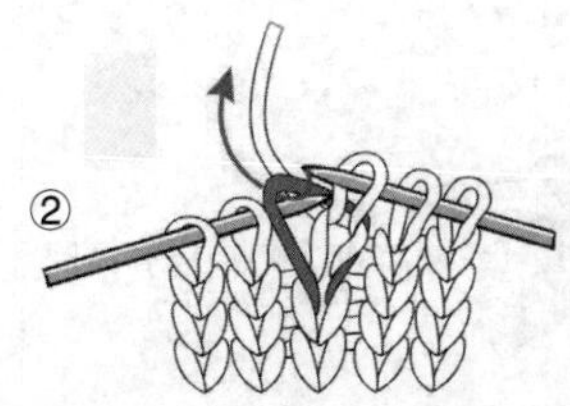

②左针尖端先从这针的前一行的针圈中从后向前挑起针圈。针从前向后插入并挑出线圈。

③
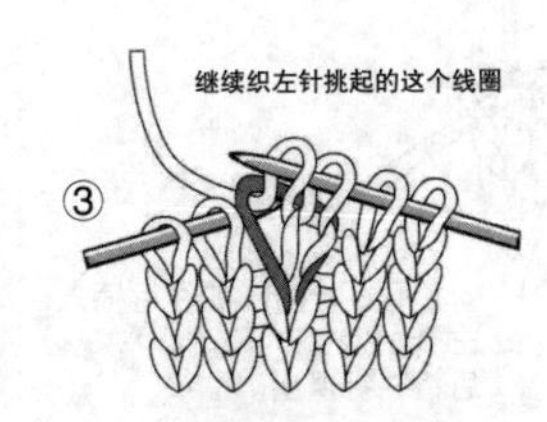

③继续织左针挑起的这个线圈。实际意义是在这针的左侧增加了1针。

=右加针

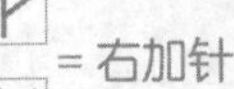

①
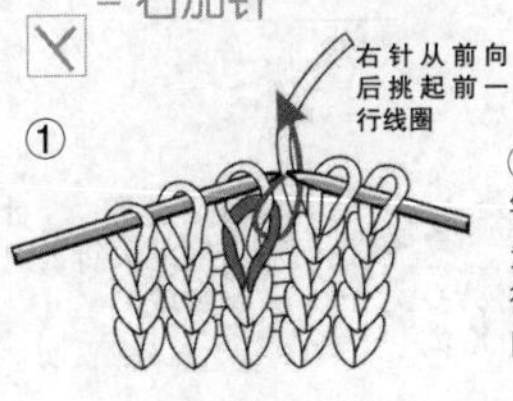

①在织左针第1针前，右针尖端先从这针的前一行的针圈中从前向后插入。

②
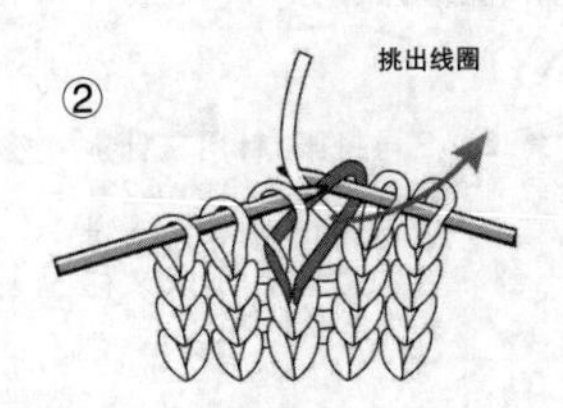

②将线在右针上从下到上绕1次，并挑出线，实际意义是在这针的右侧增加了1针。

③
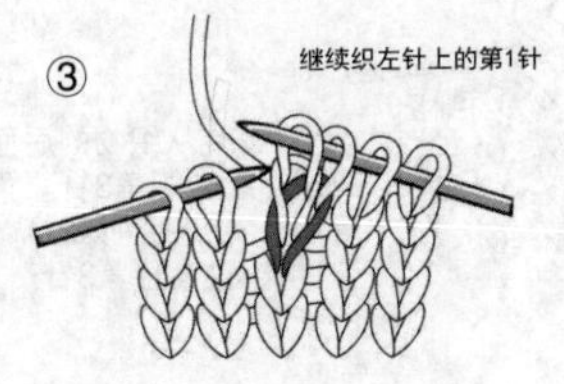

③继续织左针上的第1针。然后此活结由左针滑脱。

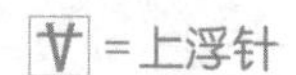

上浮针

①

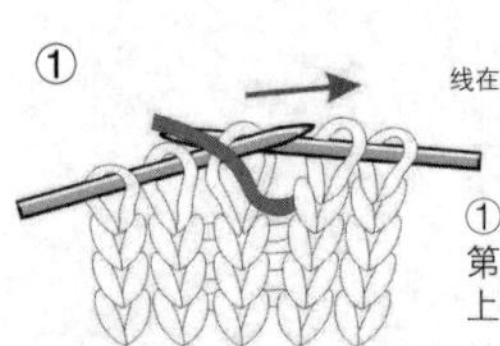

①将线放到织物前面，第1个针圈不织挑到右针上。

②

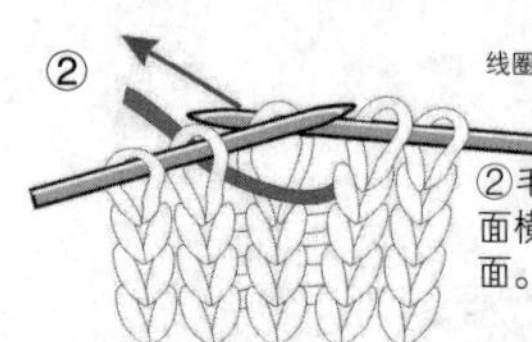

②毛线在第1个线圈的前面横过后，再放到织物后面。

③

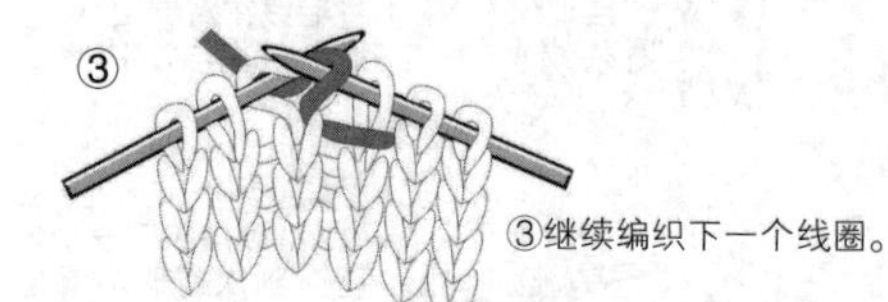

③继续编织下一个线圈。

下浮针

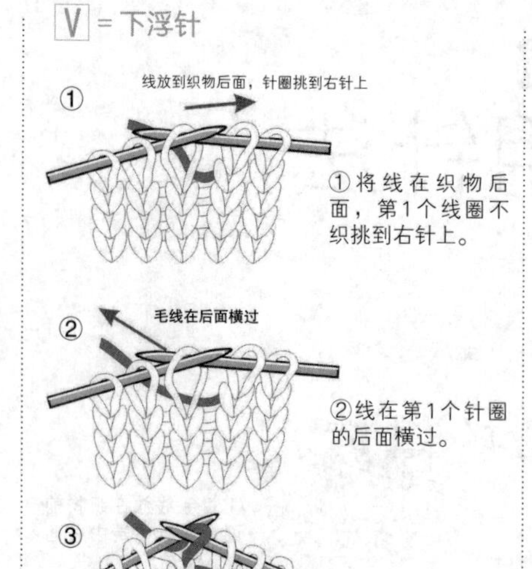

①将线在织物后面，第1个线圈不织挑到右针上。

②线在第1个针圈的后面横过。

③继续编织下一个线圈。

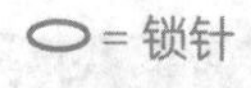

锁针

①

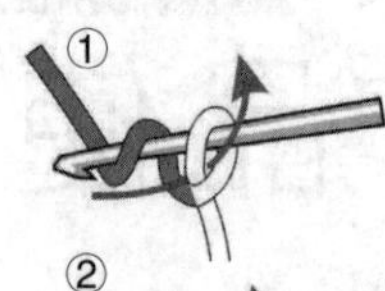

①先将线按箭头方向扭成1个圈，挂在钩针上。

②

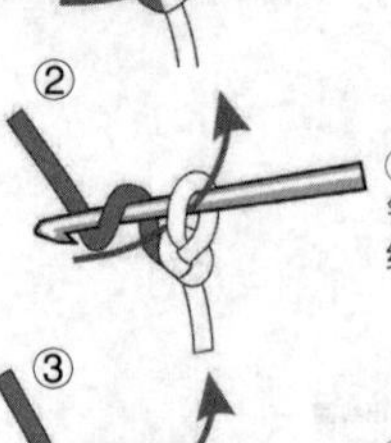

②在①步的基础上将线在钩针上从上到下(按图示)绕1次并带出线圈。

③

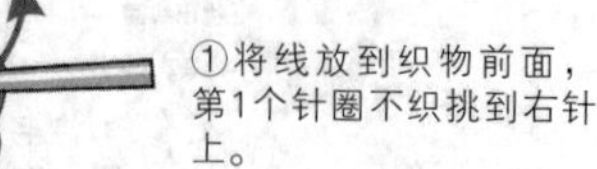

①将线放到织物前面，第1个针圈不织挑到右针上。

③继续操作第①②步，钩织到需要的长度为止。

枣针(3针长针并为1针)

①

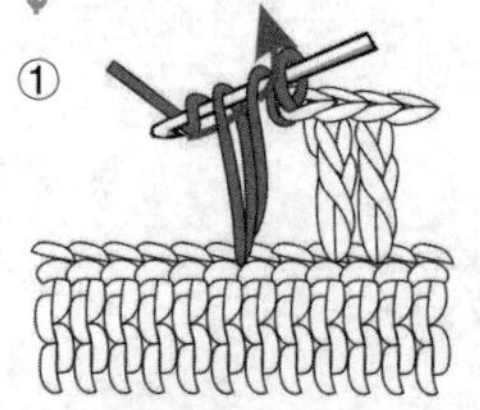

①将线先在钩针上从上到下(按图示)绕1次，再将钩针按箭头方向插入上一行的相应位置中，并带出线圈。

②

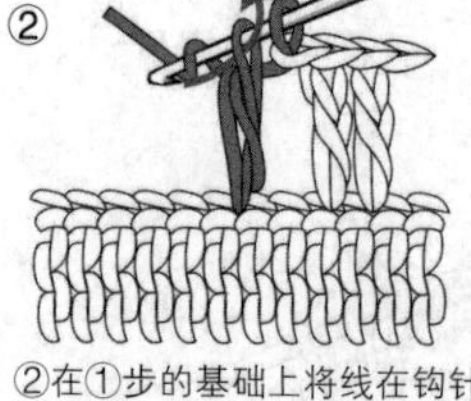

②在①步的基础上将线在钩针上从上到下(按图示)绕1次并带出线圈。注意这时钩针上有2个线圈了。

③

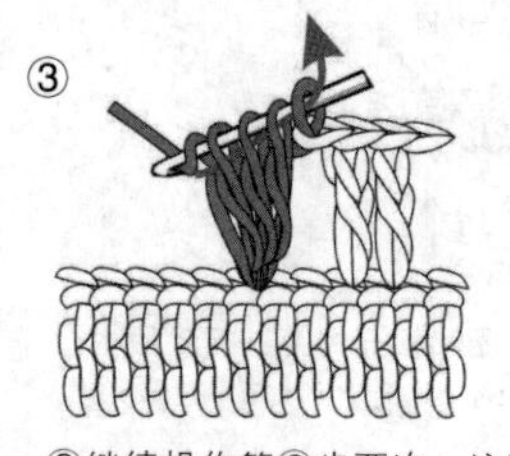

③继续操作第②步两次，这时钩针上就有4个线圈了。

④

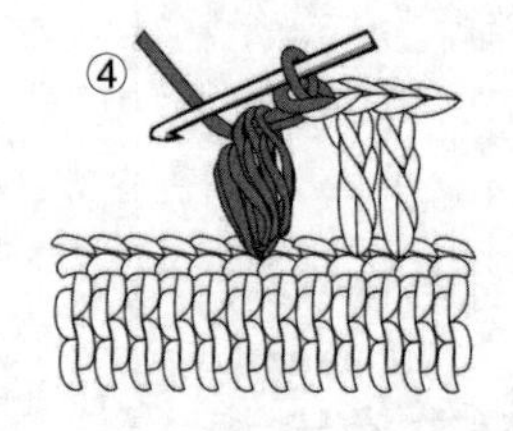

④将线在钩针上从上到下(按图示)绕1次并从这4个线圈中带出线圈。1针"枣针"操作完成。

短针

①

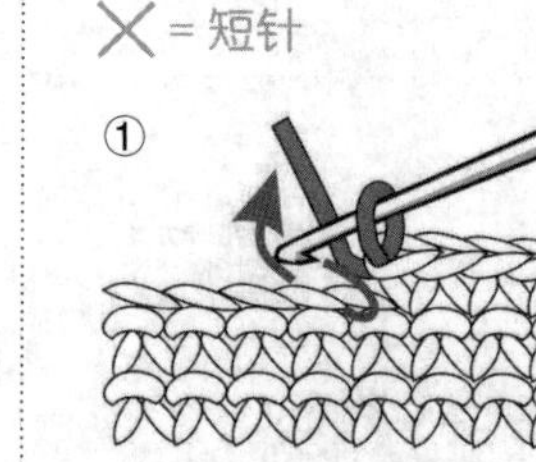

①将钩针按箭头方向插入上一行的相应位置中。

②

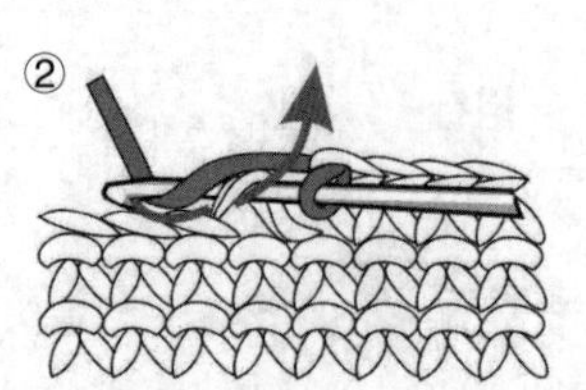

②在①步的基础上将线在钩针上从上到下(按图示)绕1次并带出线圈。

③

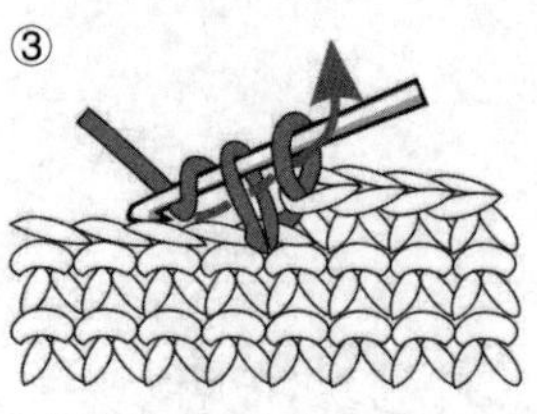

③继续将线在钩针上从上到下(按图示)再绕1次并带出线圈。

④

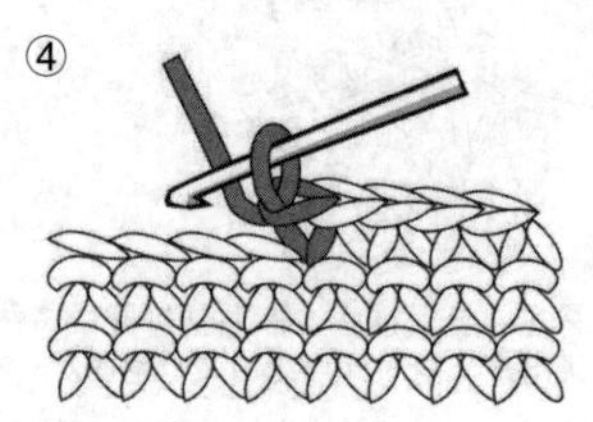

④1针"短针"操作完成。

中上3针并为1针

①

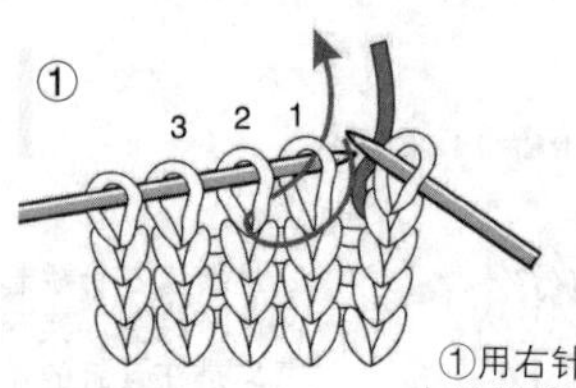

①用右针尖从前往后插入左针的第2、第1针中，然后将左针退出。

②

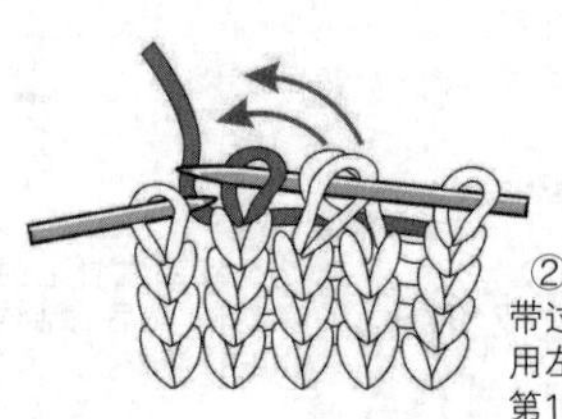

②将绒线从织物的后面带过，正常织第3针。再用左针尖分别将第2针、第1针挑过套住第3针。

右上2针并为1针(又称为拨收1针)

①

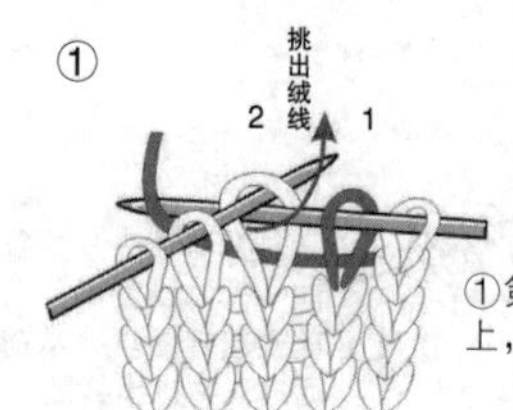

①第1针不织移到右针上，正常织第2针。

②

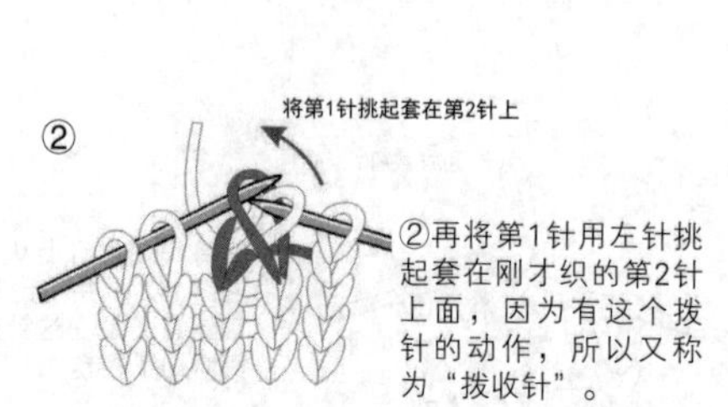

②再将第1针用左针挑起套在刚才织的第2针上面，因为有这个拨针的动作，所以又称为"拨收针"。

左上2针并为1针

①

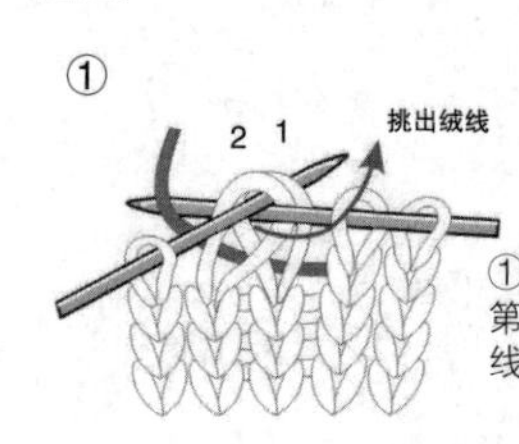

①右针按箭头的方向从第2针、第1针插入两个线圈中，挑出绒线。

②

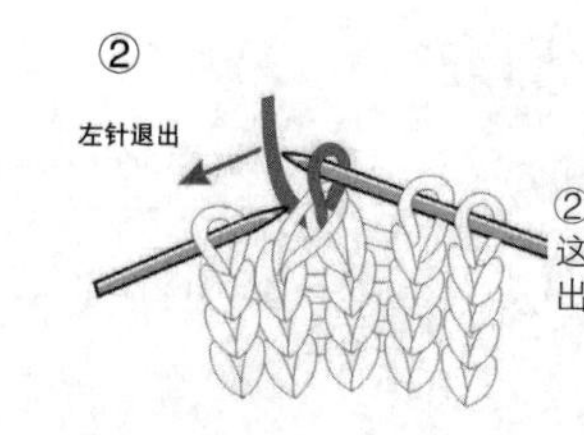

②再将第2针和第1针这两个针圈从大针上退出，并针完成。

=1针下针右上交叉

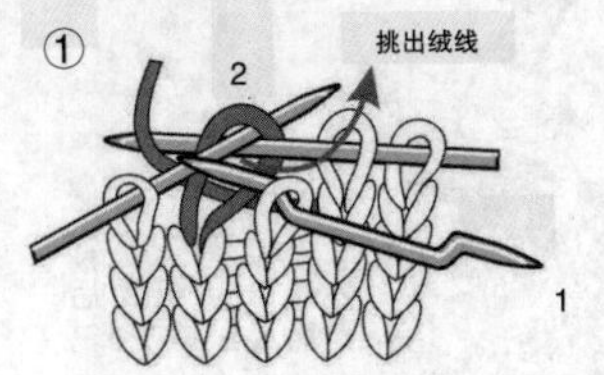

①第1针不织移到曲针上，右针按箭头的方向从第2针针圈中挑出绒线。

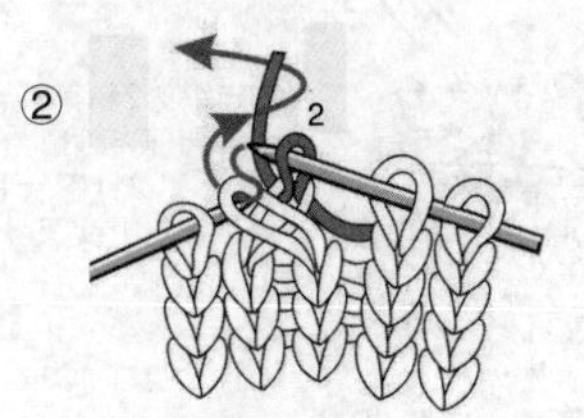

②再正常织第1针(注意：第1针是在织物前面经过)。

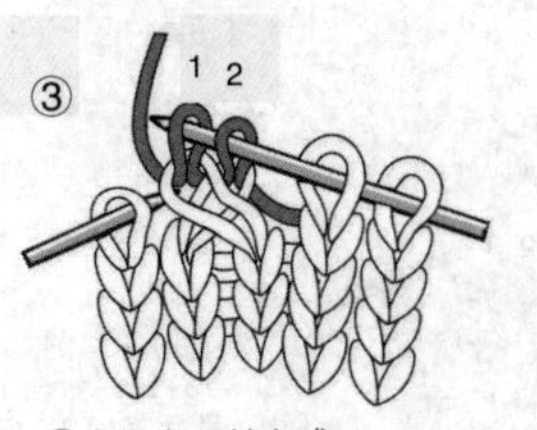

③右上交叉针完成。

=1针下针左上交叉

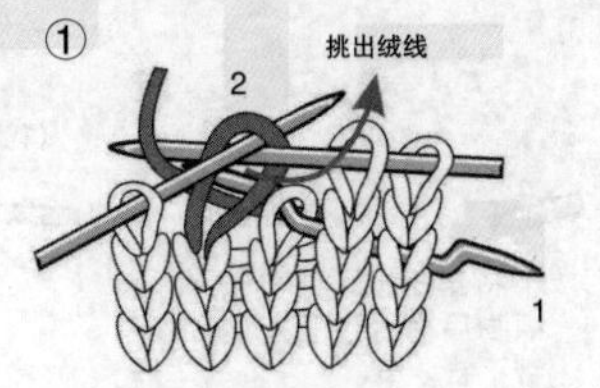

①第1针不织移到曲针上，右针按箭头的方向从第2针针圈中挑出绒线。

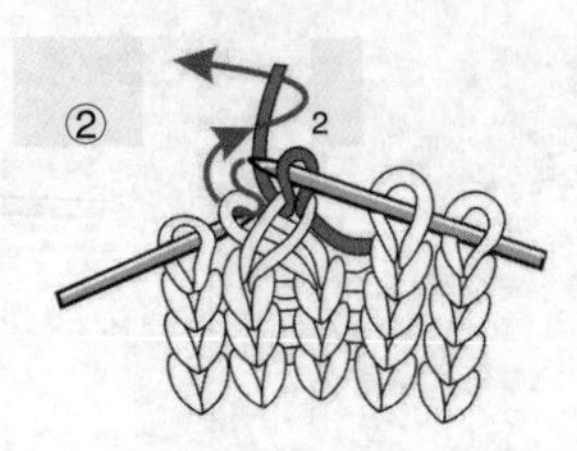

②再正常织第1针(注意：第1针是在织物后面经过)。

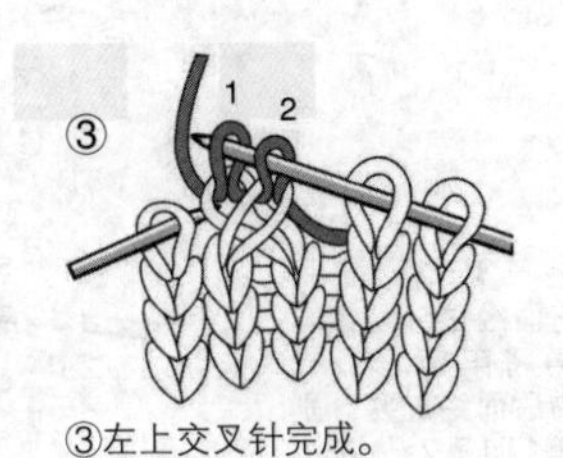

③左上交叉针完成。

=1针下针和1针上针左上交叉

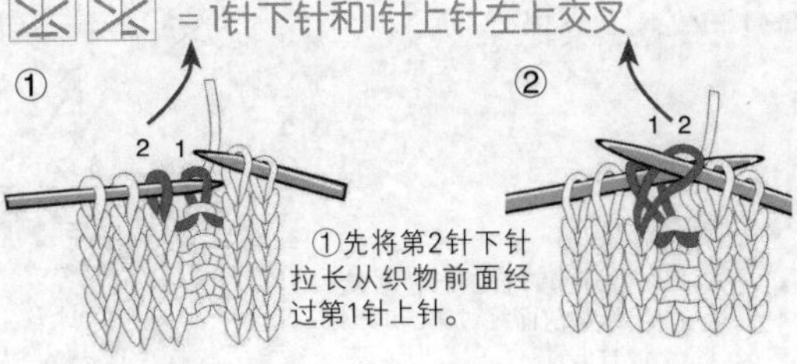

①先将第2针下针拉长从织物前面经过第1针上针。

②先织好第2针下针，再来织第1针上针。“1针下针和1针上针左上交叉”完成。

=1针下针和1针上针右上交叉

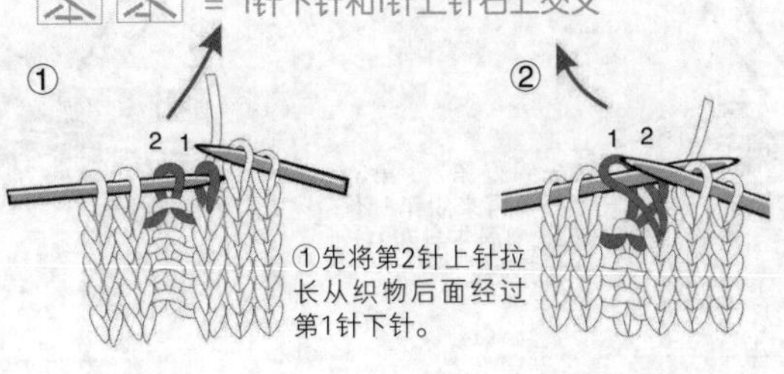

①先将第2针上针拉长从织物后面经过第1针下针。

②先织好第2针上针，再来织第1针下针。“1针下针和1针上针右上交叉”完成。

=1针扭针和1针上针左上交叉

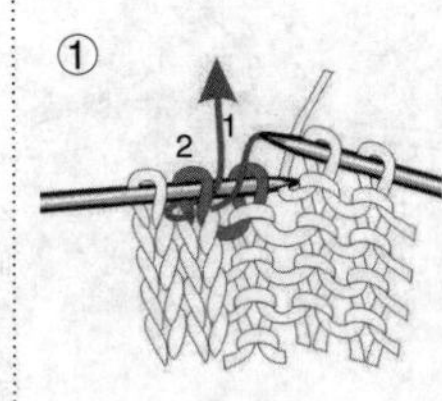

①第1针暂时不织，右针按箭头方向从第1针前插入第2针线圈中（这样操作后这个线圈是被扭转了方向的）。

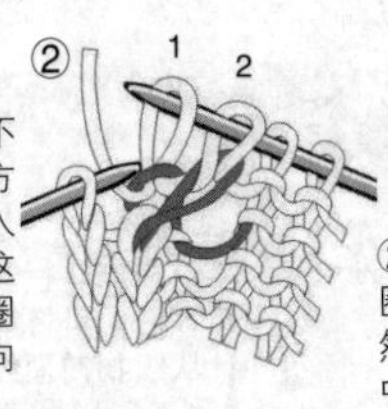

②在①步的第2针线圈中正常织下针。然后再在第1针线圈中织上针。

=1针扭针和1针上针右上交叉

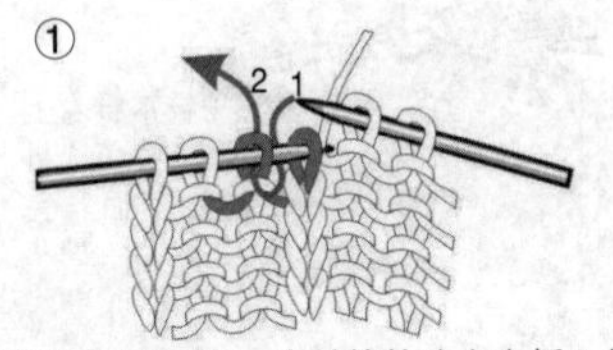

①第1针暂不织，右针按箭头方向插入第2针线圈中。

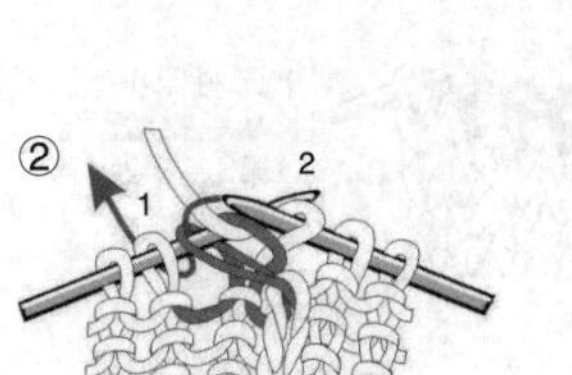

②在①步的第2针线圈中正常织上针。

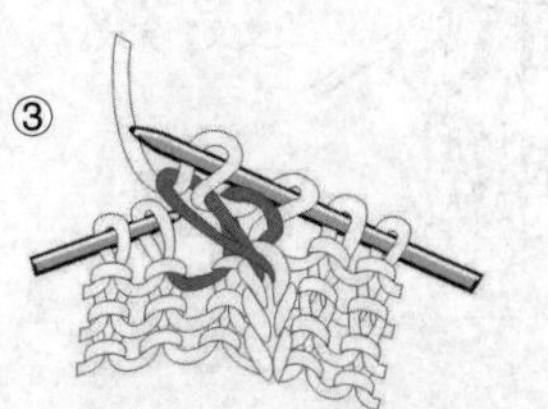

③再将第1针扭转方向后，右针从上向下插入第1针的线圈中带出线圈（正常织下针）。

=1针右上套交叉

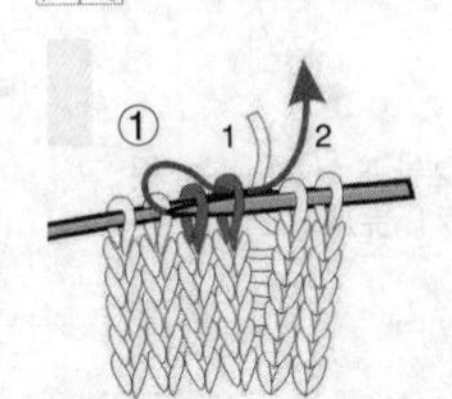

①右针从第1、第2针插入，将第2针挑起，从第1针的线圈中通过并挑出。

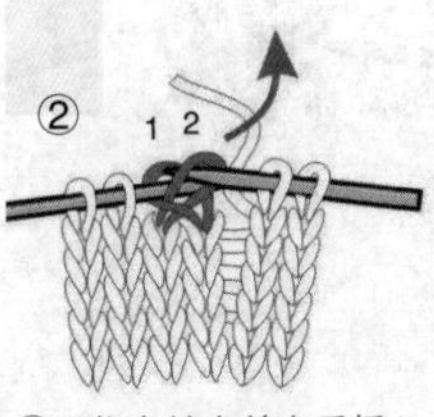

②再将右针由前向后插入第2针并挑出线圈。

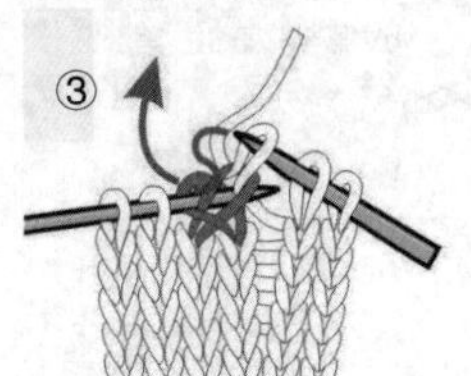

③正常织第1针。

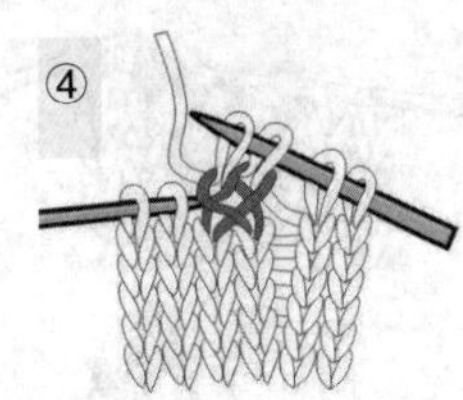

④“1针右上套交叉”完成。

=1针左上套交叉

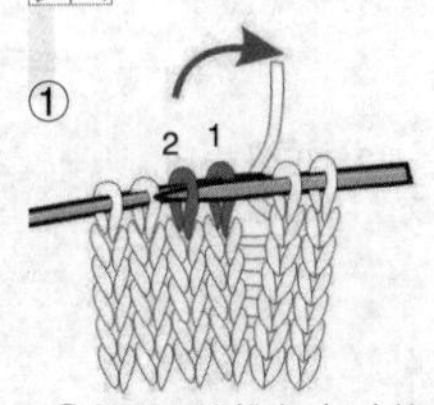

①将第2针挑起套过第1针。

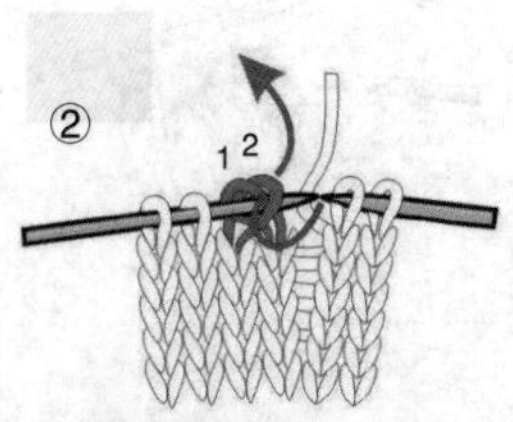

②再将右针由前向后插入第2针并挑出线圈。

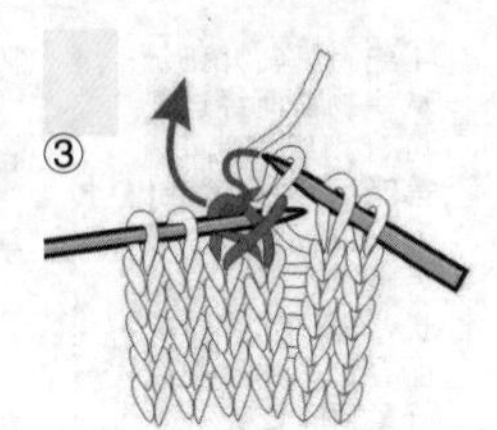

③正常织第1针。

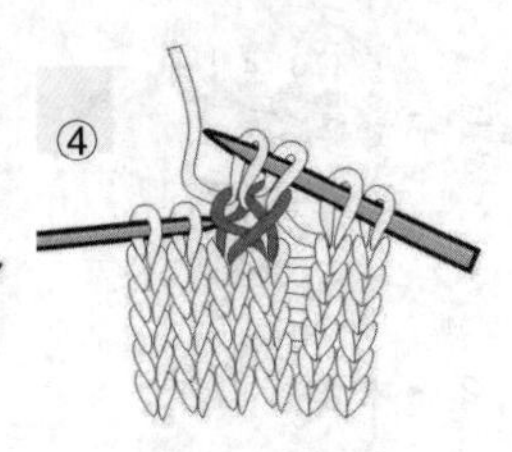

④“1针左上套交叉”完成。

=1针下针和2针上针左上交叉

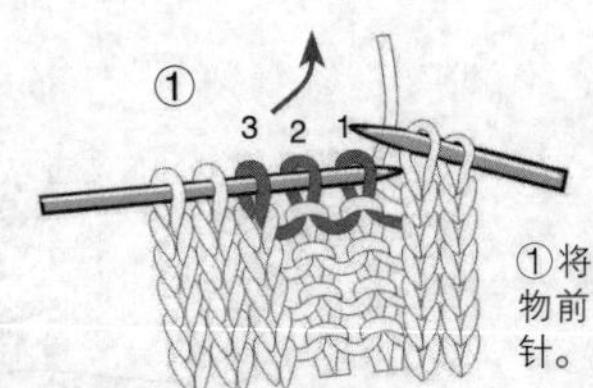

①将第3针下针拉长从织物前面经过第2和第1针上针。

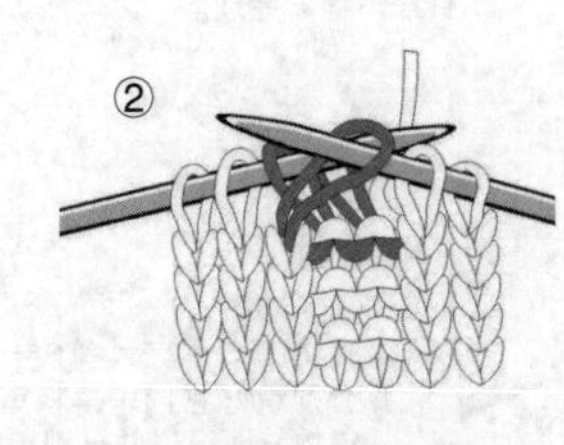

②先织好第3针下针，再来织第1和第2针上针。“1针下针和2针上针左上交叉”完成。

=1针下针和2针上针右上交叉

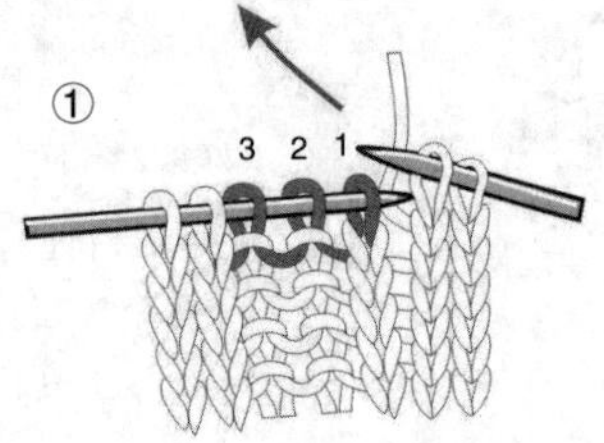

①将第1针下针拉长从织物前面经过第2和第3针上针。

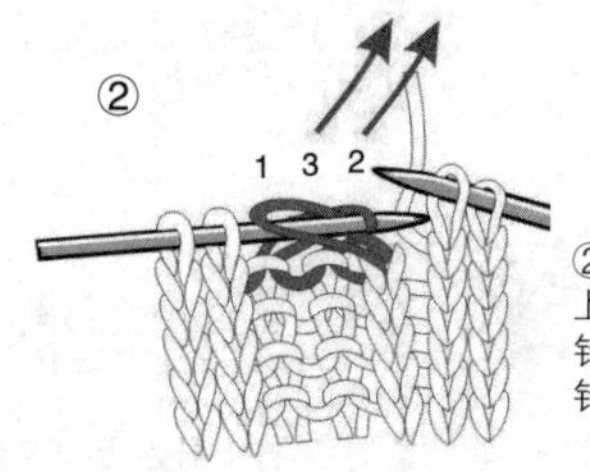

②先织好第2、第3针上针，再来织第1针下针。“1针下针和2针上针右上交叉”完成。

=2针下针和1针上针右上交叉

①将第3针上针拉长从织物后面经过第2和第1针下针。

②先织第3针上针，再来织第1和第2针下针。“2针下针和1针上针右上交叉”完成。

=2针下针和1针上针左上交叉

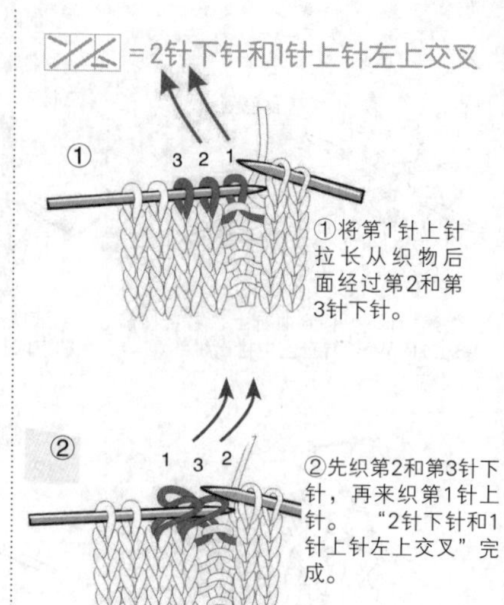

①将第1针上针拉长从织物后面经过第2和第3针下针。

②先织第2和第3针下针，再来织第1针上针。“2针下针和1针上针左上交叉”完成。

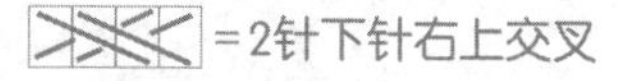

=2针下针右上交叉

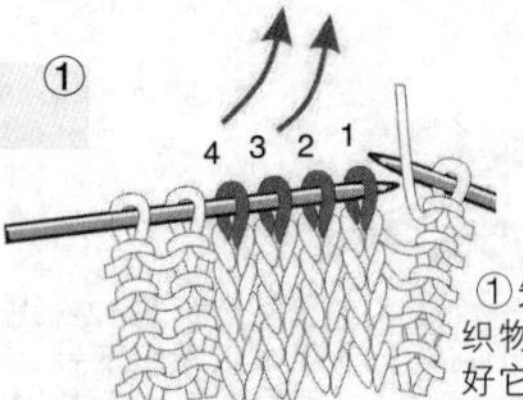

①先将第3、第4针从织物后面经过并分别织好它们，再将第1和第2针从织物前面经过并分别织好第1和第2针(在上面)。

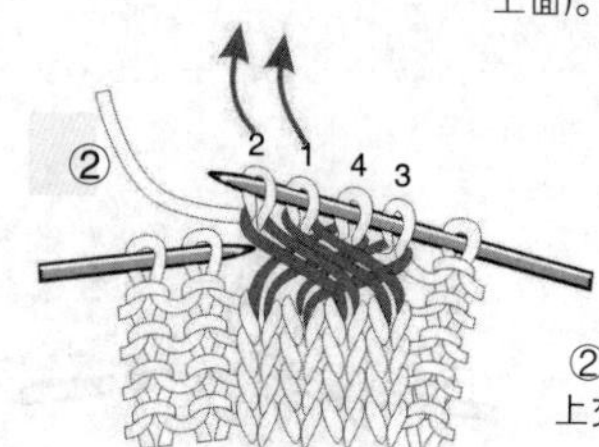

②“2针下针右上交叉”完成。

=2针下针左上交叉

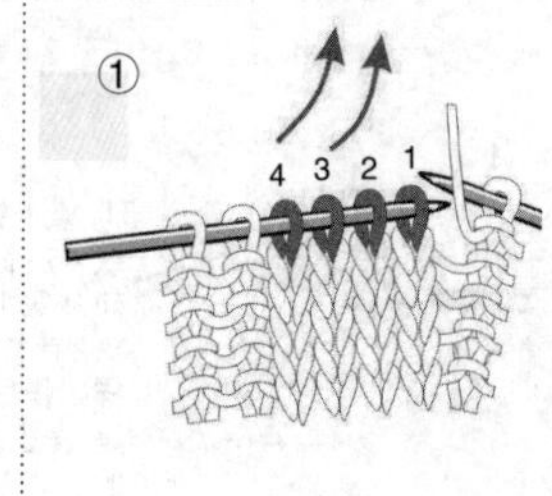

①先将第3、第4针从织物前面经过分别织它们，再将第1和第2针从织物后面经过并分别织好第1和第2针(在下面)。

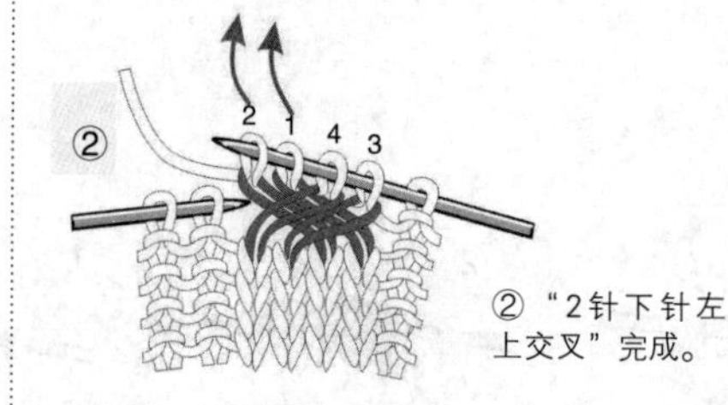

②“2针下针左上交叉”完成。

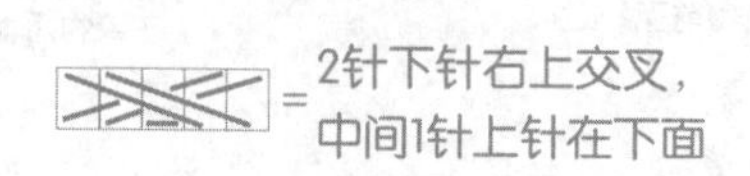

=2针下针右上交叉，中间1针上针在下面

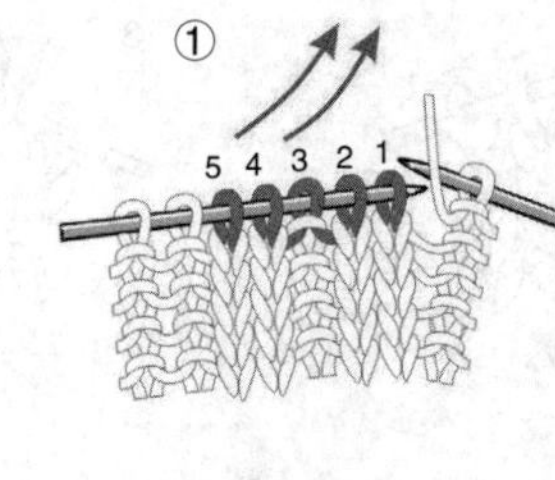

①先织第4、第5针，再织第3针上针(在下面)，最后将第2、第1针拉长从织物的前面经过后再分别织第1和第2针。

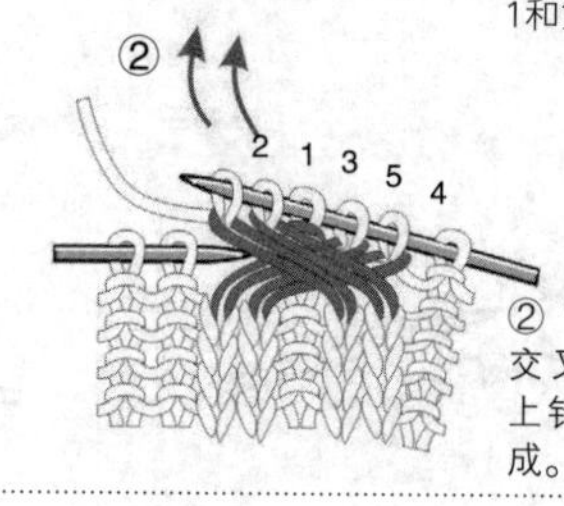

②“2针下针右上交叉，中间1针上针在下面”完成。

=2针下针左上交叉，中间1针上针在下面

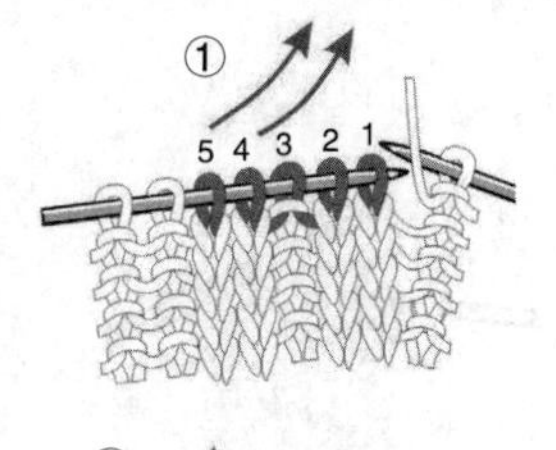

①先将第4、第5针从织物前面经过，再分别织好第4、第5针，再织第3针上针(在下面)，最后将第2、第1针拉长从第3上针的前面经过，并分别织好第1和第2针。

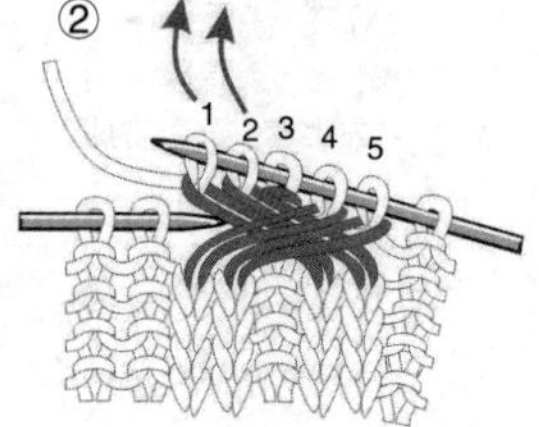

②“2针下针左上交叉，中间1针上针在下面”完成。

=3针下针和1针下针左上交叉

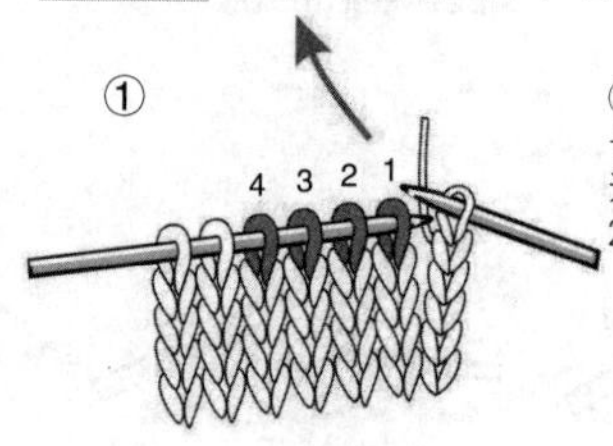

①先将第1针拉长从织物后面经过第4、第3、第2针。

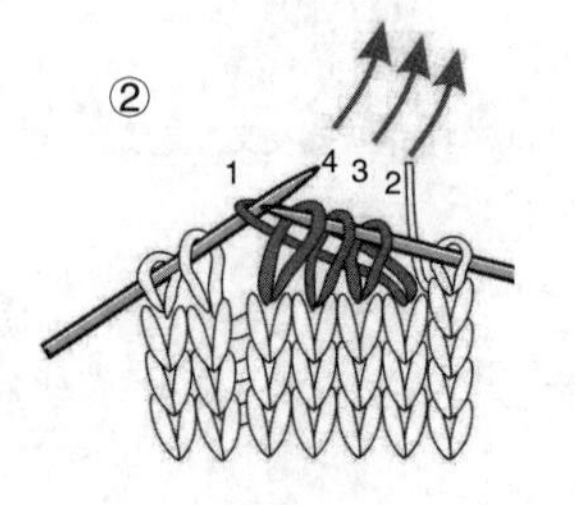

②分别织好第2、第3和第4针，再织第1针。“3针下针和1针下针左上交叉”完成。

=3针下针和1针下针右上交叉

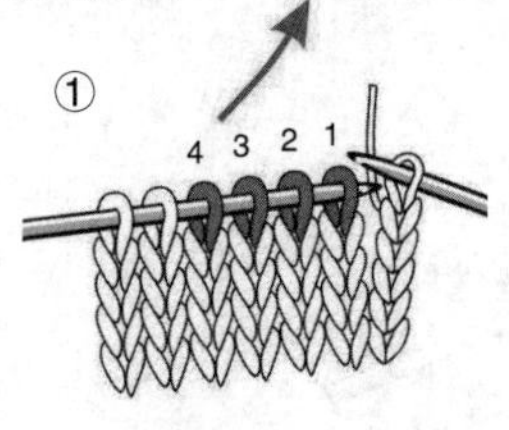

①先将第4针拉长从织物后面经过第3、第2、第1针。

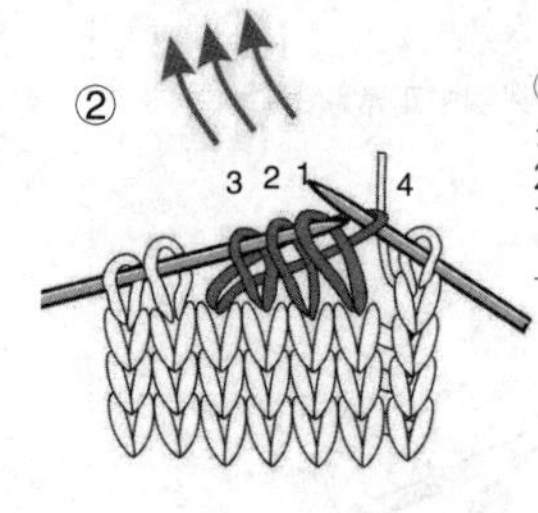

②先织第4针，再分别织好第1、第2和第3针。“3针下针和1针下针右上交叉”完成。

=3针下针右上交叉

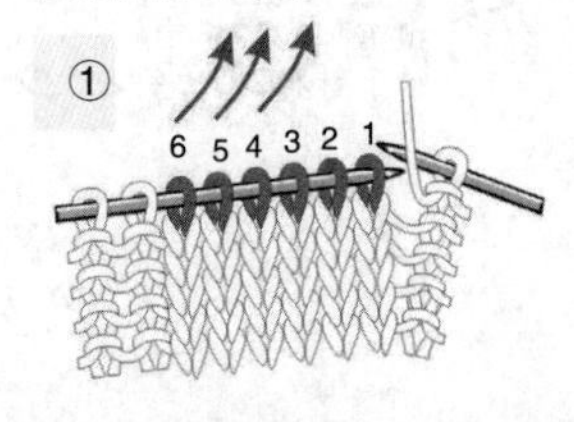

①先将第4、第5、第6针从织物后面经过并分别织好它们，再将第1、第2、第3针从织物前面经过并分别织好第1、第2和第3针(在上面)。

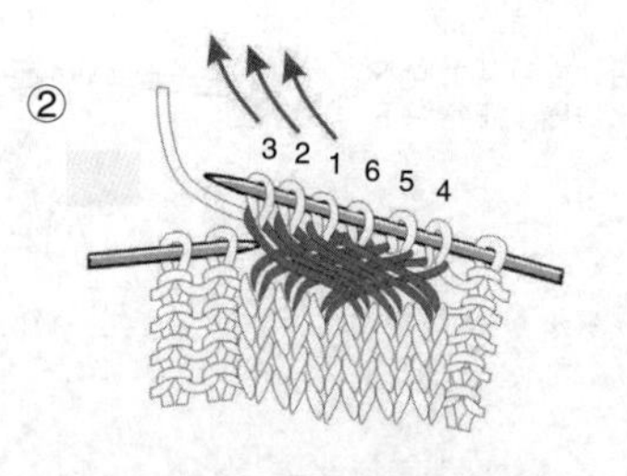

②“3针下针右上交叉”完成。

= 3针下针左上交叉

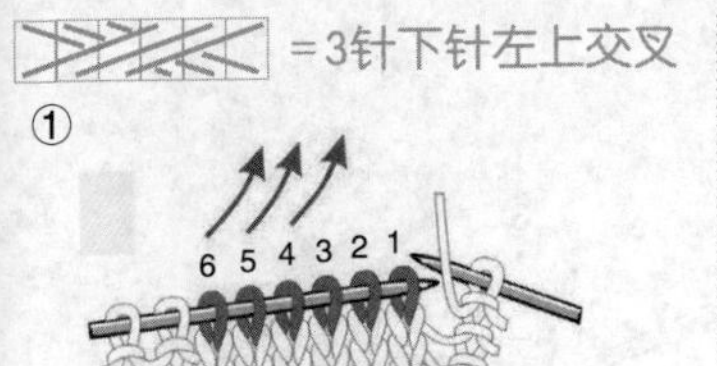

①先将第4、第5、第6针从织物前面经过并分别织好它们，再将第1、第2、第3针从织物后面经过并分别织好第1、第2和第3针(在下面)。

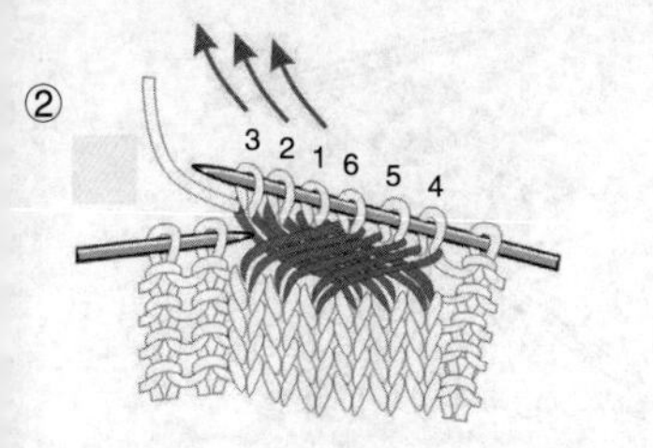

②"3针下针左上交叉"完成。

3针下针左上套交叉

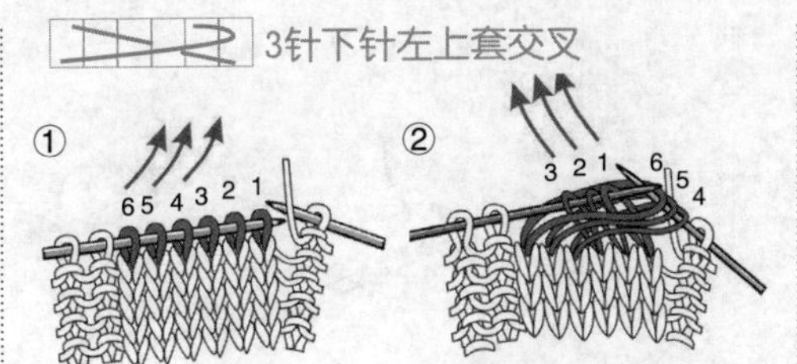

①先将第4、第5、第6针拉长并套过第1、第2、第3针。

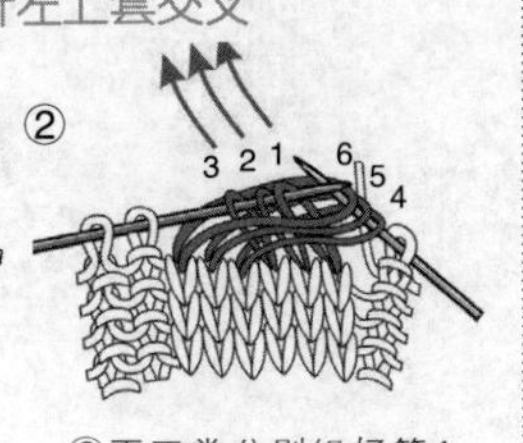

②再正常分别织好第4、第5、第6针和第1、第2、第3针，"3针大上套交叉针"完成。

= 3针下针右上套交叉

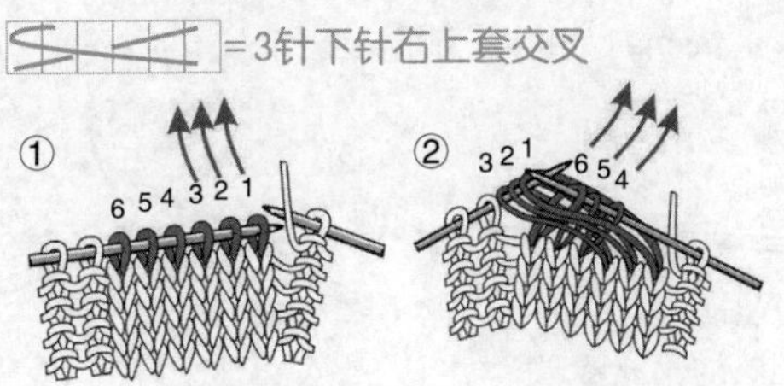

①先将第1、第2、第3针拉长并套过第4、第5、第6针。

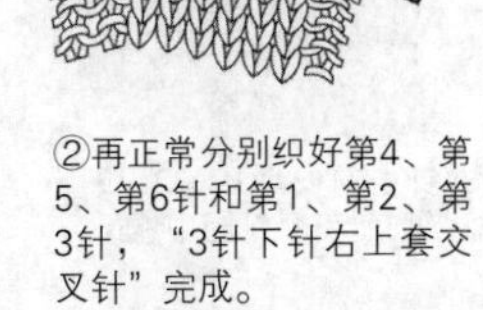

②再正常分别织好第4、第5、第6针和第1、第2、第3针，"3针下针右上套交叉针"完成。

= 4针下针右上交叉

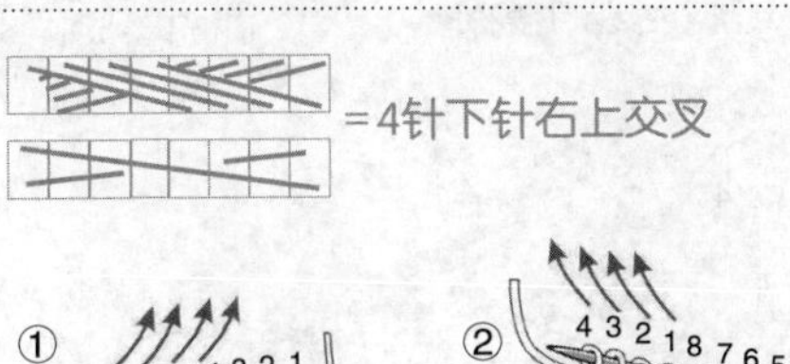

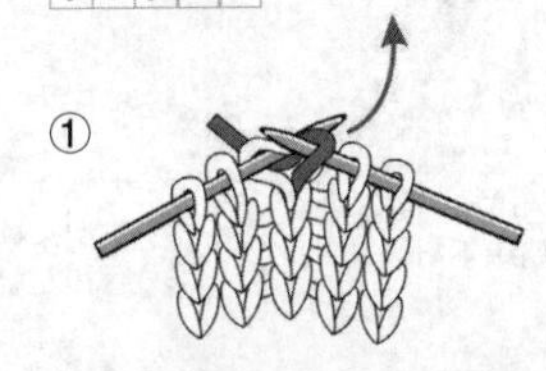

①先将第5、第6、第7、第8针从织物后面经过并分别织好它们，再将第1、第2、第3、第4针从织物前面经过并分别织好第1、第2、第3和第4针(在上面)。

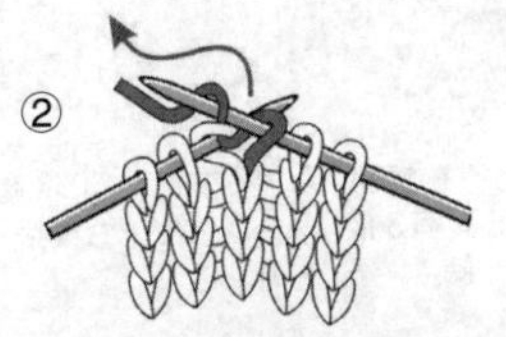

②"4针下针右上交叉"完成。

= 4针下针左上交叉

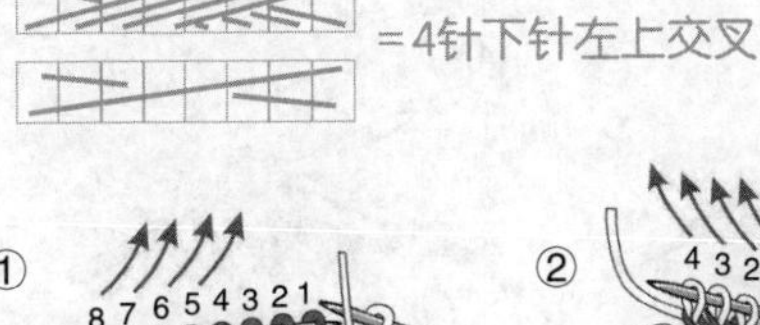

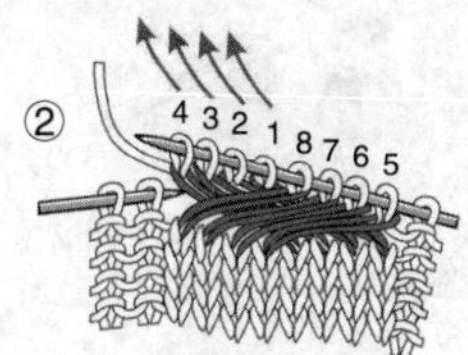

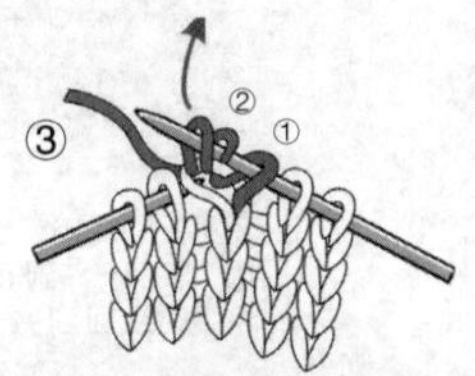

①先将第5、第6、第7、第8针从织物前面经过并分别织好它们，再将第1、第2、第3、第4针从织物后面经过并分别织好第1、第2、第3和第4针(在下面)。

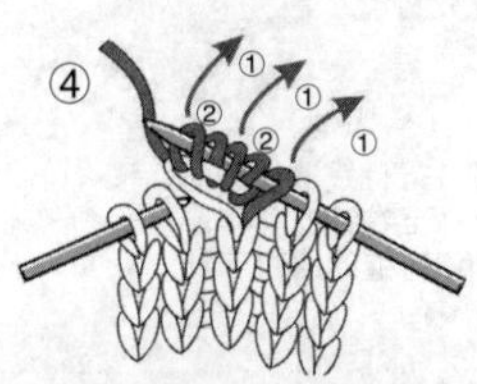

②"4针下针左上交叉"完成。

= 在1针中加出3针

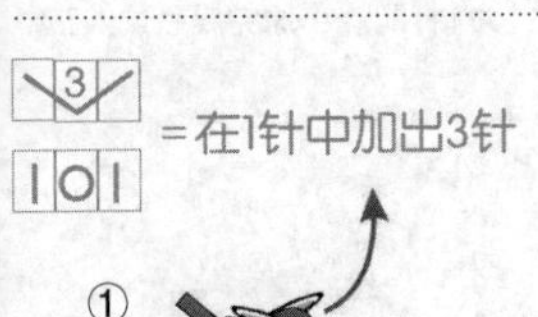

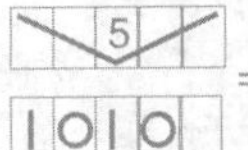

①将线放在织物外侧，右针尖端由前面穿入活结，挑出挂在右针尖上的线圈，左针圈不要松掉。

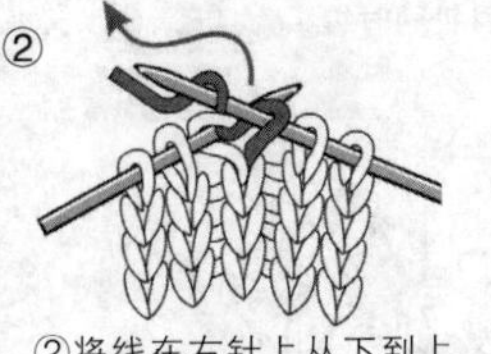

②将线在右针上从下到上绕1次，并带紧线，实际意义是又增加了1针，左线圈仍不要松掉。

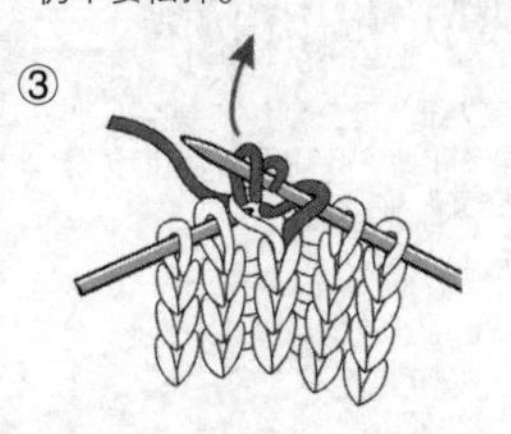

③仍在这一个线圈中继续编织①1次。此时左针上形成了3个线圈。然后此活结由左针滑脱。

= 在1针中加出5针

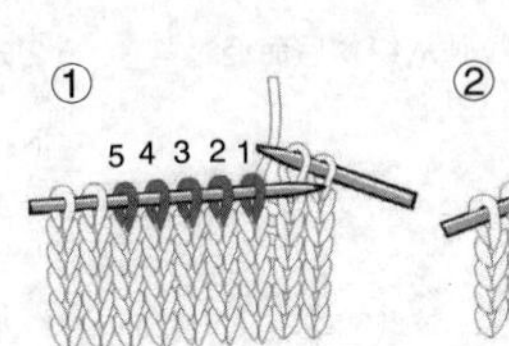

①将线放在织物外侧，右针尖端由前面穿入活结，挑出挂在右针尖上的线圈，左线圈不要松掉。

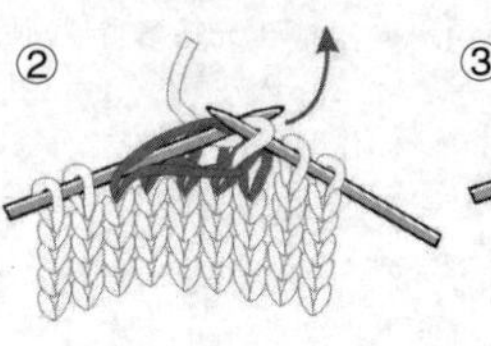

②将线在右针上从下到上绕1次，并带紧线，实际意义是又增加了1针，左线圈仍不要松掉。

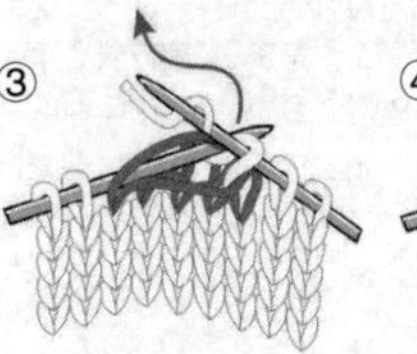

③在1个线圈中继续编织①1次。此时右针上形成了3个线圈。左线圈仍不要松掉。

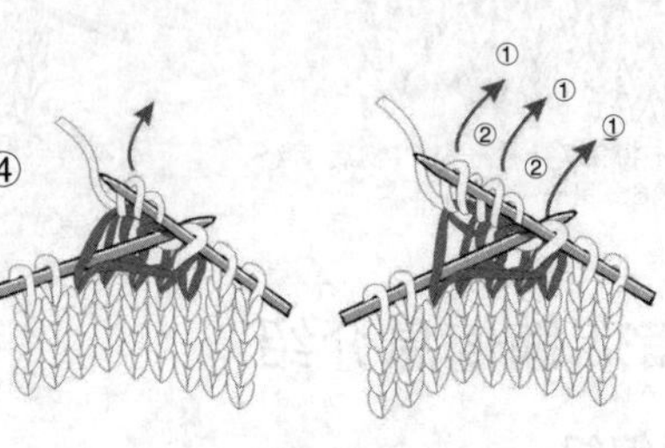

④仍在这一个针线圈中继续编织②和①1次。此时右针上形成了5个线圈。然后此活结由左针滑脱。

= 5针并为1针，又加成5针

①右针由前向后从第5、第4、第3、第2、第1针(五个线圈中)插入。

②将线在右针尖端从下往上绕过，并挑出挂在右针尖上的线圈，左针5个线圈不要松掉。

③将线在右针上从下到上绕1次，并带紧线，实际意义是又增加了1针，左线圈不要松掉。

④仍在这5个线圈上继续编织②和①各1次。此时右针上形成了5个线圈。然后这5个线圈由左针滑脱。

= 铜钱花

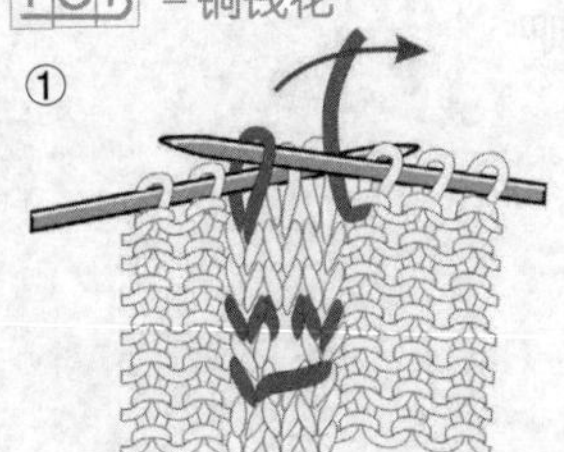

①先将第3针挑过第2和第1针(用线圈套住它们)。

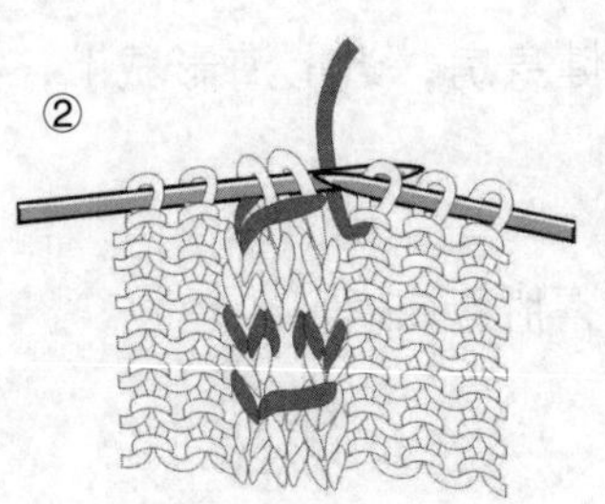

②继续编织第1针。

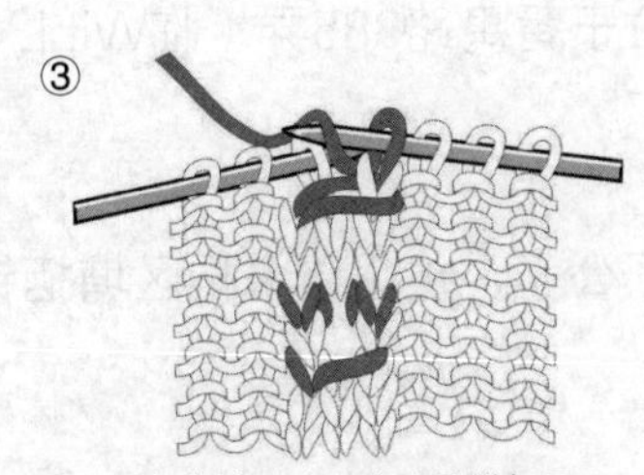

③加1针(空针)，实际意义是增加了1针，弥补①中挑过的那针。

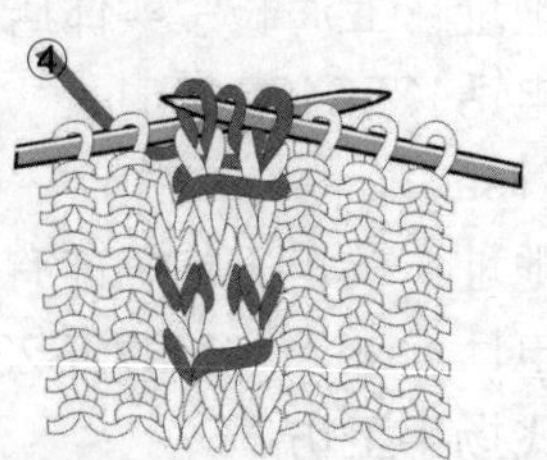

④继续编织第3针。

=3针并为1针，又加成3针

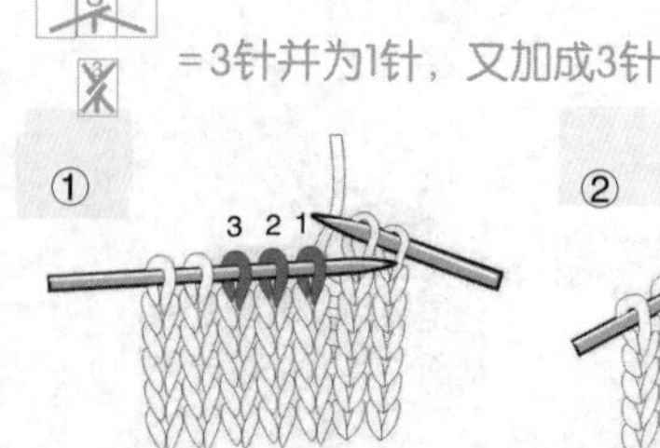

①右针由前向后从第3、第2、第1针(3个针圈中)插入。

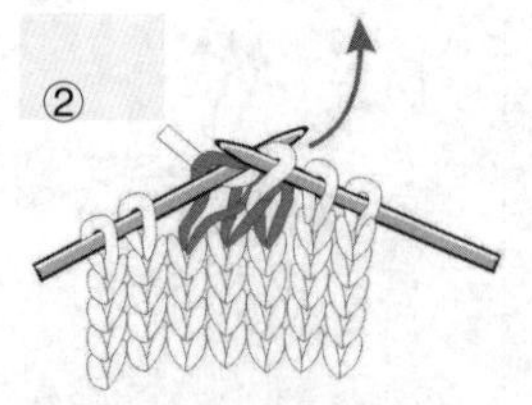

②将线在右针尖端从下往上绕过，并挑出挂在右针尖上的线圈，左针3个线圈不要松掉。

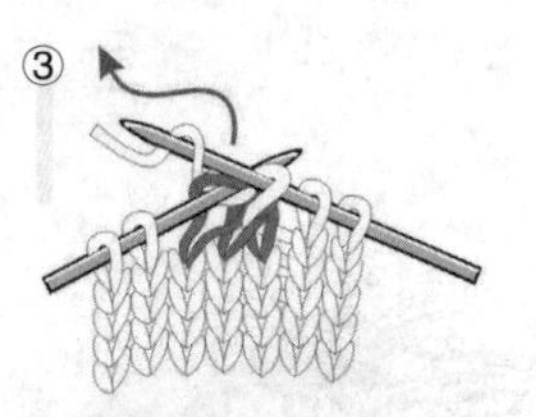

③将线在右针上从下到上再绕1次，并带紧线，实际意义是又增加了1针，左线圈仍不要松掉。

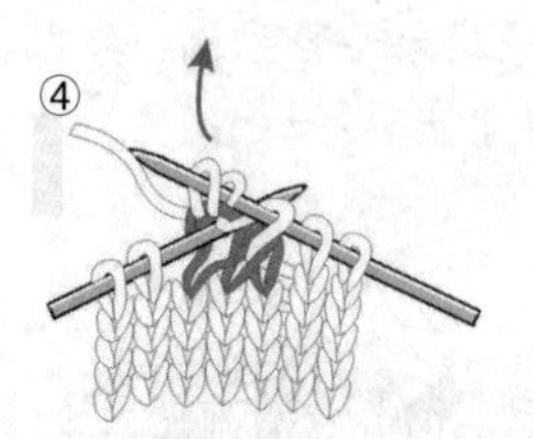

④继续在这3个线圈山编织①1次。此时右针上形成了3个线圈。然后这3个线圈才由左针滑脱。

=5针小球

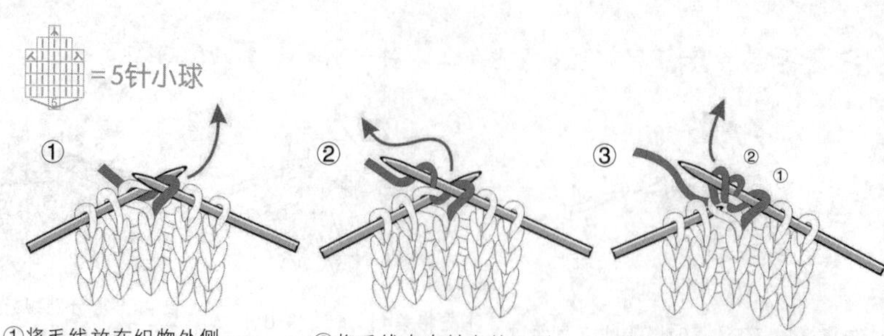

①将毛线放在织物外侧，右针尖端由前面穿入活结，挑出挂在右针尖上的线圈，左线圈不要松掉。

②将毛线在右针上从下到上绕1次，并带紧线，实际意义是又增加了1针，左线圈仍不要松掉。

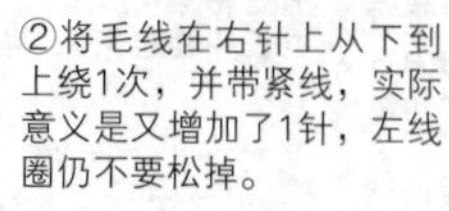

③在这个针圈中继续编织①1次。此时右针上形成了3个针圈。左线圈仍不要松掉。

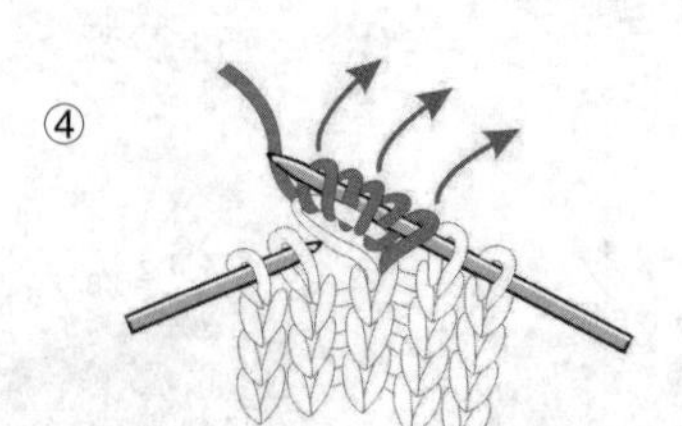

④仍在这个线圈中继续编织②和①1次。此时右针上形成了5个线圈。然后此活结由左针滑脱。

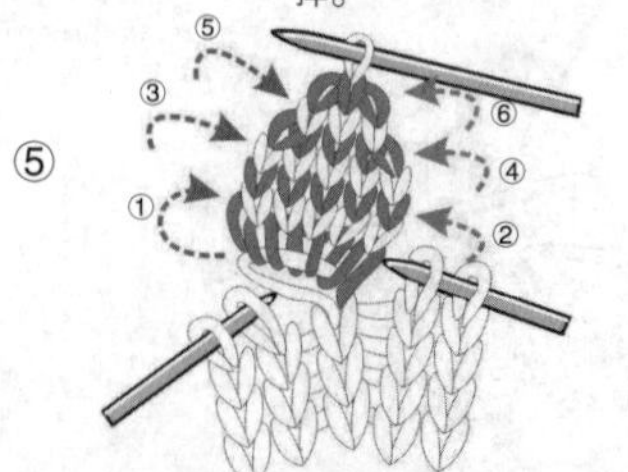

⑤将上一步形成的5个线圈针按虚箭头方向织3行下针。到第4行两侧各收1针，第5行下针，第6行织“中上3针并为1针”。小球完成后进入正常的编织状态。

=蝴蝶针

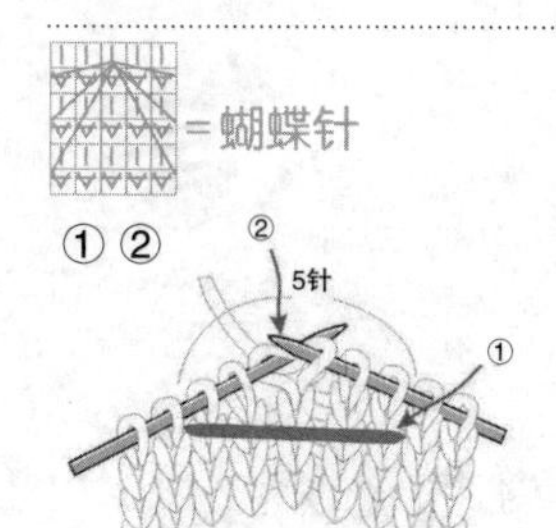

①第1行将线置于正面，移动5针至右针上。
②第2行继续编织下针。

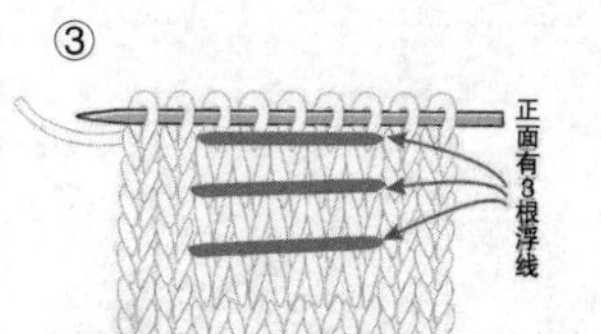

③第3、4、5、6行重复第1、第2行。到正面有3根浮线时织回到另一端。

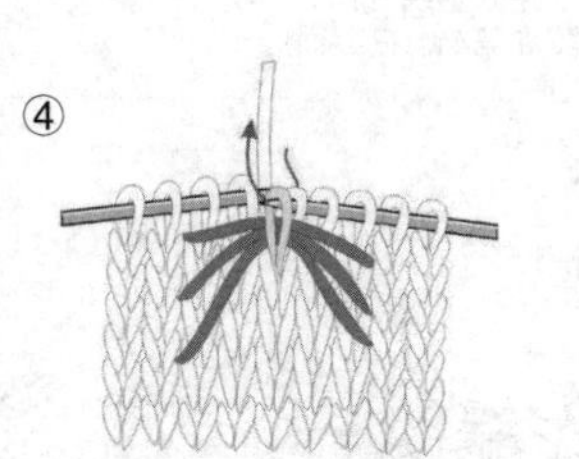

④将第3针和前6行浮起的3根线一起编织下针。

=拉针

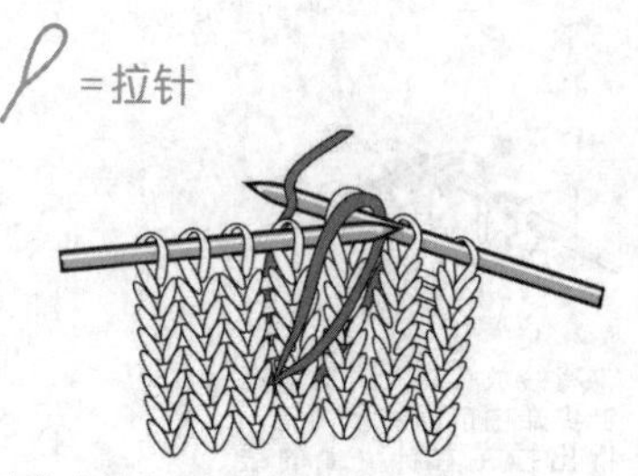

先将右针从织物正面的任一位置(根据花型来确定)插入，挑出1个线圈来，然后和左针上的第1针同时编织为1针。

=6针下针和1针下针右上交叉

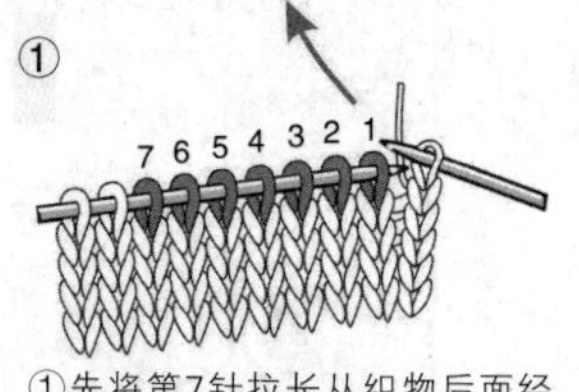

①先将第7针拉长从织物后面经过第6、第5……第1针。

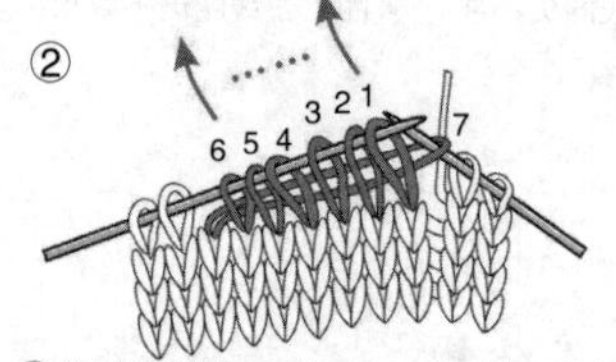

②分别织好第2、第3……第7针，再织第1针。“6针下针和1针下针右上交叉”完成。

= 6针下针和1针下针左上交叉

①先将第1针拉长从织物后面经过第6、第5……第1针。

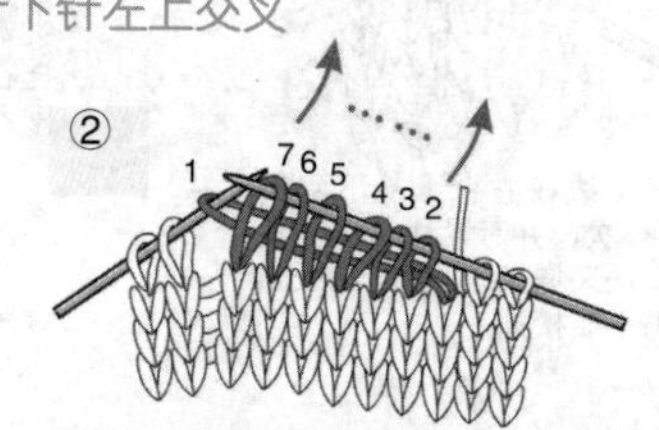

②先织好第7针，再分别织好第1、第2……第6针。“6针下针和1针下针右上交叉”完成。

作者店铺信息介绍

雅虎编织

联系地址：江苏省扬州市南宝带新村50-5号门面雅虎编织店

联系电话：18951050990 13004306488

蝴蝶效应

联系地址：上海长宁实体店位于番禺路385弄（临WiLL'S健身房，近上海影城），妈咪织吧

联系电话13564024851

南宫lisa

联系地址：杭州三韩服饰有限公司，杭州市余杭区塘栖镇得胜坝65号

联系电话：0571-86372823

燕舞飞扬手工坊

店铺地址：http://shop62855772.taobao.com/